普通高等教育实验实训系列教材

电气信息类

电工与电子技术实验

主　编　李晓红
副主编　孙澄宇　吴正玲
编　写　孙陆梅　吴兴波　赵　岩
　　　　孙立辉　刘　峰　张慧颖
　　　　付　莉
主　审　于　军

中国电力出版社
CHINA ELECTRIC POWER PRESS

内 容 提 要

本书从电工与电子技术实验的角度出发，系统地研究了电工技术、电子技术的内容。全书共分七章，分别讲述了直流电路实验、交流电路实验、电动机实验、模拟电子技术实验、数字电子技术实验、Multisim 9.0 仿真软件、Multisim 9.0 仿真软件应用，共五十个实验。每个实验都附有实验目的、实验原理、实验设备、实验内容、预习思考题和实验报告等内容。

本书内容系统，不仅注重基本概念与基本理论介绍，更加注重对学生实践技能的培养。本书不仅可作为学习电工学课程的实验教材，也可作为广大电子行业工作者和电子爱好者的参考书。

图书在版编目（CIP）数据

电工与电子技术实验/李晓红主编. —北京：中国电力出版社，2015.8（2021.7 重印）

普通高等教育实验实训规划教材 . 电气信息类

ISBN 978-7-5123-7795-0

Ⅰ.①电… Ⅱ.①李… Ⅲ.①电工技术-实验-高等学校-教材 ②电子技术-实验-高等学校-教材 Ⅳ.①TM-33②TN-33

中国版本图书馆 CIP 数据核字（2015）第 173280 号

中国电力出版社出版、发行

（北京市东城区北京站西街 19 号 100005 http://www.cepp.sgcc.com.cn）

三河市航远印刷有限公司印刷

各地新华书店经售

*

2015 年 8 月第一版 2021 年 7 月北京第六次印刷

787 毫米×1092 毫米 16 开本 13.75 印张 333 千字

定价 **28.00** 元

前　言

本书是“电工与电子技术”的实验教材。“电工与电子技术”课程是高等学校本科非电类专业的一门技术基础课程。目前，电工技术、电子技术应用十分广泛，发展迅速，并且日益渗透到其他学科领域，促进其发展，在我国社会主义现代化建设中具有重要的作用。“电工与电子技术”课程的作用与任务是：使学生通过本课程的学习，获得电工技术、电子技术必要的基本理论、基本知识和基本技能，了解电工技术、电子技术应用和我国电工电子事业发展的概况，为今后学习和从事与本专业有关的工作打下一定的基础。

本书是编者根据电工技术、电子技术的发展现状，结合多年的实践教学经验和对实践教学改革的探索，参考相关实验教材编写而成。本书编写的目的是使非电专业学生通过学习，掌握电工技术、电子技术方面的实际基本操作，常用仪器、仪表的使用以及电子电路的调试方法，提高学生的动手能力和综合实践能力，培养学生分析问题和解决问题的能力。

本书的特色：

(1) 基本内容全面。实验内容包括直流电路、交流电路、电动机、模拟电子技术、数字电子技术和EDA技术仿真等实验，其中既有验证性实验，又有设计性实验和仿真实验。每个实验都附有实验目的、实验原理、实验设备、实验内容、预习思考题和实验报告等内容。

(2) 引入EDA技术，实现了实际实验和虚拟实验相结合。与传统的实验手段相比较，EDA仿真实验具有速度快、直观化、简单化等特点，使学生在巩固基础的同时，引入新的设计手段，可以培养学生的创新能力；同时EDA技术仿真也非常适合于电工与电子技术课程的辅助教学，进一步促进理论与实践的有机结合。

(3) 使学生掌握并能灵活运用传统的实验方法和新型虚拟实验的方法。

(4) 由浅入深，由简到繁，也可以作为电类本科学生的实验课教材。

(5) 自成体系，适合学生自学。

本书由李晓红担任主编，孙澄宇、吴正玲任副主编。第六章、第七章由李晓红编写，第四章、第五章由孙澄宇编写，第一章、第二章、第三章由吴正玲编写。全书由李晓红进行统稿和校稿。参与本书各项编写工作的人员还有：孙陆梅、吴兴波、赵岩、孙立辉、刘峰、张慧颖、付莉等。本书的出版得到了吉林化工学院、浙江天煌科技实业有限公司的大力支持，在这里向所有为本书作过贡献的人们致谢。另外，在本书的编写过程中也参考了一些优秀的教材，在此一并表示衷心的感谢。

吉林化工学院于军教授对书稿进行了详细认真的审阅，提出了很多非常宝贵的意见和建议。这些意见和建议对本书的顺利完成起到了至关重要的作用。在此，谨向于军教授表示衷心的感谢。

由于编者水平有限，书中难免存在不妥之处，殷切希望使用本书的读者提出宝贵的意见。

编　者

2015 年

目　录

第三篇 EDA 技术实验

第一篇　电工技术实验

第一章　直流电路实验

实验一　电工仪表的使用及测量误差的分析

一、实验目的

（1）掌握电压表、电流表内阻的测量方法。

（2）理解电工仪表测量误差的计算方法。

（3）掌握电压表、电流表、万用表的使用。

（4）了解理想电压源与理想电流源的原理与使用。

二、实验原理

为了准确地测量电路中实际的电压和电流，必须保证仪表接入电路后不会改变被测电路的工作状态。这就要求电压表的内阻为无穷大，电流表的内阻为零。而实际使用的指针式电工仪表都不能满足上述要求。因此，当测量仪表一旦接入电路，就会改变电路原有的工作状态，这就导致仪表的读数值与电路原有的实际值之间出现误差。误差的大小与仪表本身内阻的大小密切相关。只要测出仪表的内阻，即可计算出由其产生的测量误差。下面介绍几种测量指针式仪表内阻的方法。

1. 用“分流法”测量电流表的内阻

电流表内阻测量电路如图 1-1 所示。

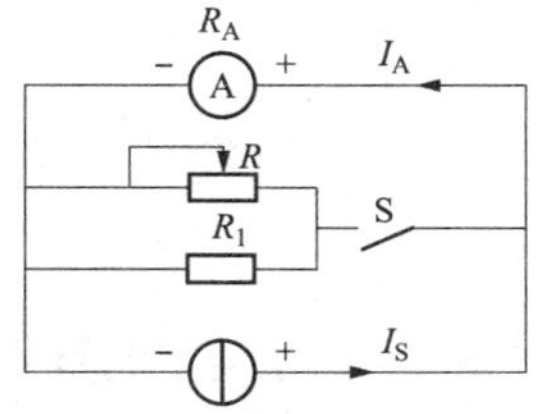

图 1-1　电流表内阻测量电路

其中 R_A 为被测直流电流表 A 的内阻，满量程电流表电流为 I_m。测量时先断开开关 S，调节电流源的输出电流 I_S 使被测直流电流表 A 指针满偏转，即 $I_A=I_S=I_m$。然后合上开关 S，并保持 I_S 值不变，调节电阻箱的阻值 R，使电流表 A 的指针指在 1/2 满偏转位置，此时有

$$I_A=\frac{I_m}{2}=\frac{I_S}{2} \tag{1-1}$$

由此可得

$$R_A=R//R_1=\frac{RR_1}{R+R_1} \tag{1-2}$$

式中：R_1 为固定电阻器之值；R 为十进制可变电阻箱的刻度盘上的读数。

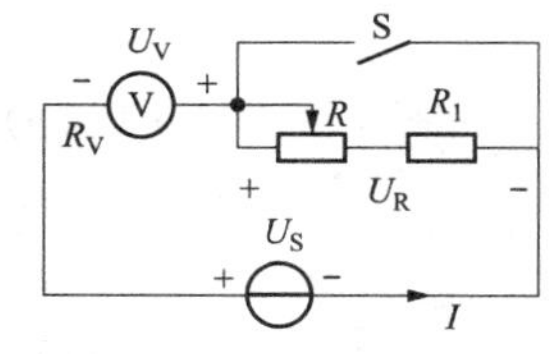

图 1-2　电压表内阻测量电路

2. 用“分压法”测量电压表的内阻

电压表内阻测量电路如图 1-2 所示。

其中 R_V 为被测直流数字电压表 V 的内阻，满量程电压表电压

为 U_m。测量时先将开关 S 闭合，调节直流稳压电源的输出电压，使被测直流数字电压表 V 的指针满偏转，即 $U_V=U_m=U_S$。然后断开开关 S，调节 R 使电压表 V 的指示值减半，此时有

$$U_V=\frac{U_m}{2}=\frac{U_S}{2} \tag{1-3}$$

由此可得

$$R_V=R+R_1 \tag{1-4}$$

电压表的灵敏度为

$$S=R_V/U_m \tag{1-5}$$

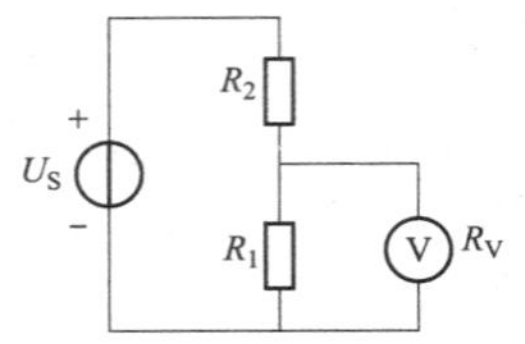

图 1-3 方法误差测量电路

式中：U_m 为电压表满偏时的电压值。

3. 测量误差的计算

由于仪表内阻引起的测量误差，通常称为方法误差；而由仪表本身结构引起的误差称为仪表基本误差。以图 1-3 所示电路为例，电阻 R_1 上的计算电压（理论值）为

$$U_{R1}=\frac{R_1}{R_1+R_2}U_S \tag{1-6}$$

若 $R_1=R_2$，则 $U_{R1}=\frac{1}{2}U_S$。

现用一内阻为 R_V 的电压表来测量 U_{R1} 值，当 R_V 与 R_1 并联后，电阻为

$$R_1'=\frac{R_VR_1}{R_V+R_1} \tag{1-7}$$

以 R_1' 来替代式（1-6）中的 R_1，则得电阻 R_1 上的测量电压（测量值）为

$$U_{R1}'=\frac{\dfrac{R_VR_1}{R_V+R_1}}{\dfrac{R_VR_1}{R_V+R_1}+R_2}U_S \tag{1-8}$$

（1）绝对误差的计算。根据绝对误差计算公式

绝对误差 $=|$ 测量值 − 理论值 $|$

可得电阻 R_1 的绝对误差为

$$\Delta U=|U_{R1}'-U_{R1}|=\frac{\dfrac{R_VR_1}{R_V+R_1}}{\dfrac{R_VR_1}{R_V+R_1}+R_2}U_S-\frac{R_1}{R_1+R_2}U_S=\left(\frac{\dfrac{R_VR_1}{R_V+R_1}}{\dfrac{R_VR_1}{R_V+R_1}+R_2}-\frac{R_1}{R_1+R_2}\right)U_S \tag{1-9}$$

化简后得

$$\Delta U=\frac{-R_1^2R_2U_S}{R_V(R_1^2+2R_1R_2+R_2^2)+R_1R_2(R_1+R_2)} \tag{1-10}$$

若 $R_1=R_2=R_V$，则得

$$\Delta U=-\frac{U_S}{6} \tag{1-11}$$

（2）相对误差的计算。根据相对误差计算公式

$$\text{绝对误差} = \frac{|\text{测量值} - \text{理论值}|}{\text{理论值}}$$

可得电阻 R_1 的测量相对误差为

$$\Delta U\% = \frac{|U'_{R1} - U_{R1}|}{U_{R1}} \times 100\% = \frac{\frac{U_S}{6}}{\frac{U_S}{2}} = 33.3\%$$

由此可见，当电压表的内阻与被测电路的电阻相近时，测量的误差是非常大的。

4. 伏安法测量电阻

伏安法测量电阻的原理是：测出流过被测电阻 R_X 的电流 I_R 及其两端的电压降 U_R，则根据欧姆定律可得其阻值为

$$R_X = \frac{U_R}{I_R} \tag{1-12}$$

实际测量时，有两种测量电路：①电流表 A（内阻为 R_A）接在电压表 V（内阻为 R_V）的内侧相对于电源而言；②电流表 A 接在电压表 V 的外测相对于电源而言。其测量电路分别如图 1-4（a）、（b）所示。

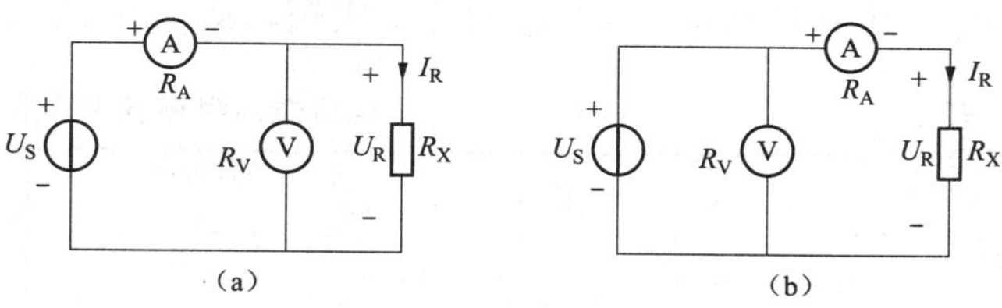

图 1-4 伏安法测量电阻电路

由电路 1-4（a）可知，只有当 $R_X \ll R_V$ 时，R_V 的分流作用才可忽略不计，电流表 A 的读数接近于实际流过 R_X 的电流值。图 1-4（a）的接法称为电流表的内接法。

由电路 1-4（b）可知，只有当 $R_X \gg R_A$ 时，R_A 的分压作用才可忽略不计，电压表 V 的读数接近于实际加在 R_X 两端的电压值。图 1-4（b）的接法称为电流表的外接法。

在实际应用时，应根据不同情况选用合适的测量电路，才能获得较准确的测量结果。

【例 1-1】 在图 1-4 中，若 $U_S = 20\text{V}$，$R_A = 100\Omega$，$R_V = 20\text{k}\Omega$。假定 R_X 的实际值为 10kΩ。

如果采用图 1-4（a）的电路测量，经计算，电流表 A、电压表 V 的读数分别为 2.96mA 和 19.73V，故

$$R_X = \frac{19.73}{2.96} = 6.667(\text{k}\Omega)$$

相对误差为

$$\frac{|6.667 - 10|}{10} \times 100\% = 33.3\%$$

如果采用图 1-4（b）的电路测量，经计算，电流表 A、电压表 V 的读数分别为 1.98mA 和 20V，故

$$R_X = \frac{20}{1.98} = 10.1(\text{k}\Omega)$$

相对误差为

$$\frac{|10.1 - 10|}{10} \times 100\% = 1\%$$

表 1-1　　实验设备

序号	名称	型号与规格	数量
1	直流稳压电源	0～30V	2
2	直流恒流源	0～200mA	1
3	直流数字电压表	0～200V	1
4	直流数字毫安表	0～200mA	1
5	十进制可变电阻箱	0～9999.9Ω	1
6	电阻器	根据需要选择	若干

三、实验设备

实验设备如表 1-1 所示。

四、实验内容

（1）根据“分流法”原理测定直流电流表 0.5mA 和 5mA 挡量程的内阻，电路如图 1-1 所示，其中 R 可选用十进制可变电阻箱，R_1 为 5kΩ/2W 电阻。将实验数据填入表 1-2 中。

表 1-2　　电流表内阻测量实验数据

被测电流表量程（mA）	S 断开时的表读数 $I_A=I_S=I_m$（mA）	S 闭合时的表读数 $I_A=\frac{I_m}{2}=\frac{I_S}{2}$（mA）	R（Ω）	R_1（Ω）	计算电流表内阻 R_A(Ω)
0.5					
5					

（2）根据“分压法”原理按图 1-2 接线。测量万用表直流电压 2.5V 和 10V 挡量程的内阻 R_V，其中 R 可选用十进制可变电阻箱，R_1 为 5kΩ/4W 电阻。将实验数据填入表 1-3 中。

表 1-3　　电压表内阻测量实验数据

被测电压表量程（V）	S 闭合时表读数 $U_V=U_m=U_S$（V）	S 断开时表读数 $U_V=\frac{U_m}{2}=\frac{U_S}{2}$（V）	R（kΩ）	R_1（kΩ）	计算内阻 R_V（kΩ）	S（Ω/V）
2.5						
10						

（3）用万用表直流电压 10V 挡量程测量图 1-3 电路中 R_1 上的电压 U'_{R1} 值，并计算测量的绝对误差与相对误差，其中 $R_1=10k\Omega$，$R_2=50k\Omega$。将实验数据填入表 1-4 中。

表 1-4　　电表内阻产生的测量误差实验数据

U	R_1	R_2	R_{10V}（kΩ）	计算值 U_{R1}（V）	实测值 U'_{R1}（V）	绝对误差 ΔU	相对误差 $(\Delta U/U)\times100\%$
12V	10kΩ	50kΩ					

五、实验注意事项

（1）在开启电源开关前，应将两路电压源的输出调节旋钮调至最小（逆时针旋到底），并将恒流源的输出粗调旋钮拨到 2mA 挡，输出细调旋钮应调至最小。接通电源后，再根据需要缓慢调节。

（2）当恒流源输出端接有负载时，如果需要将其粗调旋钮由低挡位向高挡位切换时，必须先将其细调旋钮调至最小。否则输出电流会突增，可能会损坏外接器件。

（3）电压表应与被测电路并接，电流表应与被测电路串接，并且都要注意正、负极性与量程的合理选择。

（4）实验内容（1）、（2）中，电阻 R_1 的取值应与电阻 R 相近。

（5）本实验仅测试指针式仪表的内阻。由于所选指针表的型号不同，本实验中所列的电流、电压量程及选用的电阻 R、R_1 等均会不同。实验时应按选定的表型自行确定。

六、预习思考题

(1) 根据实验内容 (1) 和 (2)，若已求出 0.5mA 挡和 2.5V 挡的内阻，可否直接计算得出 5mA 挡和 10V 挡的内阻？

(2) 用量程为 10A 的电流表测实际值为 8A 的电流时，实际读数为 8.1A，求测量的绝对误差和相对误差。

七、实验报告

(1) 列表记录实验数据，并计算各被测仪表的内阻值。

(2) 分析实验结果，总结应用场合。

(3) 对预习思考题的计算。

实验二 减小仪表测量误差的方法

一、实验目的

(1) 进一步掌握电压表内阻在测量过程中产生的误差及其分析方法。

(2) 进一步掌握电流表内阻在测量过程中产生的误差及其分析方法。

(3) 掌握减小由于仪表内阻所引起的测量误差的方法。

二、实验原理

减小由于仪表内阻而产生的测量误差的方法有以下两种：

1. 不同量限两次测量计算法

当电压表的灵敏度不够高或电流表的内阻太大时，可利用多量限仪表对同一被测量用不同量限进行两次测量，用所得读数经计算后可得到较准确的结果。

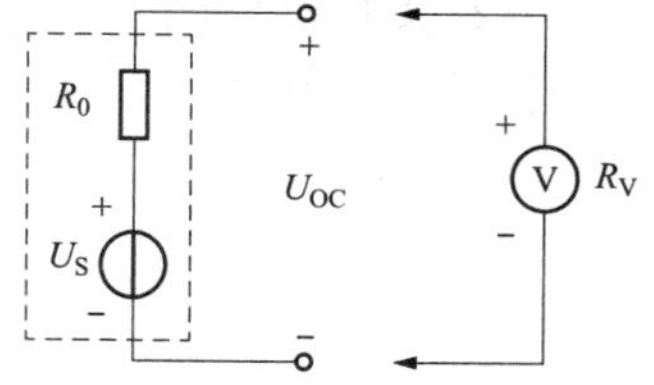

图 1-5 测量电压电路

如图 1-5 所示电路，欲测量具有较大内阻 R_0 的电动势 U_S 的开路电压 U_{OC}时，如果所用电压表的内阻 R_V 与 R_0 相差不大时，将会产生很大的测量误差。

设电压表有两挡量限，U_{OC1}、U_{OC2} 分别为在这两个不同量限下测得的电压值，令 R_{V1} 和 R_{V2} 分别为这两个相应量限的内阻，则由图 1-5 可得出

$$U_{OC1}=\frac{R_{V1}}{R_0+R_{V1}}U_S$$

$$U_{OC2}=\frac{R_{V2}}{R_0+R_{V2}}U_S$$

由以上两式可解得 U_S 和 R_0，其中 U_S（即 U_{OC}）为

$$U_S=U_{OC}=\frac{U_{OC1}U_{OC2}(R_{V1}-R_{V2})}{U_{OC1}R_{V2}-U_{OC2}R_{V1}}$$

由此式可知，当电源内阻 R_0 与电压表的内阻 R_V 相差不大时，通过上述的两次测量结果，即可计算出开路电压 U_{OC}的大小，且其准确度要比单次测量好得多。

对于电流表，当其内阻较大时，也可用类似的方法测得较准确的结果。如图 1-6 所示电

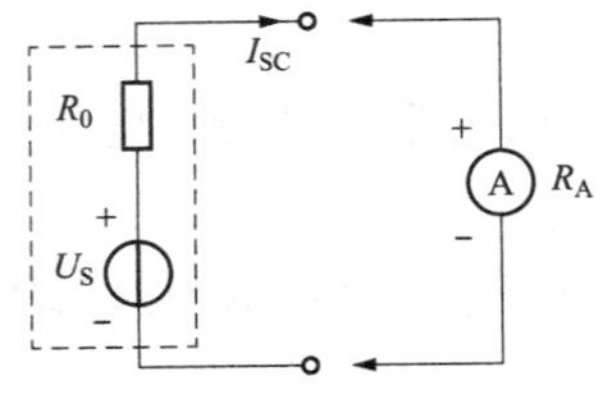

图 1-6 测量电流电路

路，不接入电流表时的电流为 $I_{SC}=\dfrac{U_S}{R_0}$。接入内阻为 R_A 的电流表 A 时，电路中的电流变为 $I'_{SC}=\dfrac{U_S}{R_0+R_A}$。

如果 $R_A=R_0$，则 $I'_{SC}=\dfrac{I_{SC}}{2}$，会出现很大的误差。

如果用有不同内阻 R_{A1}、R_{A2} 的两挡量限的电流表做两次测量并经简单的计算就可得到较准确的电流值。

按图 1-6 电路，两次测量得

$$I_{SC1}=\frac{U_S}{R_0+R_{A1}}$$

$$I_{SC2}=\frac{U_S}{R_0+R_{A2}}$$

由以上两式可解得 U_S 和 R_0，进而可得

$$I_{SC}=\frac{U_S}{R_0}=\frac{I_{SC1}I_{SC2}(R_{A1}-R_{A2})}{I_{SC1}R_{A1}-I_{SC2}R_{A2}}$$

2. 同一量限两次测量计算法

如果电压表（或电流表）只有一挡量限，且电压表的内阻较小（或电流表的内阻较大）时，可用同一量限两次测量法减小测量误差。其中，第一次测量与一般的测量并无两样。第二次测量时必须在电路中串入一个已知阻值的附加电阻。

（1）电压测量。电路如图 1-7 所示，测量电路的开路电压 U_{OC}。设电压表的内阻为 R_V。第一次测量，电压表的读数为 U_{OC1}。第二次测量时应与电压表串接一个已知阻值的电阻器 R，电压表读数为 U_{OC2}。

由图 1-7 可知

$$U_{OC1}=\frac{R_VU_S}{R_0+R_V}$$

$$U_{OC2}=\frac{R_VU_S}{R_0+R+R_V}$$

由以上两式可解得 U_S 和 R_0，其中 U_S（即 U_{OC}）为

$$U_S=U_{OC}=\frac{RU_{OC1}U_{OC2}}{R_V(U_{OC1}-U_{OC2})}$$

由上式可知，通过电压同一量限两次测量可消除内阻 R_0 对开路电压 U_{OC} 的影响。

（2）电流测量。电路如图 1-8 所示，测量电路的电流 I_{SC}。设电流表的内阻为 R_A，第一次测量电流表的读数为 I_{SC1}；第二次测量时应与电流表串接一个已知阻值的电阻器 R，电流表读数为 I_{SC2}。

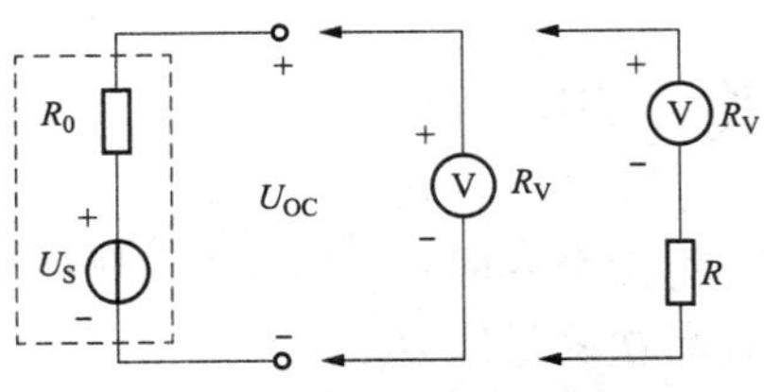

图 1-7 同一量限测量电压电路

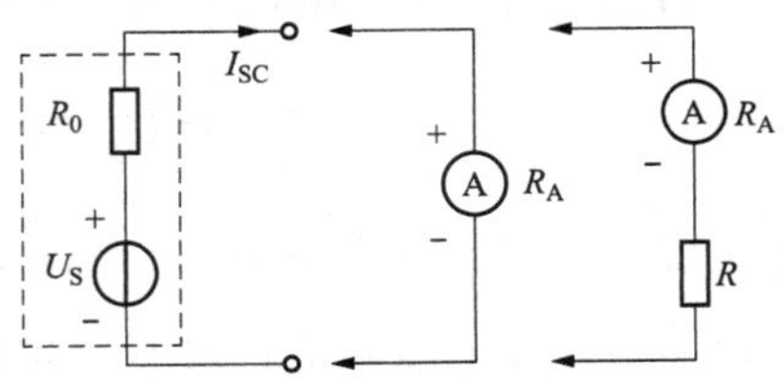

图 1-8 同一量限测量电流电路

由图 1-8 可知

$$I_{SC1}=\frac{U_S}{R_0+R_A}$$

$$I_{SC2}=\frac{U_S}{R_0+R+R_A}$$

由以上两式可解得 U_S 和 R_0，从而可得

$$I_{SC}=\frac{U_S}{R_0}=\frac{I_{SC1}I_{SC2}R}{I_{SC2}(R_A+R)-I_{SC1}R_A}$$

由上式可知，通过电流同一量限两次测量可消除内阻 R_0 对电流 I_{SC}的影响。

由以上分析可知，采用不同量限仪表测量法或同一量限仪表两次测量法，不论所用仪表的内阻与被测电路的电阻如何，总可以通过两次测量和计算单次测量得到较准确的结果。

三、实验设备

实验设备如表 1-5 所示。

表 1-5　实 验 设 备

序号	名　称	型号与规格	数量
1	直流稳压电源	0～30V	1
2	直流恒流源	0～200mA	1
3	十进制可变电阻箱	0～9999.9Ω	1
4	电阻器	按需选择	1
5	直流数字电压表	0～200V	1
6	直流数字毫安表	0～200mA	1

四、实验内容

1. 不同量限电压表两次测量法

按图 1-5 所示的电路连线，实验中利用直流稳压电源，取 $U_S=2.5V$，电阻 R_0 选用十进制可变电阻箱，阻值 $R_0=50k\Omega$。用直流数字电压表 2.5V 和 10V 两挡量限进行两次测量，最后算出开路电压 U_{OC}之值，将实验数据填入表 1-6 中。

表 1-6　不同量限电压表测量数据误差实验数据

电压表量限（V）	内阻 R_V（kΩ）	两个量限的测量值 U_{OC}（V）	电路计算值 U_{OC}（V）	两次测量计算值 U_{OC}（V）	绝对误差	相对误差（%）
2.5	$R_{V1}=$	$U_{OC1}=$		—		
10	$R_{V2}=$	$U_{OC2}=$		—		
两次测量	—	—	—			

2. 同一量限电压表两次测量法

按图 1-7 所示的电路连线。先用直流数字电压表 2.5V 量限挡直接测量，可得 U_{OC1}。然后串接一个 $R=10k\Omega$ 的附加电阻再一次测量，可得 U_{OC2}。计算开路电压 U_{OC}，将实验数据填入表 1-7 中。

表 1-7　同一量限电压表测量数据误差实验数据

实际计算值	两次测量值		测量计算值	绝对误差	相对误差（%）
U_{OC}（V）	U_{OC1}（V）	U_{OC2}（V）	U'_{OC}（V）	ΔU	$\frac{\Delta U}{U_{OC}}\times 100\%$

3. 不同量限电流表两次测量法

按图 1-6 所示的电路连线，实验中利用直流稳压电源，取 $U_S=2.5V$，电阻 R_0 选用十进制可变电阻箱，阻值 $R_0=50k\Omega$。用直流电流表 0.5mA 和 5mA 两挡量限进行两次测量，最后算出短路电流 I_{SC}之值，将实验数据填入表 1-8 中。

表 1-8 双量限电流表测量数据误差实验数据

万用表电流量限（mA）	内阻值 R_A（Ω）	两个量限的测量值 I_{SC}（mA）	电路计算值 I_{SC}（mA）	两次测量计算值 I'_{SC}（mA）	绝对误差	相对误差（%）
0.5	$R_{A1}=$	$I_{SC1}=$				
5	$R_{A2}=$	$I_{SC2}=$				

4. 同一量限电流表两次测量法

按图 1-8 所示的电路连线。先用直流电流表 0.5mA 量限挡直接测量，可得 I_{SC1}。然后串接一个 $R=10k\Omega$ 的附加电阻再一次测量，可得 I_{SC2}。计算出短路电流 I_{SC}之值，将实验数据填入表 1-9 中。

表 1-9 同一量限电流表测量数据误差实验数据

实际计算值	两次测量值		测量计算值	绝对误差	相对误差
I_{SC}（mA）	I_{SC1}（mA）	I_{SC2}（mA）	I'_{SC}（mA）	ΔI_{SC}	$\frac{\Delta I_{SC}}{I_{SC}}\times 100\%$

五、实验注意事项

（1）在实验过程中，直流稳压电源输出端不允许短路。

（2）在实验过程中，直流恒流源输出端不允许开路。

（3）在实验过程中，电压表与所测量的元件并联，电流表与所测量的元件串联，并且要注意极性与量限的选择。

六、预习思考题

（1）完成各项实验内容的计算。

（2）比较双量限两次测量法和单量限两次测量法产生误差的大小。

（3）用“两次测量法”测量电压或电流，绝对误差和相对误差是否等于零？为什么？

七、实验报告

（1）列表记录实验数据，并完成实验内容的计算值。

（2）分析实验测量数据，总结误差产生的原因。

实验三 仪表量程扩展的测试

一、实验目的

（1）了解指针式毫安表的量程和内阻在测量中的作用。

（2）掌握毫安表改装成电流表和电压表的方法。

（3）掌握改装后电压表和电流表的读数方法。

（4）学会电流表和电压表量程切换开关的应用方法。

二、实验原理

1. 基本表的概念

一只毫安表允许通过的最大电流称为该表的量程，用 I_g 表示，该表有一定的内阻，用 R_g 表示。这就是一个“基本表”，其等效电路如图 1-9 所示。I_g 和 R_g 是基本表的两个重要参数。

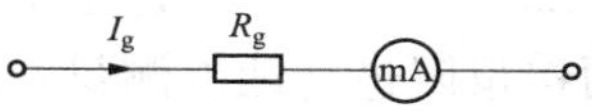

图 1-9 基本表

2. 扩大基本表的量程

满量程为 1mA 的基本表，最大只允许通过 1mA 的电流，过大的电流会造成“打针”，甚至烧断电流线圈。要用它测量超过 1mA 的电流，必须扩大基本表的量程，即选择一个合适的分流电阻 R_A 与基本表并联，如图 1-10 所示。

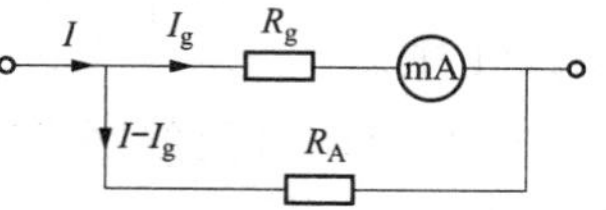

图 1-10　扩大电流量程

设：基本表满量程为 $I_g = 1\text{mA}$，基本表内阻 $R_g = 100\Omega$。现要将其量程扩大 10 倍（即可用来测量 10mA 电流），则应并联的分流电阻 R_A 应满足下式

$$I_g R_g = (I - I_g) R_A$$

$$R_A = \frac{I_g R_g}{I - I_g} = \frac{1 \times 100}{10 - 1} = \frac{100}{9} = 11.1(\Omega)$$

同理，要使其量程扩展为 100mA，则应并联 1.01Ω 的分流电阻。

当用改装后的电流表来测量 10（或 100）mA 以下的电流时，只要将基本表的读数乘以 10（或 100）或者直接将电表面板的满刻度刻成 10（或 100）mA 即可。

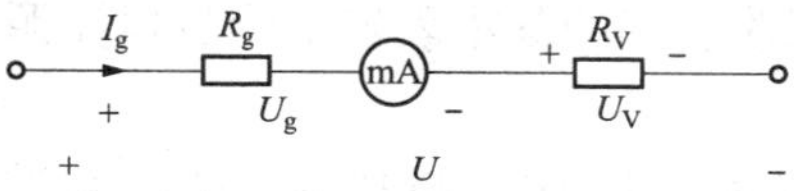

3. 改装为电压表

一只基本表也可以改装为一只电压表，只要选择一只合适的分压电阻 R_V 与基本表相串接即可，如图 1-11 所示。

图 1-11　电压表

设被测电压值为 U，则

$$U = U_g + U_V = I_g (R_g + R_V)$$

$$R_V = \frac{U - I_g R_g}{I_g} = \frac{U}{I_g} - R_g$$

要将量程为 1mA、内阻为 100Ω 的基本表改装为量程为 1V 的电压表，则应串联的分压电阻的阻值应为

$$R_V = \frac{1\text{V}}{1\text{mA}} - 100 = 1000 - 100 = 900(\Omega)$$

若要将量程扩大到 10V，应串多大的分压电阻呢?

三、实验设备

实验设备如表 1-10 所示。

表 1-10　实验设备

序号	名　称	型 号 规 格	数　量
1	直流数字电压表	0～200V	1
2	直流数字毫安表	0～200mA	1
3	直流稳压电源	0～30V	1
4	直流恒流源	0～500mA	1
5	基本表	1mA，100Ω	1
6	电阻	1.01Ω，11.1Ω，900Ω，9.9kΩ，1kΩ，2kΩ	各 1

四、实验内容

1. 1mA 基本表的检验

（1）调节恒流源的输出，最大不超过 1mA。

(2) 先对 1mA 表的表头进行机械调零，再将恒流源的输出接至 1mA 表表头的信号输入端。

(3) 调节恒流源的输出，令其从 0mA 调至 1mA，分别读取并记录基本表的读数，填入表 1-11 中。

(4) 再用直流数字毫安表重复测量 (3) 的数据，填入表 1-11 中，与基本表的读数进行比较。

表 1-11　　1mA 基本表测量数据

恒流源输出 (mA)	0.0	0.2	0.4	0.6	0.8	1.0
表头读数 (mA)						
直流数字毫安表读数 (mA)						

2. 将基本表改装为量程为 10mA 的毫安表

(1) 将分流电阻 11.1Ω 并接在基本表的两端，这样就将基本表改装成了满量程为 10mA 的毫安表。

(2) 调节恒流源的输出，使其从 0 依次增加 2mA，用改装好的基本表依次测量恒流源的输出电流，并将数据填入表 1-12 中。

(3) 再用直流数字毫安表重复测量 (2) 的数据，填入表 1-12 中，与基本表的读数进行比较。

表 1-12　　改装后 10mA 毫安表测量数据

恒流源输出 (mA)	0.0	2.0	4.0	6.0	8.0	10.0
毫安表读数 (mA)						
直流数字毫安表读数 (mA)						

3. 将基本表改装为量程为 100mA 的毫安表

(1) 将分流电阻改换为 1.01Ω，并接在基本表的两端，这样就将基本表改装成了满量程为 100mA 的毫安表。

(2) 调节恒流源的输出，使其从 0 依次增加 20mA，用改装好的基本表依次测量恒流源的输出电流，并将数据填入表 1-13 中。

(3) 再用直流数字毫安表重复测量 (2) 的数据，填入表 1-13 中，与基本表的读数进行比较。

表 1-13　　改装后 100mA 毫安表测量数据

恒流源输出 (mA)	0.0	20.0	40.0	60.0	80.0	100.0
毫安表读数 (mA)						
直流数字毫安表读数 (mA)						

4. 将基本表改装为量程为 1V 的电压表

(1) 将分压电阻 900Ω 与基本表相串接，这样基本表就被改装成为满量程为 1V 的电压表。

(2) 调节直流稳压电源的输出，使其从 0V 依次增加 0.2V，用改装成的电压表进行测量，并将数据填入表 1-14 中。

（3）再用直流数字电压表重复测量（2）的数据，填入表1-14中，与改装后的1V电压表的读数进行比较。

表1-14　　改装后1V电压表的测量数据

电压源输出（V）	0.0	0.2	0.4	0.6	0.8	1.0
改装表读数（V）						
直流数字电压表读数（V）						

5. 将基本表改装为量程为10V的电压表

（1）将分压电阻9.9kΩ与基本表相串接，这样基本表就被改装成为满量程为10V的电压表。

（2）调节直流稳压电源的输出，使其从0V依次增加2V，用改装成的电压表进行测量，并将数据填入表1-15中。

（3）再用直流数字电压表重复测量（2）的数据，填入表1-15中，与改装后的10V电压表的读数进行比较。

表1-15　　改装后10V电压表的测量数据

电压源输出（V）	0.0	2.0	4.0	6.0	8.0	10.0
改装表读数（V）						
直流数字电压表读数（V）						

6. 改装后电压表和电流表的应用

用改装的电压表和电流表分别测量图1-12所示电路中的电阻R_2两端的电压和流过R_2的电流，将数据填入表1-16中。

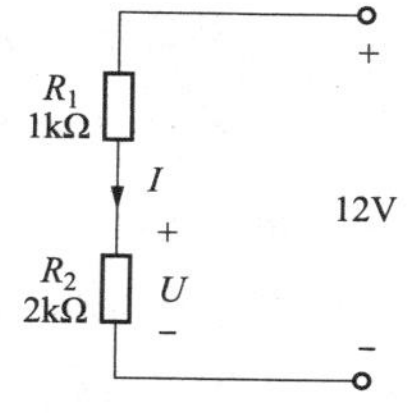

图1-12　测试电路

五、实验注意事项

（1）输入仪表的电压和电流要注意到仪表的量程，不可过大，以免损坏仪表。

（2）可外接标准表（如直流数字毫安表和直流数字电压表作为标准表）进行校验。

表1-16　　电阻R_2的测量数据

改装表电压表读数	改装表电流表读数	直流数字电压表读数	直流数字毫安表读数
U=________V	I=________mA	U=________V	I=________mA

（3）注意接入仪表的信号的正、负极性，以免指针反偏而损坏仪表。

六、预习思考题

（1）复习两个电阻串联的分压公式及两个电阻并联的分流公式。

（2）掌握直流数字电压表和直流数字毫安表的使用。

（3）将基本表改装成不同量程电压表和电流表串联电阻和并联电阻的计算。

七、实验报告

（1）总结电路理论中串联电阻分压、并联电阻分流的具体应用。

（2）总结基本表的改装方法。

（3）测量误差的分析。

实验四　电路元件伏安特性的测试

一、实验目的

(1) 学会识别常用电路元件的方法。

(2) 掌握线性电阻、非线性电阻元件伏安特性的逐点测试法。

(3) 掌握实验台上直流电工仪表和设备的使用方法。

(4) 观察线性电阻、非线性电阻元件工作时的现象。

二、实验原理

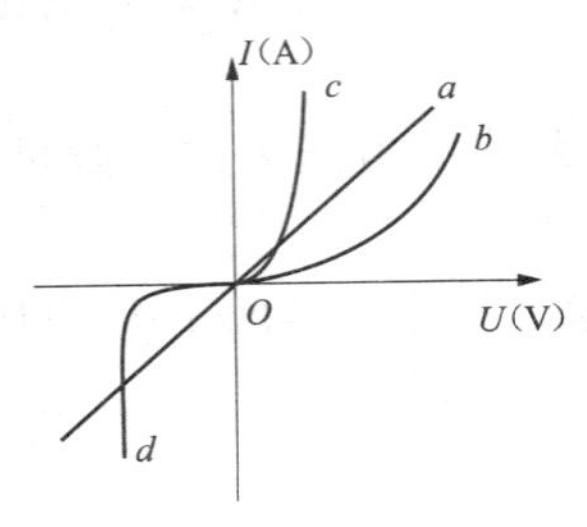

图 1-13　二端电阻元件的伏安特性

任何一个二端元件的特性都可用该元件上的端电压U与通过该元件的电流I之间的函数关系$I=f(U)$来表示，即用I-U平面上的一条曲线来表征，这条曲线称为该元件的伏安特性曲线，如图 1-13 所示。

(1) 线性电阻器的伏安特性曲线是一条通过坐标原点的直线，如图 1-13 中a所示，该直线的斜率等于该电阻器的电阻值。

(2) 一般的白炽灯在工作时灯丝处于高温状态，其灯丝电阻随着温度的升高而增大，通过白炽灯的电流越大，其温度越高，阻值也越大，一般灯泡的“冷电阻”与“热电阻”的阻值可相差几倍至十几倍，所以它的伏安特性如图 1-13 中b曲线所示。

(3) 一般的半导体二极管是一个非线性电阻元件，其伏安特性如图 1-13 中c所示。正向压降很小（一般的锗管为 0.2～0.3V，硅管为 0.5～0.7V），正向电流随正向压降的升高而急骤上升，而反向电压从零一直增加到十多至几十伏时，其反向电流增加很小，粗略地可视为零。可见，二极管具有单向导电性，但反向电压加得过高，超过管子的极限值，则会导致管子击穿损坏。

(4) 稳压二极管是一种特殊的半导体二极管，其正向特性与普通二极管类似，但其反向特性较特别，如图 1-13 中d所示。在反向电压开始增加时，其反向电流几乎为零，但当电压增加到某一数值时（称为管子的稳压值，有各种不同稳压值的稳压管）电流将突然增加，以后它的端电压将基本维持恒定，当外加的反向电压继续升高时其端电压仅有少量增加。

注意：流过二极管或稳压二极管的电流不能超过管子的极限值，否则管子会被烧坏。

三、实验设备

实验设备如表 1-17 所示。

表 1-17　实验设备

序号	名　称	型号与规格	数量
1	可调直流稳压电源	0～30V	1
2	直流数字毫安表	0～200mA	1
3	直流数字电压表	0～200V	1
4	二极管	1N4007	1
5	稳压管	2CW51	1
6	白炽灯	12V，0.1A	1
7	线性电阻器	200Ω，510Ω/8W	1

四、实验内容

1. 测定线性电阻器的伏安特性

按图 1-14 接线，负载电阻R_L为 510Ω 的线性电阻器，调节稳压电源的输出电压U_S，从 0V 开始缓慢地增加，一直到 10V，记下相应的电压表和电流表的读数U_R、I，数据填入

表 1-18 中。

2. 测定非线性白炽灯泡的伏安特性

将图 1-14 中的负载电阻 R_L 换成一只 12V、0.1A 的灯泡，重复步骤 1。电压 U_L 为灯泡的端电压，将数据填入表 1-19中。

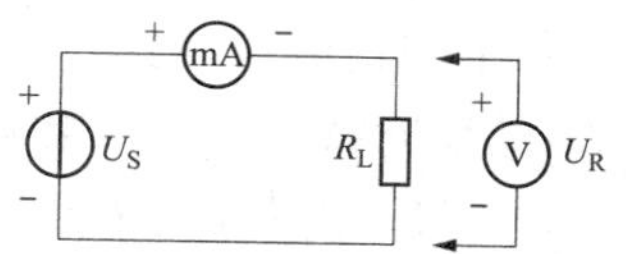

图 1-14 测量线性电阻器伏安特性的电路

表 1-18 测量电阻伏安特性的数据

U_S (V)	0.0	1.0	2.0	3.0	4.0	5.0	6.0	7.0	8.0	9.0	10.0
U_R (V)											
I (mA)											

表 1-19 测量灯泡伏安特性的数据

U_S (V)	0.1	0.5	1.0	2.0	3.0	4.0	5.0	6.0	7.0	8.0	9.0	10.0
U_L (V)												
I (mA)												

3. 测定二极管 1N4007 的伏安特性

按图 1-15 所示电路接线，电阻 R 为 200Ω 的限流电阻器，二极管 VD 的型号为 1N4007。测量二极管的正向特性时，将二极管 VD 的正向电压 U_{VD+}、正向电流 I_+ 测量数据填入表 1-20 中。注意二极管 VD 正向电流不得超过 35mA，二极管 VD 的正向电压 U_{VD+} 可在 0～0.75V 之间取值，在 0.5～0.75V 之间应多取几个测量点。测量二极管的反向特性时，只需将图 1-15 所示电路中的二极管 VD 反接，将二极管 VD 的正向电压 U_{VD-}、反向电流 I_- 测量数据填入表 1-21 中。

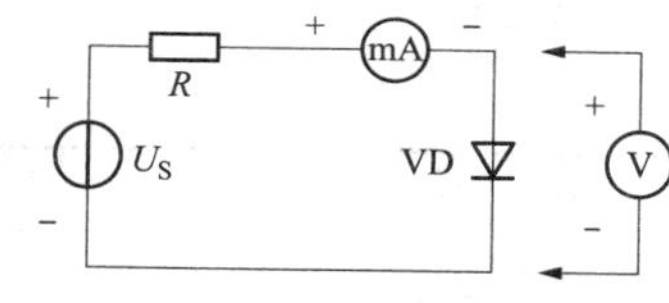

图 1-15 测量二极管伏安特性的电路

表 1-20 二极管正向特性实验数据

U_S (V)	0.10	0.30	0.50	0.55	0.60	0.65	0.70	0.75	0.90
U_{VD+} (V)									
I_+ (mA)									

表 1-21 二极管反向特性实验数据

U_S (V)	0.0	5.0	10.0	15.0	20.0	25.0	30.0
U_{VD-} (V)							
I_- (mA)							

4. 测定稳压二极管 2CW51 的伏安特性

(1) 正向特性实验。将图 1-15 中的电阻 R 换成 510Ω，二极管 VD 换成稳压二极管 VS（型号为 2CW51），重复实验内容 3 中的正向测量。U_{VS+} 为 2CW51 的正向电压，将数据填入表 1-22 中。

表 1-22 稳压二极管正向特性的实验数据

U_S (V)	0.10	0.30	0.50	0.55	0.60	0.65	0.70	0.75	0.90
U_{VS+} (V)									
I_+ (mA)									

（2）反向特性实验。将图1-15中的电阻 R 换成510Ω，稳压二极管VS反接，测量稳压二极管VS的反向特性。稳压电源的输出电压 U_S 从0～20V，测量稳压二极管VS两端的电压 U_{VS-} 及电流 I，由 U_{VS} 可看出其稳压特性，将数据填入表1-23中。

表1-23 稳压二极管反向特性的实验数据

U_S（V）	0.0	1.0	2.0	5.0	10.0	15.0	20.0
U_{VS-}（V）							
I_-（mA）							

*5. 测定半导体二极管2AP9的伏安特性

按图1-15接线，电阻 R 为200Ω的限流电阻器，二极管VD型号为2Ap9，将数据填入表1-24和表1-25中。

表1-24 二极管正向特性实验数据

U_S（V）	0.00	0.10	0.13	0.15	0.17	0.19	0.21	0.24	0.30
U_{VD+}（V）									
I_+（mA）									

表1-25 二极管反向特性实验数据

U_S（V）	0.0	1.0	2.0	4.0	6.0	8.0	10.0
U_{VD-}（V）							
I_-（mA）							

五、实验注意事项

（1）测量二极管正向特性时，直流稳压电源输出应由小至大逐渐增加，应时刻注意电流表读数不得超过35mA。

（2）直流稳压电源输出端切勿短路。

（3）进行不同实验时，应先估算电压和电流值，合理选择仪表的量程。

（4）实验中注意电压表和电流表的量程，勿使仪表超量程，仪表的极性也不能接错。

六、预习思考题

（1）非线性电阻与线性电阻的概念是什么？其伏安特性有何区别？

（2）电阻器与二极管的伏安特性有何区别？

（3）设某器件伏安特性曲线的函数表达式为 $I=f(U)$，试问用逐点法绘制曲线时，其坐标变量应如何放置？

（4）普通二极管与稳压二极管有何区别？其应用场合是否一致？

（5）在图1-15中，设 $U=2V$，$U_{VD+}=0.7V$，则电流表的读数应该为多少？

七、实验报告

（1）根据各实验测量数据，分别在坐标纸上绘制出光滑的伏安特性曲线（其中二极管和稳压二极管的正、反向特性均要求画在同一张图中，正、反向电压可取为不同的比例尺）。

（2）根据实验测量结果，总结、归纳被测各元件的特性。

（3）测量误差的分析。

实验五 电路中电位与电压的测试

一、实验目的

（1）掌握电路中电位的相对性、电压的绝对性。

（2）掌握电路中电位测量的方法。

（3）掌握直流稳压电源、直流数字电压表的使用方法。

二、实验原理

在一个闭合电路中，各点电位的高低视所选的电位参考点的不同而改变，但任意两点间的电位差（即电压）则是绝对的，它不因参考点的变动而改变。

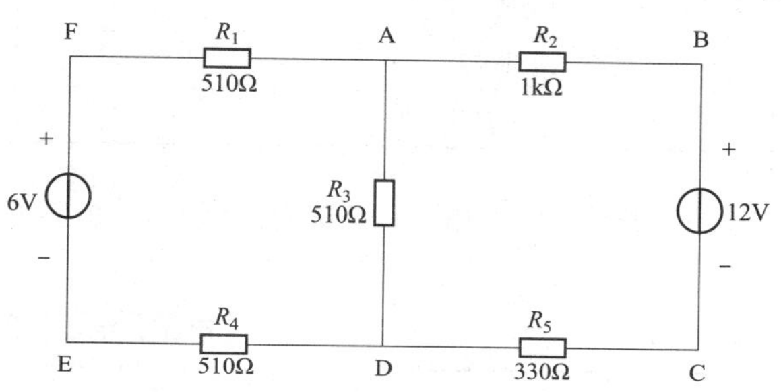

图 1-16 电压、电位的测量电路

电位图是一种平面坐标一、四两象限内的折线图。其纵坐标为电位值，横坐标为各被测点。要制作某一电路的电位图，先以一定的顺序对电路中各被测点编号。以图 1-16 的电路为例，如图中的 A～F，并在坐标横轴上按顺序、均匀间隔标上 A、B、C、D、E、F、A。再根据测得的各点电位值，在各点所在的垂直线上描点。用直线依次连接相邻两个电位点，即得该电路的电位图。

在电位图中，任意两个被测点的纵坐标值之差即为该两点之间的电压值。

在电路中电位参考点可任意选定。对于不同的参考点，所绘出的电位图形是不同的，但其各点电位变化的规律却是一样的。

三、实验设备

实验设备如表 1-26 所示。

表 1-26 实 验 设 备

序号	名 称	型号与规格	数量
1	直流稳压电源	0～30V	两路
2	直流数字电压表	0～200V	1
3	直流数字毫安表	0～200mA	1
4	电位、电压测定实验电路板		1

四、实验内容

实验电路接线如图 1-17 所示。

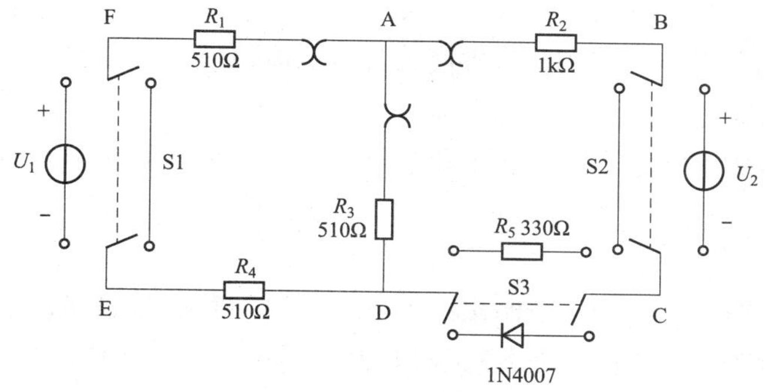

图 1-17 电压、电位的测量电路

（1）分别将两路直流稳压电压源U_1和U_2接入电路，其中$U_1=6\text{V}$，$U_2=12\text{V}$；将开关S1拨向左端，S2拨向右端，S3拨向上端，图1-17所示实验电路与图1-16电路相同。

（2）以图1-17中的A点作为电位的参考点，分别测量B、C、D、E、F各点的电位值V及相邻两点之间的电压值U_{AB}、U_{BC}、U_{CD}、U_{DE}、U_{EF}及U_{FA}，测得数据列于表1-27中。

表1-27　　电压、电位的测量数据

电位参考点	电位V与电压U	V_A	V_B	V_C	V_D	V_E	V_F	U_{AB}	U_{BC}	U_{CD}	U_{DE}	U_{EF}	U_{FA}
A	计算值（V）												
	测量值（V）												
	绝对误差												
	相对误差												

（3）以图1-17中的D点作为参考点，重复实验内容2的测量，测得数据列于表1-28中。

表1-28　　电压、电位的测量数据

电位参考点	电位V与电压U	V_A	V_B	V_C	V_D	V_E	V_F	U_{AB}	U_{BC}	U_{CD}	U_{DE}	U_{EF}	U_{FA}
D	计算值（V）												
	测量值（V）												
	绝对误差												
	相对误差												

五、实验注意事项

（1）先调准输出直流稳压电源的电压值，再接入实验电路中。

（2）将直流稳压电源接入电路时注意电压源的正负极性。

（3）测量电位时，使用直流数字电压表测量，负表笔（黑色）接参考电位点，正表笔（红色）接被测各点。若直流数字电压表显示正值，则表明该点电位为正（即高于参考点电位）；若直流数字电压表显示负值，则表明该点电位为负（表明该点电位低于参考点电位），注意此时可不调换表笔，直接读出负值即可。

六、预习思考题

（1）若以F点为参考点，按实验步骤测量各点的电位值；再以E点作为参考点，则此时各点的电位值应有何变化？

（2）在使用直流数字电压表测量电压和电位时，为何数据前面会出现正负号？其物理意义是什么？

七、实验报告

（1）根据测量实验数据，分别绘制出两个电位图形，并对照观察各对应两点间的电压情况。两个电位图形的参考点不同，但各点的相对顺序应一致，以便对照。

（2）完成数据表格中的计算，对误差作必要的分析。

（3）总结电位相对性和电压绝对性的结论。

实验六　基尔霍夫定律的测试

一、实验目的

（1）验证基尔霍夫定律的正确性，加深对基尔霍夫定律的理解。

（2）学会使用电流表、电压表测量各支路电流和各元件电压的方法。

（3）掌握电流插头和电流插座的结构及其应用。

（4）学会分析电路故障，提高实际动手能力。

二、实验原理

基尔霍夫定律是集总电路的基本定律，它包括电流定律和电压定律。

基尔霍夫电流定律（KCL）指出：“在集总参数电路中，任何时刻，对任一节点，所有流出节点的支路电流的代数和恒等于零”。此处，电流的“代数和”是根据电流是流出节点还是流入节点判断的。若流出节点的电流前面取“+”号，则流入节点的电流前面取“−”号；电流是流出节点还是流入节点，均根据电流的参考方向判断，所以对任意节点都有

$$\sum i = 0$$

上式取和是对连接于该节点的所有支路电流进行的。

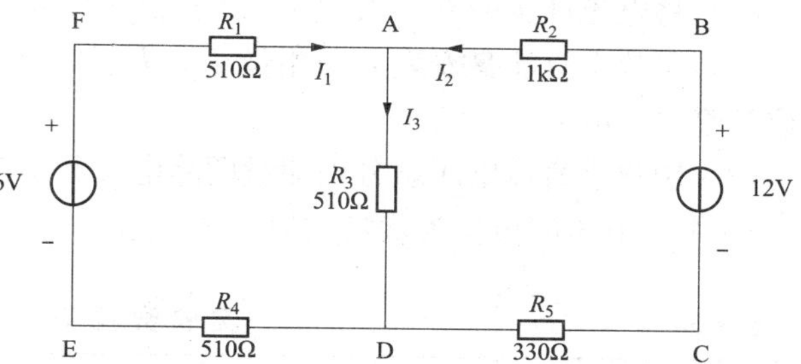

图 1-18　基尔霍夫定律测量电路

以图 1-18 所示电路为例，根据基尔霍夫电流定律可得结点 A 的电流方程：

$$I_1 + I_2 - I_3 = 0$$

基尔霍夫电压定律（KVL）指出：“在集总参数电路中，任何时刻，沿任一回路，所有支路电压的代数和恒等于零”。所以，沿任一回路有

$$\sum u = 0$$

上式取和时，需要任意指定一个回路的绕行方向，凡支路电压的参考方向与回路的绕行方向一致者，该电压前面取“+”号，支路电压的参考方向与回路的绕行方向相反者，前面取“−”号。

以图 1-18 所示电路左网孔为例，选取顺时针绕行方向，根据基尔霍夫电压定律可得电压方程：

$$U_{FA} + U_{AD} + U_{DE} - U_{FE} = 0$$

表 1-29　　实 验 设 备

序号	名　　称	型号与规格	数量
1	直流稳压电源	0～30V	两路
2	直流数字毫安表	0～200mA	1
3	直流数字电压表	0～200V	1
4	基尔霍夫定律实验电路板		1

三、实验设备

实验设备如表 1-29 所示。

四、实验内容

基尔霍夫定律实验测量电路如图 1-19 所示，分别将两路直流稳压电压源 U_1 和 U_2 接入电路，其中 $U_1 =$

6V，U_2=12V；将开关S1拨向左端，S2拨向右端，S3拨向上端，图1-19所示实验电路与图1-18电路相同。

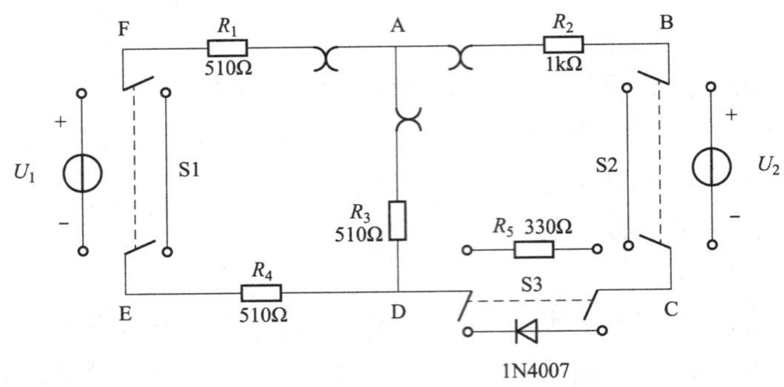

图1-19　基尔霍夫定律电路

（1）将电流插头的红、黑两端分别接到数字直流毫安表的“+”和“−”两端。

（2）用数字直流毫安表分别测量I_1、I_2、I_3的电流值，记录并填入表1-30中。电流的单位为毫安（mA）。

（3）用数字直流电压表分别测量两路电压源及电阻元件上的电压值，并将测量数据填入表1-30中。电压的单位为伏特（V）。

表1-30　　实验数据记录表格

被测量	I_1	I_2	I_3	U_1	U_2	U_{FA}	U_{AB}	U_{AD}	U_{CD}	U_{DE}
计算值										
测量值										
绝对误差										
相对误差										

五、实验注意事项

（1）所有需要测量的电压值，均以数字直流电压表测量的读数为准。电压源电压U_1、U_2也需测量，不应取电源本身的显示值。

（2）用直流数字电压表或直流数字毫安表测量时，则可直接读出电压或电流值。但应注意所读电压或电流值的正确性，正、负号应根据设定的电流参考方向来判断。

六、预习思考题

根据图1-19的电路参数，计算出待测的电流I_1、I_2、I_3和各电阻上的电压值，记入预习报告理论计算中，以便实验测量时，可正确地选定数字直流毫安表和数字直流电压表的量程。

七、实验报告

（1）根据实验数据，选定节点A，验证KCL的正确性。

（2）根据实验数据，选定实验电路中的任一闭合回路，验证KVL的正确性。

（3）误差原因的分析。

实验七　电压源与电流源等效变换的测试

一、实验目的

（1）掌握电压源和电流源外特性的测试方法。

（2）掌握实际电压源与实际电流源等效变换的条件。

（3）掌握建立电压源和电流源模型的方法。

二、实验原理

1. 电压源

电压源是一个理想的电路元件，它的端电压 $u(t)$ 为

$$u(t) = u_s(t)$$

式中 $u_s(t)$ 为给定的时间函数，而电压 $u(t)$ 与通过元件的电流无关，总保持为给定的时间函数。电压源中电流的大小由外电路决定。电压源的图形符号如图 1-20（a）所示。当 $u_s(t)$ 为恒定值时，这种电压源称为恒定电压源或直流电压源，有时用图 1-20（b）所示的图形符号表示，其中长划表示电源的正极，电压值则用 U_S 表示。

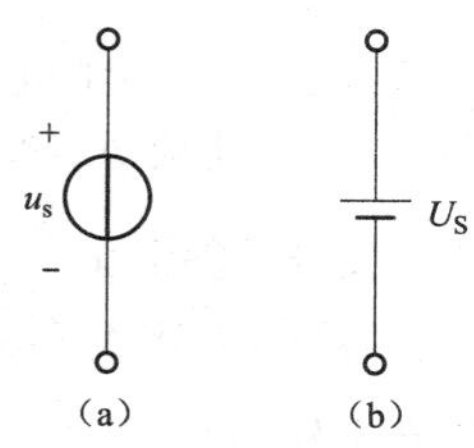

图 1-20　电压源图形符号
（a）图形符号一；
（b）图形符号二

图 1-21（a）示出电压源接外电路的情况。端子 1、2 之间的电压 $u(t)$ 等于 $u_s(t)$，不受外电路的影响。图 1-21（b）是直流电压源的伏安特性，其伏安特性曲线 $u=f(i)$ 是一条平行于 i 轴的直线，它不随时间改变。

2. 电流源

电流源是一个理想的电路元件。电流源发出的电流 $i(t)$ 为

$$i(t) = i_s(t)$$

式中 $i_s(t)$ 为给定的时间函数，而电流 $i(t)$ 与元件的端电压无关，并总保持为给定的时间函数。电流源的端电压由外电路决定。电流源的图形符号如图 1-22 所示。当 $i_s(t)$ 为恒定值时，这种电流源称为恒定电流源或直流电流源。

图 1-23（a）示出电流源接外电路的情况。流过外电路的电流 $i(t)$ 等于 $i_s(t)$，不受外电路的影响。图 1-23（b）是直流电流源的伏安特性，其伏安特性曲线 $u=f(i)$ 是一条平行于 u 轴的直线，它不随时间改变。

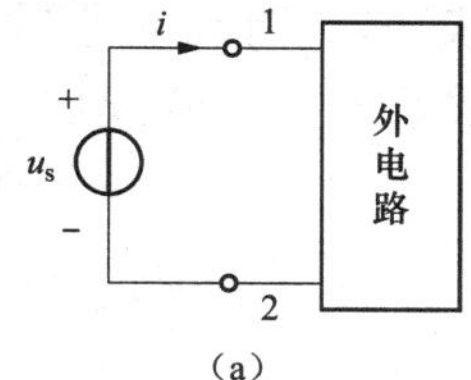

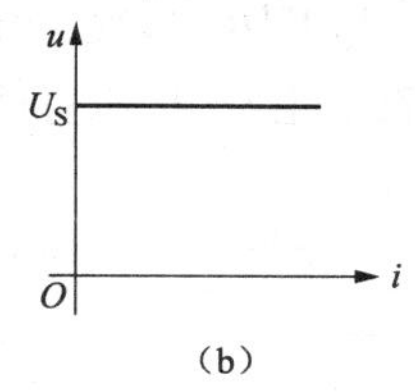

图 1-21　电压源的伏安特性
（a）电压源接外电路；
（b）直流电压源的伏安特性

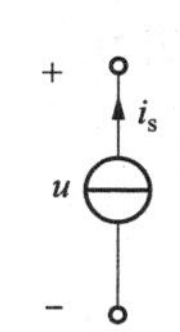

图 1-22　电流源图形符号

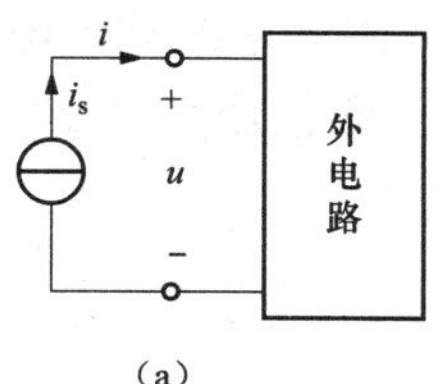

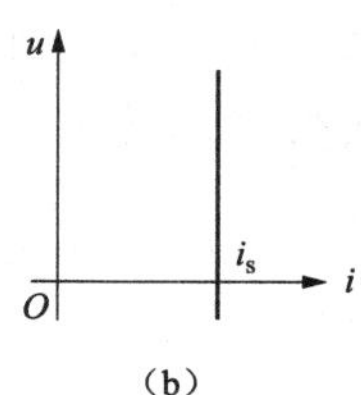

图 1-23　电流源的伏安特性
（a）电流源接外电路；
（b）直流电流源的伏安特性

3. 电压源与电流源的等效

一个实际的电源，就其外部特性而言，既可以看成是一个电压源，又可以看成是一个电流

源。若视为电压源，则可用一个理想的电压源U_S与一个电阻R_0相串联的组合来表示；若视为电流源，则可用一个理想电流源I_S与一电阻R_0'相并联的组合来表示。如果这两种电源能向同样大小的负载供出同样大小的电流和端电压，则称这两个电源是等效的，即具有相同的外特性。

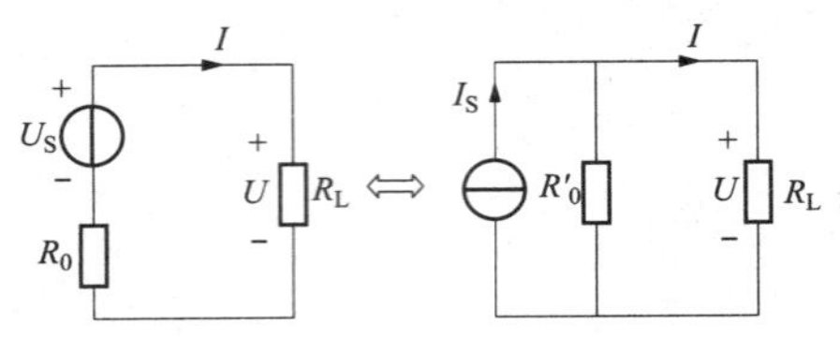

图 1-24　实际电压源与实际电流源的等效变换

一个实际电压源与一个实际电流源等效变换的条件为

$$I_S=\frac{U_S}{R_0},\quad R_0'=R_0$$

或

$$U_S=I_SR'_0,\quad R_0=R_0'$$

电路如图 1-24 所示。

三、实验设备

实验设备如表 1-31 所示。

表 1-31　　实　验　设　备

序号	名　称	型号与规格	数量
1	直流稳压电源	0～30V	1
2	直流恒流源	0～500mA	1
3	直流数字电压表	0～200V	1
4	直流数字毫安表	0～200mA	1
5	电阻器	200Ω，510Ω，1kΩ	各1个
6	十进制可变电阻箱	0～99999.9Ω	1
7	电压源与电流源等效变换实验电路		1

四、实验内容

1. 测试理想电压源与实际电压源的外特性

(1) 理想电压源外特性测试。按图 1-25 所示电路接线。U_S为+12V 直流稳压电源。按表 1-32 调节十进制可变电阻箱R_L，令其阻值由大至小变化，并记录直流数字电压表和直流数字电流表的读数，将数据填入表 1-32 中。

表 1-32　直流理想电压源的电压、电流的实验数据

R_L (Ω)	∞	1000	800	600	400	200	100
U (V)							
I (mA)							

(2) 实际电压源外特性测试。按图 1-26 所示电路接线，U_S为+12V 直流稳压电源，R_S=1kΩ 为电压源内阻，虚线框内电路可等效为一个实际的电压源。按表 1-33 调节十进制可变电阻箱R_L，令其阻值由大至小变化，并记录直流数字电压表和直流数字电流表的读数，

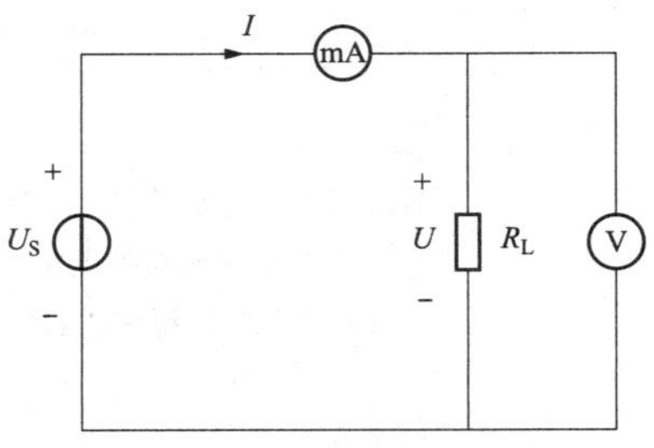

图 1-25　测量理想电压源外特性电路

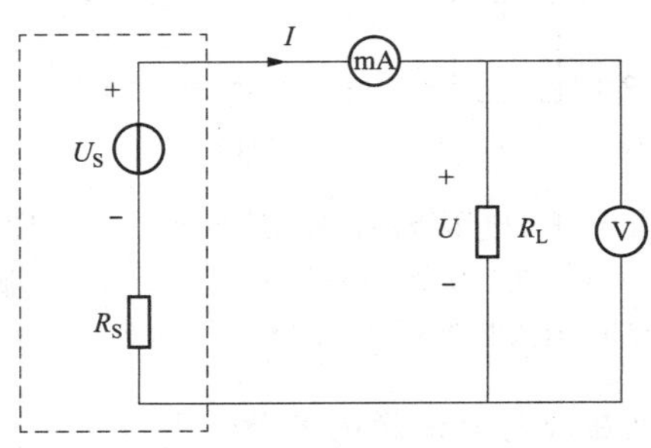

图 1-26　测量实际电压源外特性电路

数据填入表 1-33 中。

2. 测试理想电流源与实际电流源的外特性

（1）理想电流源外特性测试。按图 1-27 所示电路接线。I_S 为 10mA 直流电流源。按表 1-34 调节十进制可变电阻箱 R_L，令其阻值由小至大变化，并记录直流数字电压表和直流数字电流表的读数，将数据填入表 1-34 中。

表 1-33　直流实际电压源的电压、电流的实验数据

R_L（Ω）	∞	1000	800	600	400	200	100
U（V）							
I（mA）							

表 1-34　直流理想电流源的电压、电流的实验数据

R_L（Ω）	0	100	200	400	600	800	1000
U（V）							
I（mA）							

（2）实际电流源外特性测试。按图 1-28 所示电路接线，I_S 为 10mA 直流电流源，$R_S=1k\Omega$ 为电流源内阻，虚线框内电路可等效为一个实际的电流源。按表 1-35 调节十进制可变电阻箱 R_L，令其阻值由小至大变化，并记录直流数字电压表和直流数字电流表的读数，数据填入表 1-35 中。

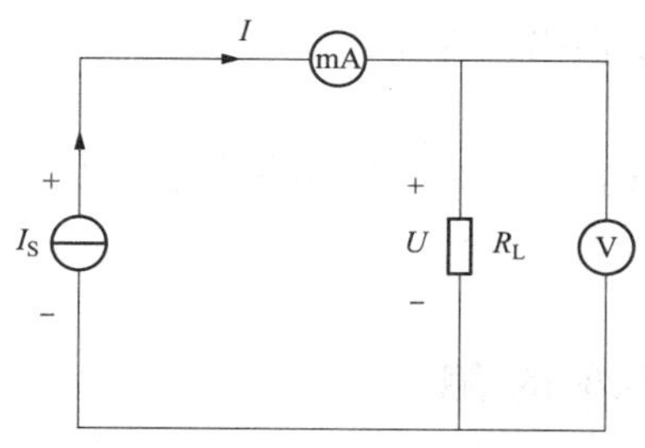

图 1-27　测量理想电流源外特性电路

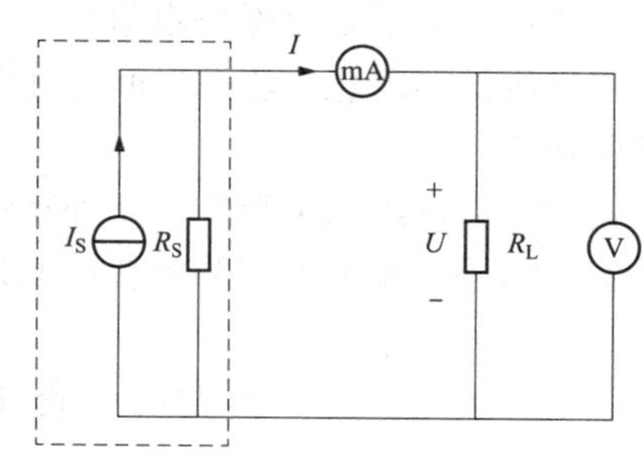

图 1-28　测量实际电流源外特性电路

3. 测定电源等效变换的条件

先按图 1-29（a）所示电路接线，其中 U_S 为+12V 直流稳压电源，$R_S=1k\Omega$，$R_L=2k\Omega$，记录电路中 U 与 I 的读数，将数据填入表 1-36 中。然后按图 1-29（b）所示电路接线，$R'_S=1k\Omega$，$R_L=2k\Omega$，调节图 1-29（b）中的理想电流源 I_S，使电路中 U 与 I 的读数与图 1-29（a）中 U 与 I 的数值相等，记录理想电流源 I_S 的电流值，填入表 1-36 中，验证等效变换条件的正确性。

表 1-35　直流实际电流源的电压、电流的实验数据

R_L（Ω）	0	100	200	400	600	800	1000
U（V）							
I（mA）							

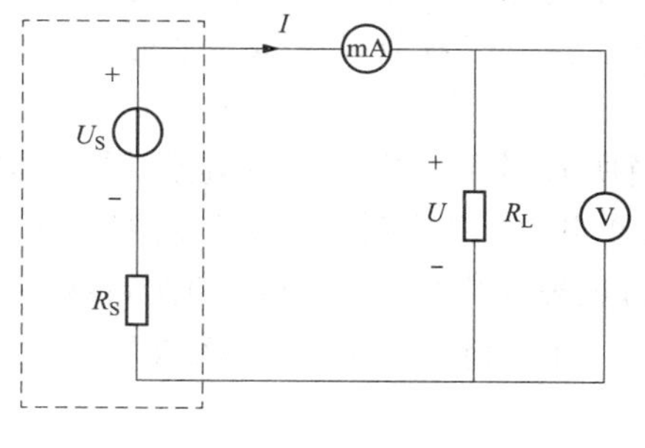

（a）

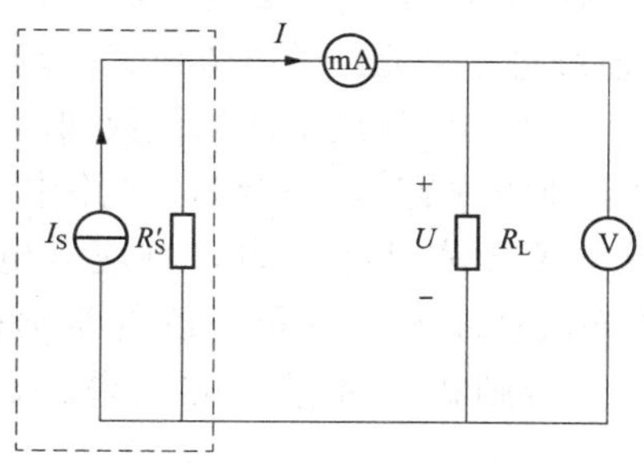

（b）

图 1-29　测量电流源等效变换的电路

表 1-36 实际电压源等效实际电流源的测试

实际电压源					实际电流源		
U_S（V）	R_S（Ω）	R_L（Ω）	U（V）	I（mA）	I_S（mA）	R_S'（Ω）	R_L（Ω）
12	1kΩ	2kΩ				1kΩ	2kΩ

五、实验注意事项

（1）在测试理想电压源外特性时，不要忘记测量开路时的电压值。

（2）在测试理想电流源外特性时，不要忘记测量短路时的电流值。注意恒流源负载电压不要超过 20V，负载不要开路。

（3）改换电路时，必须关闭电源开关。

（4）直流数字电压表和直流数字电流表的接入应注意极性与量程。

六、预习思考题

（1）理想电压源的输出端不允许短路，理想电流源的输出端不允许开路，为什么？

（2）实际电压源与实际电流源的外特性为什么呈下降变化趋势，而理想电压源和理想电流源的输出在任何负载下是否保持定值？

（3）理想电压源与理想电流源之间存在等效变换吗？为什么？

七、实验报告

（1）根据实验数据绘出电源的四条外特性曲线，并总结、归纳各类电源的特性。

（2）从实验结果，验证电源等效变换的条件。

实验八 叠加原理的测试

一、实验目的

（1）验证线性电路叠加原理的正确性。

（2）加深对线性电路的叠加性和齐次性的认识和理解。

（3）理解线性电路的叠加性和齐次性。

（4）掌握叠加原理适用于线性电路而不适用于非线性电路。

（5）熟悉开关工作原理及其应用。

二、实验原理

叠加定理描述了线性电路的可加性或叠加性，其内容是：在有多个独立源共同作用下的线性电路中，任一电压或电流都是电路中各个独立电源单独作用时，在该处产生的电压或电流的叠加。通过每一个元件的电流或其两端的电压，可以看成是由每一个独立源单独作用时在该元件上所产生的电流或电压的代数和。

齐次性定理的内容是：在线性电路中，当所有激励（电压源和电流源）都同时增大或缩小 K 倍（K 为实常数）时，响应（电压或电流）也将同时增大或缩小 K 倍。这是线性电路的齐次性定理。这里所说的激励指的是独立电源，并且必须全部激励同时增加或缩小 K 倍，否则将导致错误的结果。显然，当电路中只有一个激励时，响应必与激励成正比。

使用叠加原理时应注意以下几点：

（1）叠加原理适用于线性电路，不适用于非线性电路。

（2）在叠加的各分电路中，不作用的电压源置零，在电压源处用短路代替；不作用的电流源置零，在电流源处用开路代替。电路中的所有电阻都不予更动，受控源则保留在分电路中。

（3）叠加时各分电路中的电压和电流的参考方向可以取为与原电路中的相同。取和时，应注意各分量前的“+”“−”号。

（4）原电路的功率不等于按各分电路计算所得功率的叠加，这是因为功率是电压和电流的乘积。

以图 1-30 所示的电路为例，测试叠加原理线性应用的正确性。

图 1-30　叠加原理测量电路

三、实验设备

实验设备如表 1-37 所示。

表 1-37　实　验　设　备

序号	名　　称	型号与规格	数量
1	直流稳压电源	0～30V	两路
2	直流数字电压表	0～200V	1
3	直流数字毫安表	0～200mV	1
4	叠加原理实验电路板		1

四、实验内容

叠加原理实验电路如图 1-31 所示，分别将两路直流稳压电压源 U_1 和 U_2 接入电路，其中 $U_1=6V$，$U_2=12V$。

1. 电压源 U_1 单独作用

将开关 S1 拨向左端，S2 拨向左端，S3 拨向上端，用数字直流电压表和数字直流毫安表（接电流插头）测量各支路电流及各电阻元件两端的电压，数据记入表 1-38 中。在表 1-38 中电流的单位为毫安（mA），电压的单位为伏特（V）。

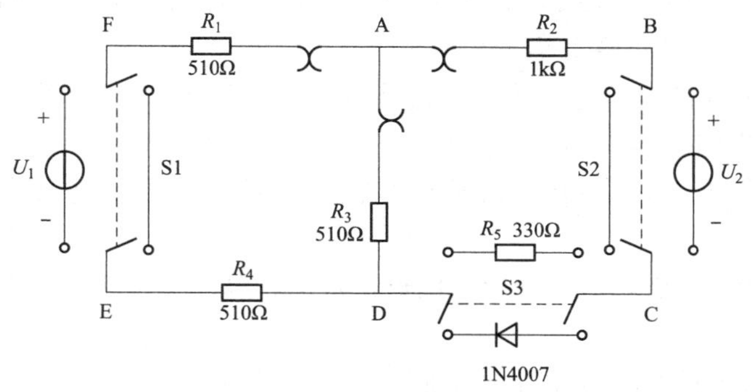

图 1-31　叠加原理电路原理图

2. 电压源 U_2 单独作用

将开关 S1 拨向右端，S2 拨向右端，S3 拨向上端，用数字直流电压表和数字直流毫安表（接电流插头）测量各支路电流及各电阻元件两端的电压，数据记入表 1-38 中。

3. 电压源 U_1 和 U_2 共同作用

将开关 S1 拨向左端，S2 拨向右端，S3 拨向上端，用数字直流电压表和数字直流毫安表

（接电流插头）测量各支路电流及各电阻元件两端的电压，数据记入表1-38中。

表1-38　　　　电阻电路的叠加原理实验数据

实验内容	I_1	I_2	I_3	U_{AB}	U_{BC}	U_{CD}	U_{DE}	U_{EF}	U_{FA}	U_{AD}
U_1单独作用										
U_2单独作用										
U_1、U_2共同作用										

4. 叠加原理非线性测试

将开关S3拨向下端，即电阻R_5换成二极管1N4007，重复1～3的测量过程，数据记入表1-39中。

表1-39　　　　二极管电路的叠加原理实验数据

实验内容	I_1	I_2	I_3	U_{AB}	U_{BC}	U_{CD}	U_{DE}	U_{EF}	U_{FA}	U_{AD}
U_1单独作用										
U_2单独作用										
U_1、U_2共同作用										

五、实验注意事项

（1）用电流插头测量各支路电流时，或者用电压表测量电压降时，应注意直流数字电压表和直流数字电流表的极性，正确判断测得值的＋、－号后，记入数据表格。

（2）注意直流数字电压表和直流数字电流表的量程，应该及时更换。

（3）在进行叠加原理实验时，各分电路中不作用的理想电压源置零，在理想电压源处用短路代替；不作用的理想电流源置零，在理想电流源处用开路代替；电路中的所有电阻都不予更动，受控源则保留在分电路中。

（4）开关S1、S2拨向变化时，注意测试点F、E、B和C的改变。

六、预习思考题

（1）在叠加原理实验中，要令电压源U_1、U_2分别单独作用，应如何操作？可否直接将不作用的电压源（U_1或U_2）短接置零？

（2）在图1-31所示的实验电路中，若将其中的电阻R_5改为半导体二极管1N4007，则叠加原理的叠加性与齐次性还成立吗？为什么？

（3）在线性电路中，可否用叠加原理来计算电阻消耗的功率？为什么？

七、实验报告

（1）根据实验数据表格，进行分析、比较，归纳、总结实验结论，即验证线性电路的叠加性与齐次性。

（2）各电阻器所消耗的功率能否用叠加原理计算得出？试用上述实验数据，进行计算并作结论。

实验九　戴维南定理的测试

一、实验目的

（1）验证戴维南定理的正确性，加深对该定理的理解。

（2）掌握测量有源二端网络等效参数的一般方法。

（3）掌握测量开路电压与等效内阻的方法。

二、实验原理

1. 戴维南定理内容

任何一个线性有源网络，如果仅研究其中某一条支路的电压和电流，则可将该条支路去掉，把电路的其余部分看作是一个有源二端网络。所谓二端网络，是指任何一个复杂的电路，向外引出两个端子，且从一个端子流入的电流等于从另一端子流出的电流，则称该电路为二端网络（或一端口网络）。若二端网络内部含有电源则称为有源二端网络，内部不含有电源则称为无源二端网络。

有源二端网络不仅能产生电能，而且本身也消耗电能。在对外部电路等效的条件下，即在保持有源二端网络的输出电压和电流不变的条件下，有源二端网络产生电能的作用可以用一个总的理想电源元件来表示，消耗电能的作用可以用一个总的理想电阻元件来表示。如果理想电源元件是理想电压源，即有源二端网络等效为一个理想电压源和一个理想电阻元件的串联，这就被称为戴维南定理。

戴维南定理指出：任何一个线性有源二端网络，总可以用一个理想电压源 U_S 与一个电阻 R_0 的串联来等效代替，理想电压源的电压 U_S 等于这个有源二端网络的开路电压 U_{OC}，电阻 R_0 等于该有源二端网络中所有独立源均置零（理想电压源视为短路，理想电流源视为开路）时的等效电阻 R_{eq}。U_S 和 R_0 称为有源二端网络的等效参数。

2. 有源二端网络等效电阻的测量方法

（1）开路电压、短路电流法。在有源二端网络输出端开路时，用电压表直接测其输出端的开路电压 U_{OC}，然后再将其输出端短路，用电流表测其短路电流 I_{SC}，则等效内阻为

$$R_0 = \frac{U_{OC}}{I_{SC}}$$

如果二端网络的内阻很小，若将其输出端口短路则易损坏其内部元件，因此不宜用此法。

（2）伏安法。用电压表、电流表测出有源二端网络的外特性曲线，如图 1-32 所示。根据外特性曲线求出斜率 $\tan\varphi$，则等效内阻为

$$R_0 = \tan\varphi = \frac{\Delta U}{\Delta I}$$

（3）半电压法。如图 1-33 所示，当负载电压为被测网络开路电压的一半时，负载电阻（即十进制可变电阻箱 R_L）的阻值就是被测有源二端网络的等效内阻值 R_0。

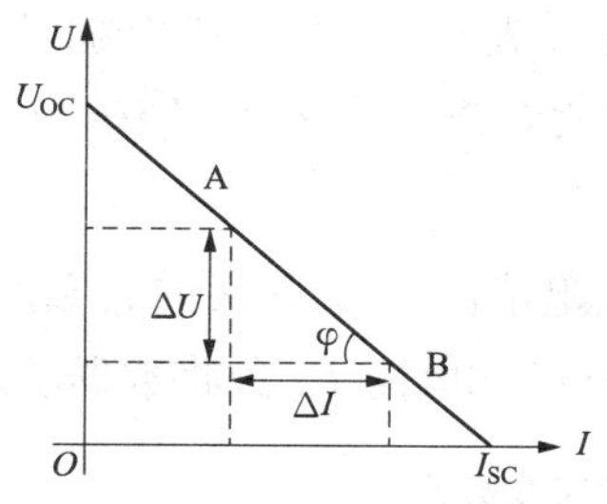

图 1-32　外特性曲线

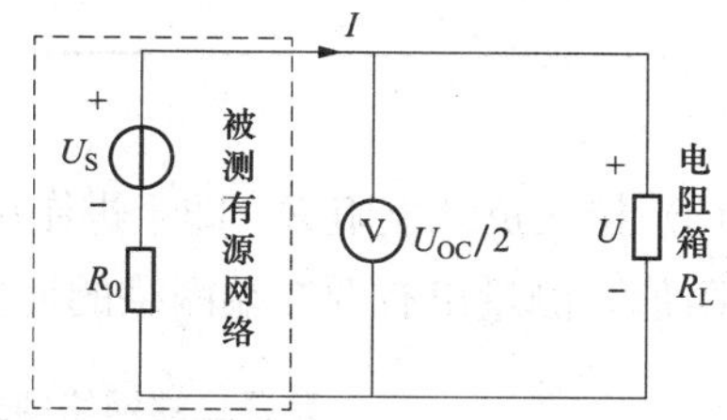

图 1-33　半电压法测内阻的方法

三、实验设备

实验设备如表 1-40 所示。

表 1-40　　实　验　设　备

序号	名　称	型号与规格	数量
1	直流稳压电源	0～30V	1
2	直流恒流源	0～500mA	1
3	直流数字电压表	0～200V	1
4	直流数字毫安表	0～200mA	1
5	十进制可变电阻箱	0～99999.9Ω	1
6	戴维南定理实验电路板		1

四、实验内容

被测有源二端网络如图 1-34（a）所示，其中理想电压源 U_S＝12V 和理想电流源 I_s＝10mA。

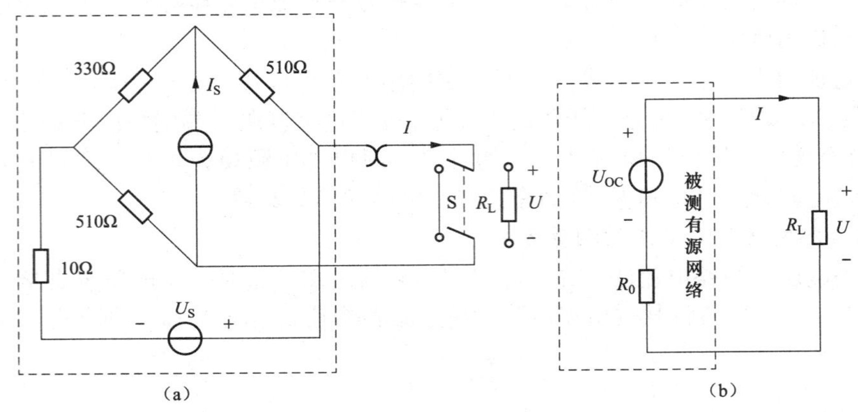

图 1-34　有源二端网络

(a) 电路原理图；(b) 等效电路

1. 开路电压、短路电流法

测量戴维南等效电路的等效参数 U_{OC}、R_0。按照图 1-34（a）所示电路接入直流稳压电源 U_S＝12V 和恒流源 I_S＝10mA，不接入 R_L。测量出开路电压 U_{OC}，并将测量数据填入表 1-41 中；然后将开关 S 拨向左端，即将负载电阻 R_L 短路，测量出短路电流 I_{SC}，并将测量数据填入表 1-41 中；则根据公式计算出 R_0，将计算数据填入表 1-41 中。

表 1-41　开路电压、短路电流法的实验数据

测量数据	U_{OC}(V)	I_{SC}(mA)	R_0(Ω)
计算值			
实测值			

2. 伏安法

按图 1-34（a）接入负载电阻 R_L（即十进制可变电阻箱），开关 S 拨向右端。按表 1-42 改变负载电阻 R_L 的阻值，测量出有源二端网络的输出电压 U 和电流 I，并将数据填入表 1-42 中。

表 1-42　　有源二端网络的外特性实验数据

R_L(kΩ)	1	2	3	4	5	6	7	8	9
U(V)									
I(mA)									

3. 半电压法

按图 1-34（a）接入负载电阻 R_L（即十进制可变电阻箱）。改变电阻箱 R_L 阻值，使其两端电压等于 U_{OC} 的一半，电阻箱 R_L 的阻值就是有源二端网络的等效电阻 R_0 的阻值，将数据记录于表 1-43 中。

表 1-43 有源二端网络的等效电阻、开路电压的实验数据

U_{OC}（V）	R_0（Ω）

五、实验注意事项

（1）测量时应注意直流数字电压表、直流数字毫安表量程的更换。

（2）改接电路时，先要关掉电源，再连接线路。

（3）注意测量开路电压 U_{OC}时，不应该接入数字直流毫安表。

六、预习思考题

计算图 1-34（a）所示有源二端网络开路电压 U_{OC}、短路电流 I_{SC}及等效电阻 R_0。

七、实验报告

（1）根据步骤 1 的方法测得的 U_{OC}与 R_0 与预习时电路计算的结果作比较，分析误差产生的原因。

（2）根据步骤 2 绘出伏安特性曲线，验证戴维南定理的正确性，并分析产生误差的原因。

实验十 最大功率传输条件的测试

一、实验目的

（1）进一步掌握最大传输功率定理的内容及其应用。

（2）掌握负载获得最大传输功率的条件。

（3）理解电源输出功率与效率的关系。

二、实验原理

一个有源线性二端网络，当所接负载不同时，该有源线性二端网络传输给负载的功率就不同。讨论负载为何值时能从有源线性二端网络获取最大功率及最大功率的值是多少的问题就是最大功率传输定理所要表述的内容。

根据戴维南定理，可将有源二端网络等效成一个理想电压源 U_s 与一个电阻 R_0 的串联的电路模型，如图 1-35 所示。

由图 1-35 可知有源线性二端网络传输给负载电阻 R_L 的功率为

$$P = I^2R_L = \left(\frac{U_S}{R_0 + R_L}\right)^2 R_L$$

当 $R_L=0$ 或 $R_L=\infty$时，有源线性二端网络输送给负载的功率均为零。而以不同的负载电阻 R_L 的阻值代入上式可求得不同的 P 值。功率 P 随负载电阻 R_L 的阻值而变化，变化曲线如图 1-36 所示。由图 1-36 可知，存在一极大值点。

（1）负载获得最大功率的条件。根据数学求最大值的方法，令负载功率表达式中的 R_L 为自变量，P 为应变量，并使$\frac{dP}{dR_L}=0$，即可求得最大功率传输的条件为

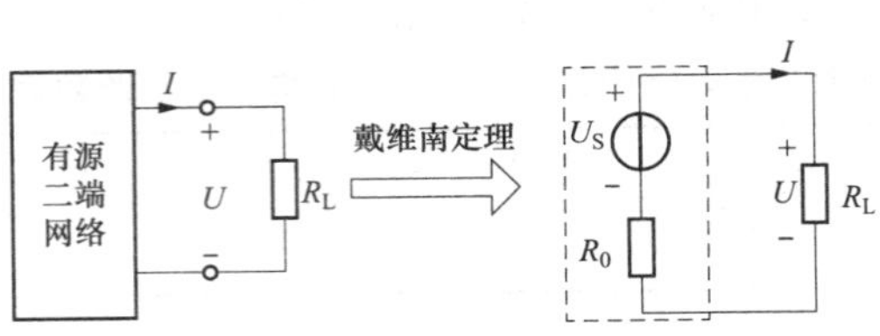

图 1-35　戴维南定理等效电路

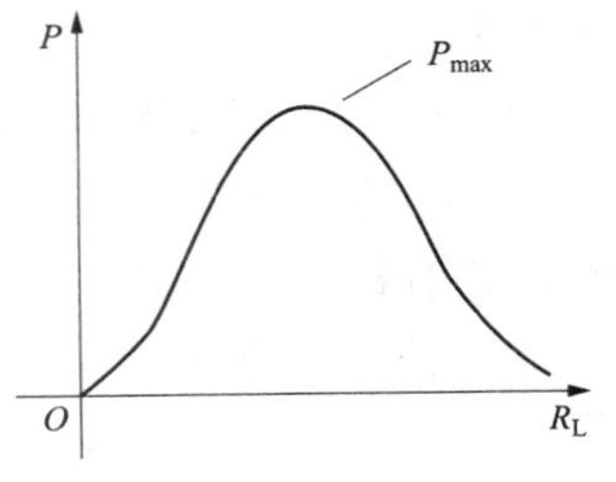

图 1-36　功率 P 曲线

$$\frac{dP}{dR_L}=0$$

即

$$\frac{dP}{dR_L}=\frac{[(R_0+R_L)^2-2R_L(R_L+R_0)]U_S^2}{(R_0+R_L)^4}$$

令

$$(R_0+R_L)^2-2R_L(R_L+R_0)=0$$

解得

$$R_L=R_0$$

当满足 $R_L=R_0$ 时，负载从电源获得的最大功率为

$$P_{max}=\left(\frac{U_S}{R_0+R_L}\right)^2R_L=\left(\frac{U_S}{2R_L}\right)^2R_L=\frac{U_S^2}{4R_L}$$

（2）结论。有源线性二端网络传输给负载的最大功率条件是：负载电阻 R_L 等于有源线性二端网络的等效内阻 R_0，称这一条件为最大功率匹配条件。将这一条件代入功率表达式中，得负载获取的最大功率为

$$P_{max}=\frac{U_S^2}{4R_0}$$

需要注意的是：

1）最大功率传输定理用于线性含源一端口给定的电路，负载电阻可调的情况。

2）计算最大功率问题结合应用戴维南定理或诺顿定理最方便。

3）对于有源线性二端网络，当负载获取最大功率时，有源线性二端网络的传输效率是50%。

三、实验设备

实验设备如表 1-44 所示。

表 1-44　　**实　验　设　备**

序号	名称	型号规格	数量
1	直流数字电流表	0～200mA	1
2	直流数字电压表	0～200V	1
3	直流稳压电源	0～30V	1
4	十进制可变电阻箱		1
5	最大功率传输条件测定实验电路板		1

四、实验内容

按图 1-37 所示电路接线，负载电阻 R_L 由十进制可变电阻箱代替。

(1) 电路如图 1-37 所示，直流稳压电源 $U_S=12V$，电阻 $R_{01}=100\Omega$，电阻 $R_{02}=300\Omega$。

(2) 将开关 K 拨向电阻 $R_{01}=100\Omega$ 时，按表 1-45 所列负载电阻 R_L 的阻值进行调节十进制可变电阻箱，分别测出 U_S、U_L 及 I 的值，并将数据填入表 1-45 中，再计算出 P_S 和 P_L。表 1-45 中的 U_S、P_S 分别为直流稳压电源的输出电压和功率，U_L、P_L 分别为负载电阻 R_L 两端的电压和功率，I 为电路的电流。

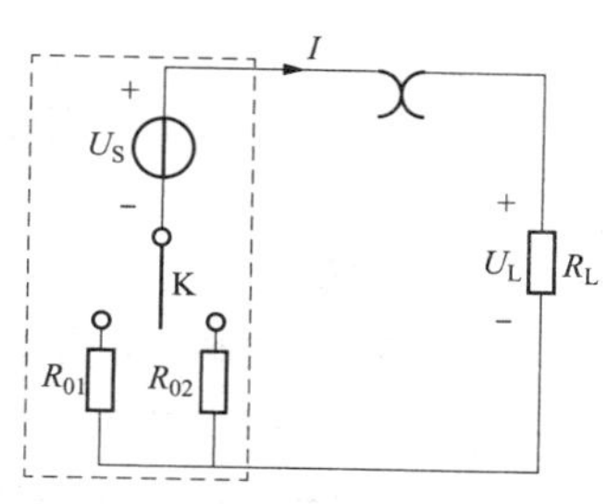

图 1-37 最大功率传输条件测定电路

表 1-45 **$R_{01}=100\Omega$ 最大功率传输条件测定实验数据**

	R_L (Ω)	40	50	60	70	80	90	100	110	120	130	140	150	160
$U_S=12V$ $R_{01}=100\Omega$	U_S (V)													
	U_L (V)													
	I (mA)													
	P_S (W)													
	P_L (W)													

(3) 将开关 K 拨向电阻 $R_{02}=300\Omega$ 时，按表 1-46 所列负载电阻 R_L 的阻值进行调节十进制可变电阻箱，分别测出 U_S、U_L 及 I 的值，并将数据填入表 1-46 中，再计算出 P_S 和 P_L。

表 1-46 **$R_{02}=300\Omega$ 最大功率传输条件测定实验数据**

	R_L (Ω)	240	250	260	270	280	290	300	310	320	330	340	350	360
$U_S=12V$ $R_{02}=300\Omega$	U_S (V)													
	U_L (V)													
	I (mA)													
	P_S (W)													
	P_L (W)													

五、实验注意事项

(1) 测量时应注意直流数字电压表、直流数字毫安表量程的更换。

(2) 改接电路时，先要关掉电源，再连接线路。

(3) 注意十进制可变电阻箱的使用及其读数。

(4) 注意电路中开关的使用。

(5) 直流稳压电源的输出端不能短路。

六、预习思考题

(1) 电力系统进行电能传输时为什么不能工作在匹配工作状态?

(2) 实际应用中，电源的内阻是否随负载而变?

(3) 电源电压的变化对最大功率传输的条件有无影响?

七、实验报告

(1) 整理实验数据，分别画出两种不同内阻下的下列各关系曲线：

I-R_L，U_S-R_L，U_L-R_L，P_S-R_L，P_L-R_L

(2) 根据实验结果，说明负载获得最大功率的条件是什么?

实验十一　二端口网络的测试

一、实验目的

(1) 加深理解二端口网络的基本理论。

(2) 进一步掌握二端口网络的参数方程。

(3) 掌握直流二端口网络传输参数的测量技术。

二、实验原理

一个线性二端口网络的两个端口的电压和电流四个变量之间的关系，可以用多种形式的参数方程来表示。如图1-38所示为一线性二端口电路，在端口1-1′和2-2′处的电流和电压的参考方向如图1-38所示。本实验的输入端口的电压为U_1和电流为I_1，输出端口的电压为U_2和电流为I_2。

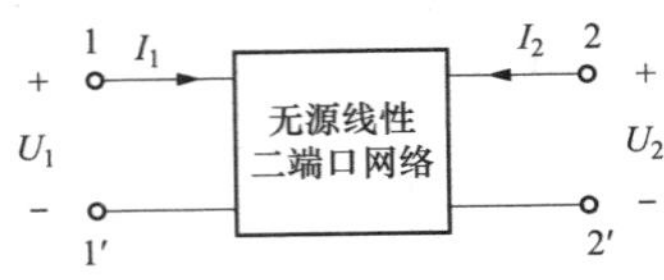

图1-38　无源线性二端口网络

1. *Y参数方程*

将线性二端口网络的两个端口电压U_1和U_2都看作是施加的独立电压源，则端口电流I_1和I_2可视为两个电压源单独作用时的响应之和，即

$$\begin{cases} I_1 = Y_{11}U_1 + Y_{12}U_2 \\ I_2 = Y_{21}U_1 + Y_{22}U_2 \end{cases}$$

上式称为Y参数方程，Y_{11}、Y_{12}、Y_{21}和Y_{22}称为二端口的Y参数。

在端口1外施电压U_1，把端口2短路，可得Y参数方程的参数Y_{11}和Y_{21}：

$$Y_{11} = \left.\frac{I_1}{U_1}\right|_{U_2=0} \qquad Y_{21} = \left.\frac{I_2}{U_1}\right|_{U_2=0}$$

同理，在端口2上外施电压U_2，把端口1短路，可得Y参数方程的参数Y_{12}和Y_{22}：

$$Y_{12} = \left.\frac{I_1}{U_2}\right|_{U_1=0} \qquad Y_{22} = \left.\frac{I_2}{U_2}\right|_{U_1=0}$$

由以上各式得Y参数的物理意义：

Y_{11}表示端口2短路时，端口1处的输入导纳或驱动点导纳；

Y_{21}表示端口2短路时，端口2与端口1之间的转移导纳；

Y_{12}表示端口1短路时，端口1与端口2之间的转移导纳；

Y_{22}表示端口1短路时，端口2处的输入导纳或驱动点导纳。

2. *Z参数方程*

将二端口网络的两个端口各施加一电流源，则端口电压可视为两个电流源单独作用时的响应之和，即

$$\begin{cases} U_1 = Z_{11}I_1 + Z_{12}I_2 \\ U_2 = Z_{21}I_1 + Z_{22}I_2 \end{cases}$$

上式称为Z参数方程，Z_{11}、Z_{12}、Z_{21}和Z_{22}称为二端口的Z参数。

在端口1上外施电流I_1，把端口2开路，由Z参数方程得

$$Z_{11}=\left.\frac{U_1}{I_1}\right|_{I_2=0} \qquad Z_{21}=\left.\frac{U_2}{I_1}\right|_{I_2=0}$$

在端口 2 上外施电流 I_2，把端口 1 开路，由 Z 参数方程得

$$Z_{12}=\left.\frac{U_1}{I_2}\right|_{I_1=0} \qquad Z_{22}=\left.\frac{U_2}{I_2}\right|_{I_1=0}$$

由以上各式得 Z 参数的物理意义：

Z_{11}表示端口 2 开路时，端口 1 处的输入阻抗或驱动点阻抗；

Z_{21}表示端口 2 开路时，端口 2 与端口 1 之间的转移阻抗；

Z_{12}表示端口 1 开路时，端口 1 与端口 2 之间的转移阻抗；

Z_{22}表示端口 1 开路时，端口 2 处的输入阻抗或驱动点阻抗。

3. *T 参数方程*

在许多工程实际问题中，往往希望找到一个端口的电压、电流与另一个端口的电压、电流之间的直接关系。T 参数用来描绘两端口网络的输入和输出的关系。

两端口输入、输出关系为

$$\begin{cases} U_1 = AU_2 - BI_2 \\ I_1 = CU_2 - DI_2 \end{cases}$$

上式称为 T 参数方程，A、B、C 和 D 称为二端口的 T 参数。注意：应用 T 参数方程时要注意电流 I_2 前面的负号。

T 参数的具体含义可分别用以下各式说明：

$A=\left.\frac{U_1}{U_2}\right|_{I_2=0}$ 为端口 2 开路时端口 1 的电压与端口 2 的电压比，称转移电压比；

$B=\left.\frac{U_1}{-I_2}\right|_{U_2=0}$ 为端口 2 短路时端口 1 的电压与端口 2 的电流比，称短路转移阻抗；

$C=\left.\frac{I_1}{U_2}\right|_{I_2=0}$ 为端口 2 开路时端口 1 的电流与端口 2 的电压比，称开路转移导纳；

$D=\left.\frac{I_1}{-I_2}\right|_{U_2=0}$ 为端口 2 短路时端口 1 的电流与端口 2 的电流比，称转移电流比。

由上式可知，只要在网络的输入口加上电压，在两个端口同时测量其电压和电流，即可求出 A、B、C、D 四个参数，此即为双端口同时测量法。

4. *H 参数和方程*

用输入电流 I_1 和输出电压 U_2 作为自变量，以输入电压 U_1 和输出电流 I_2 为因变量的方程叫混合参数方程。其方程为

$$\begin{cases} U_1 = H_{11}I_1 + H_{12}U_2 \\ I_2 = H_{21}I_1 + H_{22}U_2 \end{cases}$$

上式称为 H 参数方程，H_{11}、H_{12}、H_{21}、H_{22}称为混合参数。

H 参数的物理意义计算与测定：

$H_{11}=\left.\frac{U_1}{I_1}\right|_{U_2=0}$ 称为短路输入阻抗；$H_{12}=\left.\frac{U_1}{U_2}\right|_{I_1=0}$ 称为开路电压转移比；

$H_{21}=\left.\frac{I_2}{I_1}\right|_{U_2=0}$ 称为短路电流转移比；$H_{22}=\left.\frac{I_2}{U_2}\right|_{I_1=0}$ 称为开路输入端阻抗；

表 1-47　　实　验　设　备

序号	名　　称	型号与规格	数量
1	直流稳压电源	0～30V	1
2	直流数字电压表	0～200V	1
3	直流数字毫安表	0～200mA	1
4	二端口网络实验电路板		1

三、实验设备

实验设备如表 1-47 所示。

四、实验内容

二端口网络实验电路如图 1-39 所示。将直流稳压电源的输出电压调到 12V，恒流源的输出电流调到 10mA，作为二端口网络的输入。

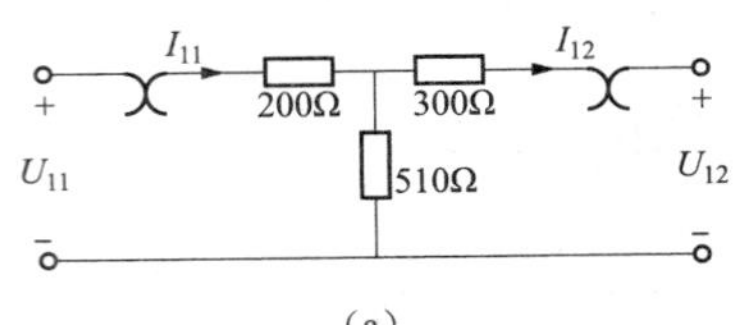

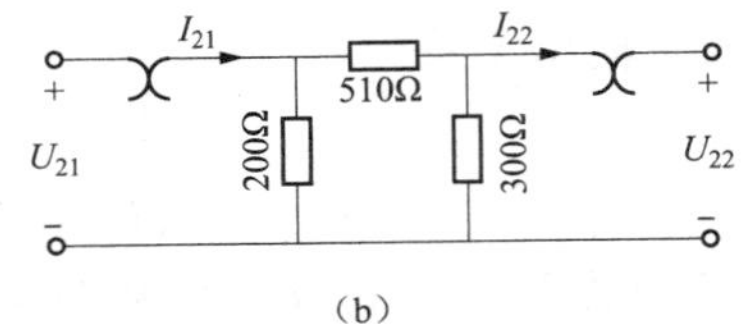

图 1-39　二端口网络
(a) 二端口网络Ⅰ；(b) 二端口网络Ⅱ

1. Y 参数测量

测量电路如图 1-39 所示，分别测定二端口网络Ⅰ和二端口网络Ⅱ的 Y 参数。调节直流稳压电压源使输出为 12V，即二端口网络Ⅰ中的 $U_{11}=12\text{V}$，$U_{12}=12\text{V}$；二端口网络Ⅱ中的 $U_{21}=12\text{V}$，$U_{22}=12\text{V}$。将数据填入表 1-48 和表 1-49 中，并列出它们的 Y 参数方程。

表 1-48　　二端口网络Ⅰ的 Y 参数测量数据

	测量条件	测　量　值			计　算　值	
二端口网络Ⅰ	输出端短路 $U_{12}=0$	U_{11S} (V)	I_{11S} (mA)	I_{12S} (mA)	Y_{11}	Y_{21}
	输入端短路 $U_{11}=0$	U_{12S} (V)	I_{11S} (mA)	I_{12S} (mA)	Y_{12}	Y_{22}

表 1-49　　二端口网络Ⅱ的 Y 参数测量数据

	测量条件	测　量　值			计　算　值	
二端口网络Ⅱ	输出端短路 $U_{22}=0$	U_{21S} (V)	I_{21S} (mA)	I_{22S} (mA)	Y_{11}	Y_{21}
	输入端短路 $U_{21}=0$	U_{22S} (V)	I_{21S} (mA)	I_{22S} (mA)	Y_{12}	Y_{22}

2. Z 参数测量

测量电路如图 1-39 所示，分别测定二端口网络Ⅰ和二端口网络Ⅱ的 Z 参数。调节恒流源的电流使输出为 10mA，即二端口网络Ⅰ中的 $I_{11}=10$mA，$I_{12}=10$mA；二端口网络Ⅱ中的 $I_{21}=10$mA，$I_{22}=10$mA。分别将数据填入表 1-50 和表 1-51 中，并列出它们的 Z 参数方程。

表 1-50　二端口网络Ⅰ的 Z 参数测量数据

	测量条件	测量值			计算值	
二端口网络Ⅰ	输出端开路 $I_{12}=0$	U_{11O} (V)	U_{12O} (V)	I_{11O} (mA)	Z_{11}	Z_{21}
	输入端开路 $I_{11}=0$	U_{11O} (V)	U_{12O} (V)	I_{12O} (mA)	Z_{12}	Z_{22}

表 1-51　二端口网络Ⅱ的 Z 参数测量数据

	测量条件	测量值			计算值	
二端口网络Ⅱ	输出端开路 $I_{22}=0$	U_{21O} (V)	U_{22O} (V)	I_{21O} (mA)	Z_{11}	Z_{21}
	输入端开路 $I_{21}=0$	U_{21O} (V)	U_{22O} (V)	I_{22O} (mA)	Z_{12}	Z_{22}

3. *T* 参数测量

测量电路如图 1-39 所示，分别测定二端口网络Ⅰ和二端口网络Ⅱ的 T 参数。采用双端口同时测量法。调节直流稳压电压源使输出为 12V，即二端口网络Ⅰ中的 $U_{11}=12$V；二端口网络Ⅱ中的 $U_{21}=12$V。分别将数据填入表 1-52 和表 1-53 中，并列出它们的 T 参数方程。

表 1-52　二端口网络Ⅰ的 T 参数测量数据

	测量条件	测量值			计算值	
二端口网络Ⅰ	输出端开路 $I_{12}=0$	U_{11O} (V)	U_{12O} (V)	I_{11O} (mA)	A_1	C_1
	输出端短路 $U_{12}=0$	U_{11S} (V)	I_{11S} (mA)	I_{12S} (mA)	B_1	D_1

表 1-53　二端口网络Ⅱ的 T 参数测量数据

	测量条件	测量值			计算值	
二端口网络Ⅱ	输出端开路 $I_{22}=0$	U_{21O} (V)	U_{22O} (V)	I_{21O} (mA)	A_2	B_2
	输出端短路 $U_{22}=0$	U_{21S} (V)	I_{21S} (mA)	I_{22S} (mA)	C_2	D_2

4. *H* 参数测量

测量电路如图 1-39 所示，分别测定二端口网络Ⅰ和二端口网络Ⅱ的 H 参数。调节直流稳压电压源使输出为 12V，调节恒流源的电流使输出为 10mA，即二端口网络Ⅰ中的 $I_{11}=10$mA，$U_{12}=12$V；二端口网络Ⅱ中的 $I_{21}=10$mA，$U_{22}=12$V。分别将数据填入表 1-54 和表 1-55 中，并列出它们的 H 参数方程。

表 1-54 **二端口网络Ⅰ的 *H* 参数测量数据**

	测量条件	测量值			计算值	
二端口网络Ⅰ	输出端短路 $U_{12}=0$	U_{11S} (V)	I_{11S} (mA)	I_{12S} (mA)	H_{11}	H_{21}
	输入端开路 $I_{11}=0$	U_{11O} (V)	U_{12O} (V)	I_{12O} (mA)	H_{12}	H_{22}

表 1-55 **二端口网络Ⅱ的 *H* 参数测量数据**

	测量条件	测量值			计算值	
二端口网络Ⅱ	输出端短路 $U_{22}=0$	U_{21S} (V)	I_{21S} (mA)	I_{22S} (mA)	H_{11}	H_{21}
	输入端开路 $I_{21}=0$	U_{21O} (V)	U_{22O} (V)	I_{22O} (mA)	H_{12}	H_{22}

五、实验注意事项

（1）用电流插头插座测量电流时，要注意判别电流表的极性及选取适合的量程（根据所给的电路参数，估算电流表量程）。

（2）计算 T 参数时，I、U 均取其正值。

六、预习思考题

（1）试述双口网络同时测量法与分别测量法的测量步骤、优缺点及其适用情况。

（2）本实验方法可否用于交流双口网络的测定？

七、实验报告

（1）完成对数据表格的测量和计算任务。

（2）列写各参数方程。

（3）总结、归纳双口网络的测试技术。

第二章　交 流 电 路 实 验

实验一　R、L、C 元件阻抗特性的测试

一、实验目的

（1）加深理解电阻、电感、电容元件的阻抗与频率的关系。

（2）加深理解电阻、电感、电容元件端电压与电流间的相位关系。

（3）测定 R-f、X_L-f 及 X_C-f 特性曲线。

二、实验原理

正弦交流可用三角函数表示，即由最大值（U_m 或 I_m）、频率 f（或角频率 $\omega=2\pi f$）和初相位三要素来决定。在正弦稳态电路的分析中，由于电路中各处电压、电流都是同频率的交流电，所以电流、电压可用相量表示。

1. 电阻元件

图 2-1（a）是一个线性电阻元件的交流电路。

电压和电流的参考方向如图 2-1（a）中所示，两者的关系由欧姆定律确定，即

$$u = Ri$$

令电流 $i=I_m\sin\omega t$ 为参考正弦量，则电压 u 为

$$u = Ri = RI_m\sin\omega t = U_m\sin\omega t$$

也是一个同频率的正弦量，电压 u 与电流 i 之间无相位差。

由上式可知：

$$U_m = RI_m$$

$$U = RI$$

如用相量表示电压与电流的关系，则为

$$\dot{U} = U\mathrm{e}^{j0^\circ} \qquad \dot{I} = I\mathrm{e}^{j0^\circ} \qquad \frac{\dot{U}}{\dot{I}}\ \frac{U}{I}\mathrm{e}^{j0^\circ} = R$$

或

$$\dot{U} = R\dot{I}$$

可见，电阻元件的阻值与频率 f 无关。即 R-f 关系如图 2-1（b）所示。

2. 电感元件

图 2-2（a）是一个线性电感元件的交流电路。

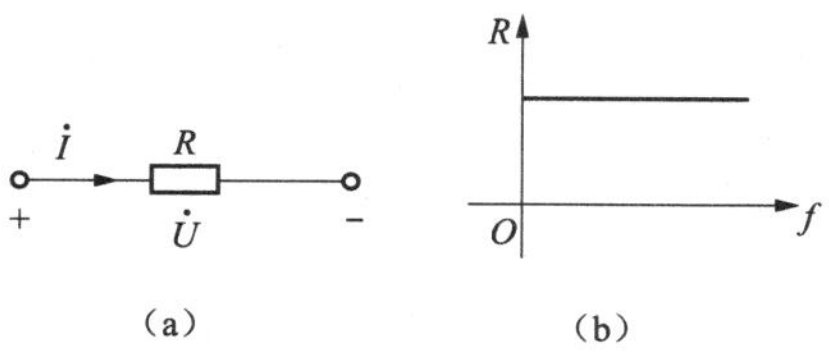

图 2-1　电阻元件

（a）电压和电流的参考方向；（b）R-f 关系

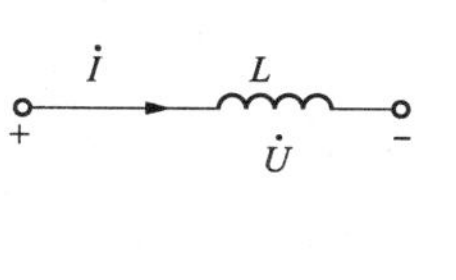

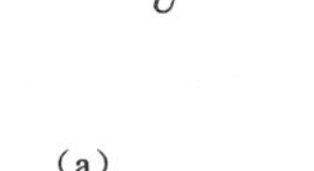

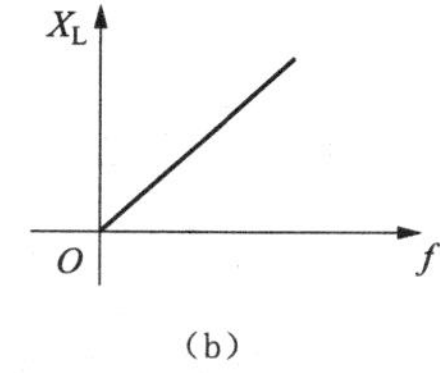

图 2-2　电感元件

（a）电压和电流的参考方向；（b）X_L-f 关系

电压和电流的参考方向如图 2-2（a）中所示。根据电感元件的电压、电流关系可得，即

$$u = L\frac{\mathrm{d}i}{\mathrm{d}t}$$

令电流 $i=I_m\sin\omega t$ 为参考正弦量，则电压 u 为

$$u = L\frac{\mathrm{d}i}{\mathrm{d}t} = L\frac{\mathrm{d}}{\mathrm{d}t}(I_m\sin\omega t) = \omega LI_m\sin(\omega t+90^\circ) = U_m\sin(\omega t+90^\circ)$$

也是一个同频率的正弦量。电压 u 与电流 i 之间的相位差为 90°，电压超前于电流。

由上式可知：

$$U_m = \omega LI_m$$
$$U = \omega LI$$

如用相量表示电压与电流的关系，则为

$$\dot{U} = Ue^{j90^\circ} \qquad \dot{I} = Ie^{j0^\circ} \qquad \frac{\dot{U}}{\dot{I}}\frac{U}{I}e^{j90^\circ} = j\omega L = jX_L$$

或

$$\dot{U} = j\omega L\dot{I} = jX_L\dot{I}$$

式中 X_L 是电感的感抗，其值为

$$X_L = \omega L = 2\pi fL$$

可见，电感元件的感抗与频率 f 的 X_L-f 关系如图 2-2（b）所示。

3. 电容元件

图 2-3（a）是一个线性电容元件的交流电路。

电压和电流的参考方向如图 2-3（a）中所示。根据电容元件的电压、电流关系可得，即

$$i = C\frac{\mathrm{d}u}{\mathrm{d}t}$$

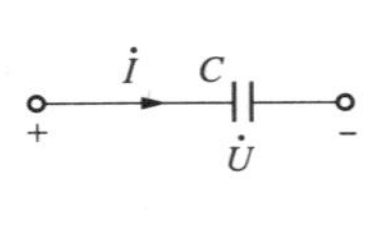

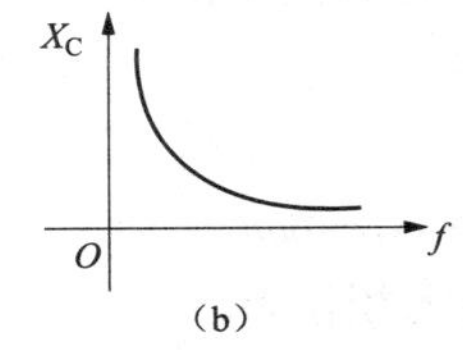

图 2-3 电容元件

(a) 电压和电流的参考方向；(b) X_C-f 关系

令电压 $u=U_m\sin\omega t$ 为参考正弦量，则电流为

$$i = C\frac{\mathrm{d}u}{\mathrm{d}t} = C\frac{\mathrm{d}}{\mathrm{d}t}(U_m\sin\omega t) = \omega CU_m\sin(\omega t+90^\circ) = I_m\sin(\omega t+90^\circ)$$

也是一个同频率的正弦量。u 与 i 之间的相位差为 90°，电压滞后于电流。

由上式可知：

$$I_m = \omega CU_m$$
$$I = \omega CU$$

如用相量表示电压与电流的关系，则为

$$\dot{U} = Ue^{j0^\circ} \qquad \dot{I} = Ie^{j90^\circ} \qquad \frac{\dot{U}}{\dot{I}} = \frac{U}{I}e^{-j90^\circ} = -j\frac{1}{\omega C} = -jX_C$$

或

$$\dot{U} = -j\frac{1}{\omega C}\dot{I} = -jX_C\dot{I}$$

式中 X_C 是电容的容抗，其值为

$$X_C = \frac{1}{\omega C} = \frac{1}{2\pi fC}$$

可见，电容元件的容抗与频率 f 的 X_C-f 关系如图 2-3（b）所示。

4. 元件阻抗频率特性的测量

元件阻抗频率特性的测量电路如图 2-4 所示。图 2-4 中的 r 是提供测量回路电流用的标

准电阻，流过被测元件的电流则可由标准电阻 r 两端的电压 u_r 除以标准电阻 r 所得。

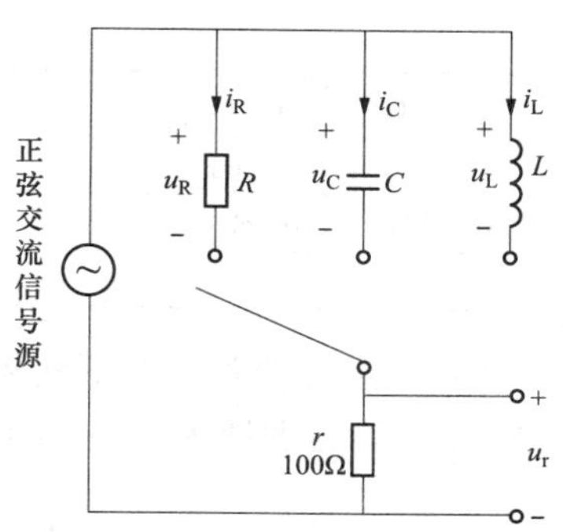

图 2-4　元件阻抗频率特性的测量电路

若用双踪示波器同时观察标准电阻 r 两端的电压 u_r 与被测电阻 R（或电容 C 和电感 L）两端的电压 u_R（或 u_C 和 u_L），也就展现出被测电阻 R（或电容 C 和电感 L）两端的电压 u_R（或 u_C 和 u_L）和流过该元件电流 i_R（或 i_C 和 i_L）的波形，从而可在荧光屏上测出电压 u_R（或 u_C 和 u_L）与电流 i_R（或 i_C 和 i_L）的幅值及它们之间的相位差。

（1）将元件 R、L、C 串联或并联相接，亦可用同样的方法测得 $Z_{串}$ 与 $Z_{并}$ 的阻抗频率特性 Z-f，根据电压、电流的相位差可判断 $Z_{串}$ 或 $Z_{并}$ 是感性还是容性负载。

（2）元件的阻抗角（即相位差 φ）随输入信号的频率变化而改变，将各个不同频率下的相位差画在以频率 f 为横坐标、阻抗角 φ 为纵坐标的坐标纸上，并用光滑的曲线连接这些点，即得到阻抗角的频率特性曲线。

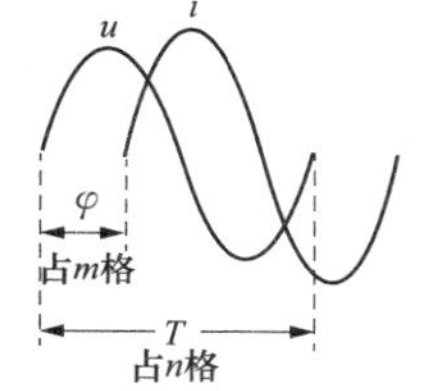

图 2-5　测量阻抗角

用双踪示波器测量阻抗角的方法：如图 2-5 所示，从荧光屏上数得一个周期占 n 格，相位差占 m 格，则实际的相位差 φ（阻抗角）为

$$\varphi = m \times \frac{360^\circ}{n}$$

三、实验设备

实验设备如表 2-1 所示。

表 2-1　实 验 设 备

序号	名称	型号与规格	数量
1	函数信号发生器		1
2	交流毫伏表	0～400V	1
3	示波器		1
4	频率计		1
5	实验电路元件	$R=1\text{k}\Omega$，$C=1\mu\text{F}$　$L\approx 1\text{H}$	1
6	标准电阻	100Ω	1

四、实验内容

（1）测量 R、C、L 元件的阻抗频率特性。通过电缆线将函数信号发生器输出的正弦交流信号接至如图 2-4 的电路，作为激励源 u，并用交流毫伏表测量，使激励电压的有效值为 $U=5\text{V}$，并保持不变。

使信号源的输出频率从 200Hz 逐渐增至 20kHz（用频率计测量），并使开关 S 分别接通 R、C、L 三个元件，用交流毫伏表测量标准电阻 r 两端的电压有效值 U_r，并计算各频率点时的 I_R、I_C 和 I_L（即 U_r/r）以及 $R=U/I_R$、$X_L=U/I_L$ 及 $X_C=U/I_C$ 之值，将数据填入表 2-2 中。

表 2-2　R、C、L 元件的阻抗频率特性实验数据

频率 f（kHz）		0.2	1	2	5	10	15	20
电阻 R（kΩ）	U_r（V）							
	$I_R=U_r/r$（mA）							
	$R=U_R/I_R$							
容抗 X_C（kΩ）	U_r（V）							
	$I_C=U_r/r$（mA）							
	$X_C=U_C/I_C$							

续表

频率 f（kHz）		0.2	1	2	5	10	15	20
感抗 X_L（kΩ）	U_r（V）							
	$I_L=U_L/r$（mA）							
	$X_L=U_L/I_L$							

（2）用示波器观察在不同频率下各元件阻抗角的变化情况，按图 2-5 记录 n 和 m，算出相位差 φ，将数据填入表 2-3 中。

表 2-3　　R、C、L 元件相位差的频率特性实验数据

频率 f（kHz）		0.2	1	2	5	10	15	20
电阻 R	n（div）							
	m（div）							
	φ（°）							
电容 C	n（div）							
	m（div）							
	φ（°）							
电感 L	n（div）							
	m（div）							
	φ（°）							

（3）测量 R、C、L 元件串联的相位差频率特性。测量方法同 2 的内容，将数据填入表 2-4 中。

表 2-4　　R、C、L 元件串联的相位差频率特性的实验数据

频率 f（kHz）	0.2	1	2	5	10	15	20
n（div）							
m（div）							
φ（°）							

五、实验注意事项

（1）实验前，仔细阅读交流毫伏表的使用说明书，注意使用前必须先将交流毫伏表调零。

（2）测量相位差 φ 时，示波器的“V/div”和“s/div”的微调旋钮应旋置“校准”位置。

六、预习思考题

（1）电阻元件的电压与电流的相量关系及电阻的计算。

（2）电容元件的电压与电流的相量关系及容抗的计算。

（3）电感元件的电压与电流的相量关系及感抗的计算。

（4）测量 R、C、L 各个元件的阻抗角时，为什么要与它们串联一个电阻？可否用一个小电感或大电容代替？为什么？

七、实验报告

（1）根据实验数据，在坐标纸上绘制 R、C、L 三个元件的阻抗频率特性曲线，从中可得出什么结论？

（2）根据实验数据，在坐标纸上绘制 R、C、L 三个元件的阻抗角频率特性曲线，并总结、归纳出结论。

实验二　三表法等效电路参数的测试

一、实验目的

（1）学会用交流电压表、交流电流表和功率表测量元件的交流等效参数的方法。

（2）掌握正确使用交流电压表、交流电流表和功率表的方法。

（3）掌握功率表的接法和使用。

二、实验原理

1. 三表法测量原理

三表法测量的原理是在被测电路元件两端加入正弦交流电压，用交流电压表，交流电流表及功率表分别测量出电路元件两端的电压 U，流过该电路元件的电流 I 和该电路元件所消耗的功率 P，然后通过交流阻抗关系计算出其阻抗值，这种测量交流电路等效参数的方法称为三表法（又称为伏安瓦特法）。此法适用于低频正弦交流电路。

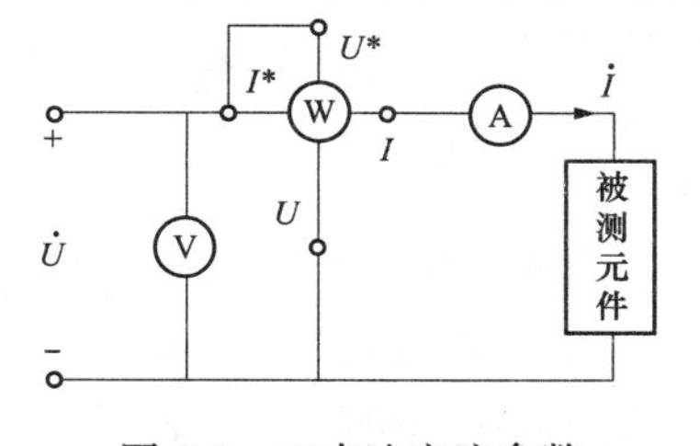

图 2-6　三表法交流参数电路的测量

图 2-6 是用三表法测量交流参数的电路。电源频率为工频 $f=50\text{Hz}$。

具体测量计算的基本公式如下。

阻抗可表示为

$$Z=|Z|\angle\varphi=R+\mathrm{j}X=|Z|\cos\varphi+\mathrm{j}|Z|\sin\varphi$$

若测得此电路元件的端电压为 U，通过该电路元件的电流为 I 及该电路元件所消耗的功率为 P，则可由下列公式计算出：

阻抗模　$$|Z|=\frac{U}{I}$$

等效电阻　$$R=\frac{P}{I^2}=|Z|\cos\varphi$$

等效电抗　$$X=\pm\sqrt{|Z|^2-R^2}=\pm\sqrt{\left(\frac{U}{I}\right)^2-R^2}=|Z|\sin\varphi$$

电路的功率因数　$$\varphi=\arccos\left(\frac{P}{UI}\right)$$

对感性元件：$X_L=\omega L=2\pi fL$　　则 $L=\dfrac{X_L}{2\pi f}$

对容性元件：$X_C=\dfrac{1}{\omega C}=\dfrac{1}{2\pi fC}$　　则 $C=\dfrac{1}{2\pi fX_C}$

2. 功率表

功率表（又称瓦特表）是一种动圈式仪表，用于直流电路和交流电路中测量电功率，其测量结构主要由固定的电流线圈和可动的电压线圈组成，电流线圈与负载串联，反映负载的电流；电压线圈与负载并联，反映负载的电压。功率表有低功率因数功率表和高功率因数功率表。

(1) 功率表的使用方法。电工技术实验室中用到两种型号的功率表：D34-W 型功率表，属于低功率因数功率表，$\cos\varphi=0.2$；D51 型功率表，属于高功率因数功率表，$\cos\varphi=1$。

1) 量程选择。功率表的电压量程和电流量程根据被测负载的电压和电流来确定，要大于被测电路的电压、电流值。只有保证电压线圈和电流线圈都不过载，测量的功率值才准确，功率表也不会被烧坏。

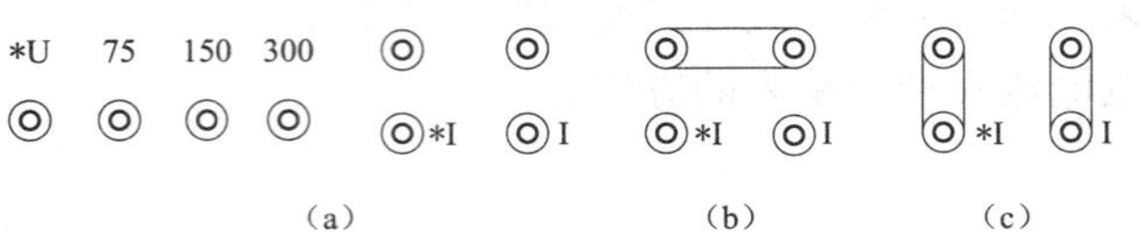

图 2-7　D34-W 型功率表

(a) 功率表面板图；(b) 电流线圈串联；(c) 电流线圈并联

图 2-7 (a) 所示为 D34-W 型功率表面板图，该表有四个电压接线柱，其中一个带有＊标的接线柱为公共端，另外三个是电压量程选择端，有 75V、150V、300V 量程。四个电流接线柱，没有标明量程，需要通过对四个接线柱的不同连接方式改变量程，即通过活动连接片使两个 0.5A 的电流线圈串联，得到 0.5A 的量程，如图 2-7 (b) 所示。通过活动连接片使两个电流线圈并联，得到 1A 的量程，如图 2-7 (c)所示。

图 2-8 所示为 D51 型功率表面板图，该功率表有四个接线柱，分别是电流线圈的 2 个接线柱和电压线圈的 2 个接线柱，其中带有＊标的接线柱为公共端，电压线圈的电压量程和电流线圈的电流量程可由旋钮进行选择。

2) 连接方法。用功率表测量功率时，需要使用四个接线柱，两个电压线圈接线柱和两个电流线圈接线柱，电压线圈要并联接入被测电路，电流线圈要串联接入被测电路。通常情况下，电压线圈和电流线圈的带有＊标的接线端应短接在一起，否则功率表除会反偏外，还有可能被损坏。功率表的连接应根据电路参数选择合适的电压量程和电流量程，功率表的实际连线如图 2-9 所示。

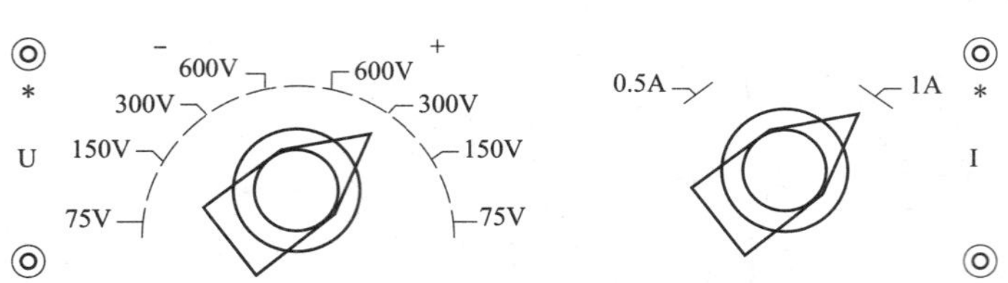

图 2-8　D51 型功率表的面板图

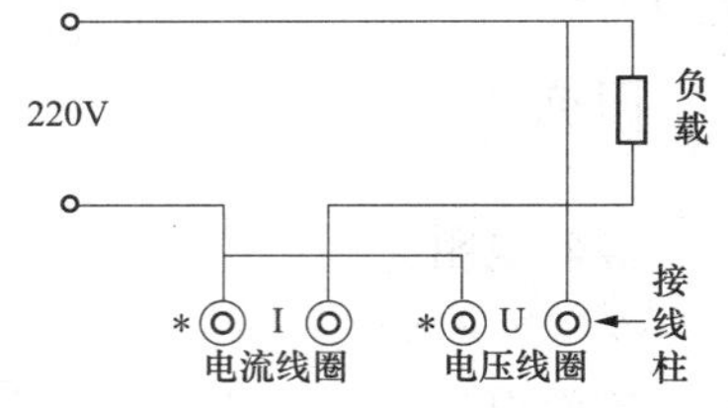

图 2-9　功率表的外部接线电路图

3) 功率表的读数。功率表与其他仪表不同，功率表的表盘上并不标明瓦数，而只标明分格数，所以从表盘上并不能直接读出所测的功率值，而须经过计算得到。当选用不同的电压量程和电流量程时，每分格所代表的瓦数是不相同的，设每分格代表的功率为 C，则

$$C=\frac{UI\cos\varphi}{n}$$

式中：U 为电压量程；I 为电流量程；$\cos\varphi$ 为功率表的功率因数；n 为功率表的表盘满刻度数。对于 D34-W 型功率表，$\cos\varphi=0.2$；而 D51 型功率表，$\cos\varphi=1$。对于 D34-W 型功率表，表盘满刻度数为 150；对于 D51 型功率表，表盘满刻度数为 75。

知道了 C 值和仪表指针偏转后指示格数 α，即可求出被测功率：

$$P = C\alpha$$

4）使用注意事项。

（a）功率表在使用过程中应水平放置。

（b）仪表指针如不在零位时，可利用表盖上零位调整器调整。

（c）测量时，如遇仪表指针反向偏转，应改变仪表面板上的"＋""－"换向开关极性，切忌互换电压接线，以免使仪表产生误差。

（d）功率表与其他指示仪表不同，指针偏转大小只表明功率值，并不显示仪表本身是否过载，有时表针虽未达到满度，只要 U 或 I 之一超过该表的量程就会损坏仪表。故在使用功率表时，通常需接入电压表和电流表进行监控。

（e）功率表所测功率值包括了其本身电流线圈的功率损耗，所以在做准确测量时，应从测得的功率中减去电流线圈消耗的功率，才是所求负载消耗的功率。

（2）数字式功率表的使用。图 2-10 所示为数字式功率表面板图，由一个显示屏、两个电压接线端、两个电流接线端组成。电压接线端和电流接线端各有一个带有＊标的接线端。电压接线端的电压范围为 0～450V，电流接线端的电流范围为 0～5A。使用数字式功率表进行测量时，两个电压接线端要并联接入被测电路，电流接线端要串联接入被测电路。通常情况下，电压接线端和电流电流接线端的带有＊标端应短接。具体连接线路如图 2-9 所示，显示屏显示负载所消耗的功率。

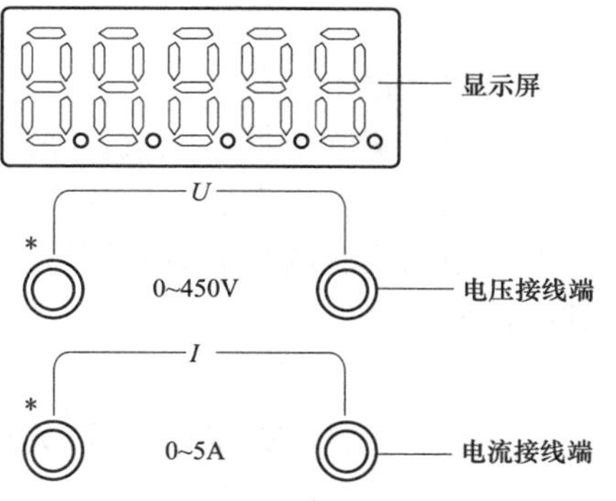

图 2-10　数字式功率表的面板

三、实验设备

实验设备如表 2-5 所示。

表 2-5　　实　验　设　备

序号	名称	型号与规格	数量
1	交流电压表	0～500V	1
2	交流电流表	0～5A	1
3	功率表		1
4	镇流器		1
5	电容器	4.7μF/500V	1
6	白炽灯	15W/220V	1

四、实验内容

测试电路如图 2-6 所示。

（1）按图 2-6 接线，并经指导教师检查后，方可接通市电电源。

（2）分别测量 15W 白炽灯（R）、日光灯镇流器（L）和 4.7μF 电容器（C）的等效参数。将交流电压表、交流电流表和功率表的读数填入表 2-6 中。

表 2-6　　实 验 测 量 数 据

被测阻抗	测量值			计算值		电路等效参数		
	U（V）	I（A）	P（W）	$\|Z\|$（Ω）	$\cos\varphi$	R（Ω）	L（mH）	C（μF）
白炽灯 R								
镇流器 L								
电容器 C								

五、实验注意事项

（1）本实验直接用市电 220V 交流电源供电，实验中要特别注意人身安全，不可用手直接触摸通电电路的裸露部分，以免触电。

(2) 必须严格遵守安全操作规程。

(3) 实验前应详细查阅功率表的使用说明书，熟悉其使用方法。

(4) 功率表要正确接入电路，读数时要注意量程和单位。

(5) 每次实验电流不得超过元件的允许值。

六、预习思考题

在 50Hz 的交流电路中，测得一只铁芯线圈的 P、I 和 U，如何算得它的阻值及电感量？

七、实验报告

(1) 根据实验数据，完成各项计算。

(2) 完成预习思考题的任务。

(3) 根据实验内容的观察测量结果，分别做出等效电路图，计算出等效电路参数并判定负载的性质。

实验三　日光灯电路及其功率因数提高的测试

一、实验目的

(1) 了解日光灯电路的组成及基本工作原理。

(2) 掌握日光灯线路的接线方法。

(3) 研究正弦稳态交流电路的 KVL 与 KCL。

(4) 掌握并联电容的计算。

(5) 研究并联于感性负载的电容 C 对提高功率因数的影响。

二、实验原理

1. 基尔霍夫定律的相量形式

同频率的正弦量加减可以用对应的相量形式来进行计算。因此，在正弦交流电路中，KCL 和 KVL 也可用相应的相量形式表示。

对电路中任一节点，根据 KCL 有 $\sum i(t)=0$，由于

$$\sum i(t) = \sum I_m \sqrt{2}(\dot{I}_1 + \dot{I}_2 + \cdots)e^{j\omega t} = 0$$

故得 KCL 的相量形式为

$$\sum \dot{I} = 0$$

上式表明：流入某一节点的所有正弦交流电流用相量表示时仍满足 KCL。

同理对电路中任一回路，根据 KVL 有 $\sum u(t)=0$，对应的相量形式为

$$\sum \dot{U} = 0$$

上式表明：任一回路所有支路正弦交流电压用相量表示时仍满足 KVL。

在单相正弦交流电路中，用交流电流表测得各支路的电流值，用交流电压表测得回路各元件两端的电压值，它们之间的关系满足相量形式的基尔霍夫定律，即 $\sum \dot{I}=0$ 和 $\sum \dot{U}=0$。

2. 日光灯电路

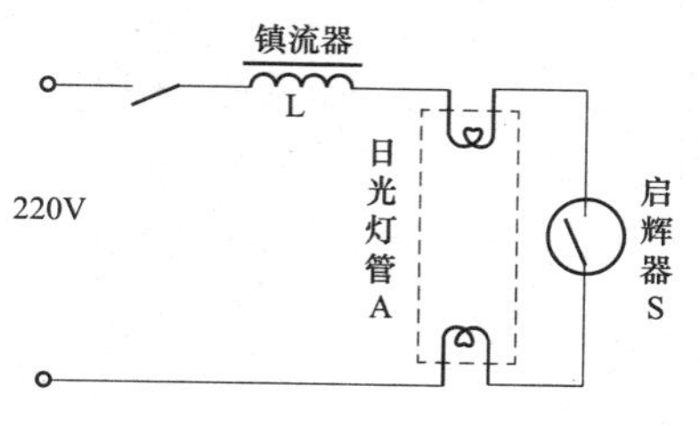

图 2-11 日光灯电路图

日光灯电路主要由日光灯管、镇流器和启辉器组成，连接电路如图 2-11 所示，A 是日光灯管，L 是镇流器，S 是启辉器。

日光灯管工作原理：它是一只真空玻璃管，管子内壁均匀地涂有一层薄的荧光粉，灯管两端各有两根灯丝，灯丝是钨丝绕制成的，灯丝的作用是发射电子。灯管里充有惰性气体氩气及水银蒸气，灯管开始工作时，先是氩气电离，然后过渡到水银蒸气电离，因水银蒸气电离时会发出紫外线，紫外线照射到管壁，荧光粉就会发出像日光的光线来。

启辉器：俗称跳泡。它是一个辉光放电管，两个触头的电极装在装有氖气的小玻璃管内，U 形电极是由膨胀系数不同的两种金属片制成，内层金属的膨胀系数大，在两电极间加上电源电压后，泡内气体产生辉光放电，U 形双金属片在正负离子的冲击下受热膨胀，趋于伸直，使两触头闭合，这时电极间的电压降为零，于是气体放电停止，双金属片经冷却而恢复到原来的位置，两触头重新断开，为了避免启辉器两触头断开时产生火花，通常用一只电容量很小的电容与触头并联。启辉器的作用是与镇流器配合点燃日光灯。

镇流器：它是一个铁芯线圈，其作用一是在日光灯启动时，产生一个较高的自感电动势，使灯管点燃；二是在日光灯工作时，限制灯管的电流。

日光灯电路的工作过程：刚接上电源（开关 K 闭合），电路不通，电源电压通过灯丝、镇流器加到启辉器上，引起辉光放电，使两触头闭合，电路接通，于是有一较大的电流流过灯丝，使灯丝发热发射电子。这时，启辉器两触头间的电压为零，管内辉光放电停止。双金属片冷却，两触头重新断开，在触头断开的瞬间，镇流器断电，它将产生很高的自感电动势，此自感电动势与电源电压串联后加在灯管两端，在此高电压作用下，灯丝发射的电子使水银蒸气产生碰撞电离，电离时发出的紫外线照到灯管内壁的荧光粉上，灯管即开始发光。灯管发光后，电压主要降落在镇流器上，灯管两端的电压（即启辉器两端电压）较低（80～110V），不足以使启辉器的气体放电，因此它的触点不再闭合，保证了灯管的连续点燃。

三、实验设备

实验设备如表 2-7 所示。

表 2-7　　实 验 设 备

序号	名称	型号与规格	数量	序号	名称	型号与规格	数量
1	交流电压表	0～500V	1	5	日光灯管	40W	1
2	交流电流表	0～5A	1	6	电容器	1μF，2.2μF，4.7μF/500V	各 1
3	功率表		1	7	电流插座		3
4	镇流器、启辉器	与 40W 灯管配用	各 1	8	电流插头		1

四、实验内容

（1）按图 2-12 连接线路。经指导教师检查无误后，接通实验台电源，直到日光灯启辉器点亮为止。

（2）未接入电容 C 数据测量。将开关 S1、S2、S3 断开，测量功率 P、电流 I、电压 U 等实验数据，并将数据记入表 2-8 中。再根据实验数据计算出阻抗模 $|Z|$、等效电阻 R、等效感抗 X_L、等效电感 L 以及电路的功率因数 $\cos\varphi$，计算公式参见实验二。

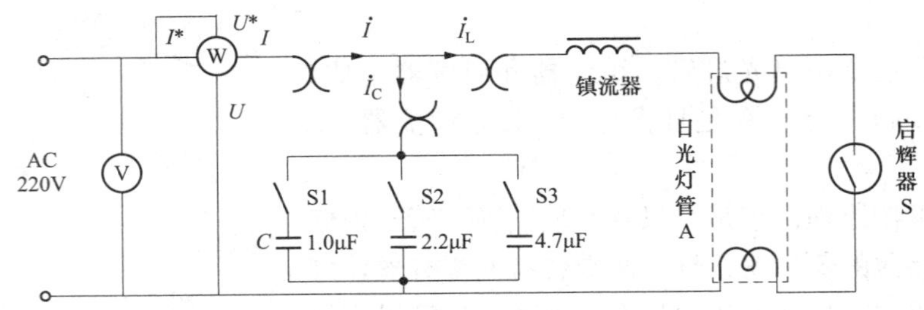

图 2-12 日光灯电路及功率因数提高电路

表 2-8 **日光灯电路的实验数据**

测量数据			计算数据				
P（W）	U（V）	I（A）	$\|Z\|$（Ω）	R（Ω）	X_L（Ω）	L（mH）	$\cos\varphi$

（3）接入电容 C 数据测量。通过开关的断开与闭合接通电容，按照表 2-9 中所示改变电容数值，进行四次重复测量，并将数据记入表 2-9 中，根据测量数据计算出阻抗模 $|Z|$、等效电阻 R、等效电抗 X、等效电感 L、并联电容 C 以及电路的功率因数 $\cos\varphi$。

表 2-9 **功率因数的实验数据**

电容值 C（μF）	测量数据					计算数据				
	P（W）	U（V）	I（A）	I_L（A）	I_C（A）	$\|Z\|$（Ω）	R（Ω）	L（mH）	C（μF）	$\cos\varphi$
1										
2.2										
4.7										
6.9										

说明：表中的 C 值是指日光灯电路所并联的电容的数值，计算公式有 $C=\frac{I_C}{\omega U}$或 $C=\frac{P}{\omega U^2}(\tan\varphi-\tan\varphi')$。

五、实验注意事项

（1）本实验用交流市电 220V，务必注意用电和人身安全。

（2）功率表要正确接入电路。

（3）电路接线正确，日光灯不能启辉时，应检查启辉器及其接触是否良好。

六、预习思考题

（1）参阅课外资料，了解日光灯的启辉原理。

（2）在日常生活中，当日光灯上缺少了启辉器时，人们常用一根导线将启辉器的两端短接一下，然后迅速断开，使日光灯点亮或用一只启辉器去点亮多只同类型的日光灯，这是为什么？

（3）为了改善电路的功率因数，常在感性负载上并联电容器，此时增加了一条电流支路，试问电路的总电流是增大还是减小，此时感性元件上的电流和功率是否改变？

（4）提高电路功率因数为什么只采用并联电容器法，而不用串联电容器法？所并联的电容器是否越大越好？

（5）复习有关正弦交流电路的计算。

七、实验报告

（1）完成数据表格中的计算，进行必要的误差分析。

（2）绘制出 $\cos\varphi = f(C)$ 的曲线图。

（3）讨论改善电路功率因数的意义和方法。

实验四 三相交流电路Y-Y的测试

一、实验目的

（1）理解三相电源、三相负载的概念。

（2）掌握三相电源的星形连接的方法。

（3）掌握三相负载作星形连接的方法。

（4）验证三相负载星形连接的相、线电压及相、线电流之间的关系。

（5）充分理解三相四线供电系统中中性线的作用。

二、实验原理

1. 三相对称电源

对称三相电源是由 3 个等幅值、同频率、初相位依次相差 120°的正弦电压源连接成星形（Y）组成的电源，如图 2-13 所示。这 3 个电源依次称为 U 相、V 相和 W 相，它们的电压为

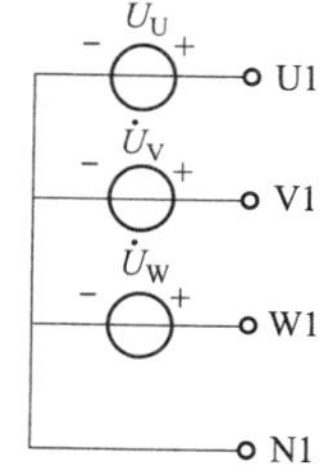

图 2-13 对称三相电源

$$u_U = \sqrt{2}U\cos(\omega t)$$
$$u_V = \sqrt{2}U\cos(\omega t - 120°)$$
$$u_W = \sqrt{2}U\cos(\omega t + 120°)$$

式中以 U 相电压 u_U 作为参考正弦量，它们对应的相量形式为

$$\dot{U}_U = U\angle 0°$$
$$\dot{U}_V = U\angle -120°$$
$$\dot{U}_W = U\angle 120°$$

其中三相电源的相电压为 220V，则线电压为 380V。

2. 对称三相负载

当对称三相负载作Y形连接时，线电压 U_l 是相电压 U_{ph} 的$\sqrt{3}$倍；线电流 I_l 等于相电流 I_{ph}，即 $U_l = \sqrt{3}U_{Ph}$，$I_l = I_{ph}$。

当对称三相负载作Y形连接时，流过中性线的电流 $I_N = 0$，所以可以省去中性线，此时的接法称为三相三线制接法，即Y接法。

3. 不对称三相负载

当三相负载不对称时，称为不对称三相负载。作星形连接时，必须采用三相四线制接法，即Y_0 接法，而且中性线必须牢固连接，以保证三相不对称负载的每相电压维持对称不变。

表 2-10 实 验 设 备

序号	名　称	型号与规格	数量
1	交流电压表	0～500V	1
2	交流电流表	0～5A	1
3	三相灯组负载	220V、15W 白炽灯	3
4	电流插座		1
5	电流插头		1

倘若中性线断开，会导致三相负载电压的不对称，致使负载轻的那一相的相电压过高，使负载遭受损坏；负载重的一相相电压又过低，使负载不能正常工作。尤其是对于三相照明负载，无条件地一律采用Y_0接法。

三、实验设备

实验设备如表 2-10 所示。

四、实验内容

(1) 按图 2-13 连接三相电源的实验电路。

(2) 按图 2-14 将三相灯组负载连接成星形，同时将三相负载与三相电源进行连接。

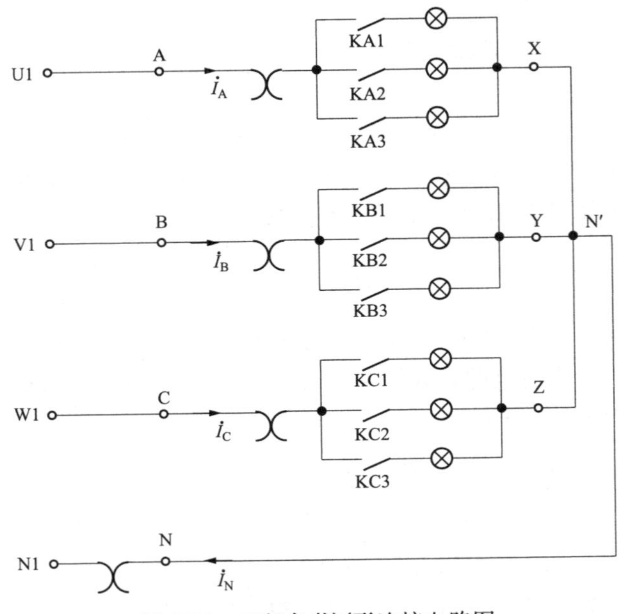

图 2-14 三相负载Y形连接电路图

(3) 经指导教师检查合格后，方可开启实验台电源。

(4) 按下述内容完成各项实验，分别测量三相负载的线电压、相电压、相电流、中性线电流、电源与负载中点间的电压。将所测得的数据记入表 2-11 中，并观察各相灯组亮暗的变化程度，特别要注意观察中性线的作用。

表 2-11 三相负载Y连接各项实验数据表

实验内容（负载情况）	开灯盏数			相电流（mA）			线电压（V）			相电压（V）			中性线电流 I_N（mA）	中性点电压 $U_{N1N'}$（V）
	A 相	B 相	C 相	I_A	I_B	I_C	U_{AB}	U_{BC}	U_{CA}	U_{AX}	U_{BY}	U_{CZ}		
Y_0 接平衡负载	1	1	1											
Y接平衡负载	1	1	1											
Y_0 接不平衡负载	1	2	1											
Y接不平衡负载	1	2	1											
Y_0 接 B 相断开	1	0	1											
Y接 B 相断开	1	0	1											

五、实验注意事项

（1）本实验采用三相交流市电，线电压为380V，应穿绝缘鞋进实验室。实验时要注意人身安全，不可触及导电部件，防止意外事故发生。

（2）每次接线完毕，同组同学应自查一遍，然后由指导教师检查后，方可接通电源，必须严格遵守先断电、再接线、后通电，先断电、后拆线的实验操作原则。

（3）为避免烧坏灯泡，实验挂箱内设有过电压保护装置。当任一相电压在245～250V之间时，即声光报警并跳闸。因此，在做Y形连接不平衡负载或缺相实验时，所加线电压应以最高相电压小于240V为宜。

六、预习思考题

（1）三相负载在什么条件下作星形连接？

（2）复习三相交流电路有关内容，试分析三相星形连接不对称负载在无中性线情况下，当某相负载开路或短路时会出现什么情况？如果接上中性线，情况又如何？

七、实验报告

（1）用实验测得的数据验证对称三相电路中的相电压与线电压的关系。

（2）用实验数据和观察到的现象，总结三相四线制供电系统中中性线的作用。

第三章 电 动 机 实 验

实验一 三相笼式异步电动机的测试

一、实验目的

(1) 理解三相笼式异步电动机的结构。

(2) 理解三相笼式异步电动机的额定值。

(3) 掌握检测三相笼式异步电动机绝缘情况的方法。

(4) 掌握三相笼式异步电动机定子线圈首端、末端的判别方法。

(5) 掌握三相笼式异步电动机的启动和反转的方法。

二、实验原理

三相笼式异步电动机是基于电磁原理把交流电能转换为机械能的一种旋转电动机。

1. 三相笼式异步电动机的结构

三相笼式异步电动机的主要部件可分为两部分：一部分是固定不动的定子；另一部分是可以转动的转子。

三相笼式异步电动机的定子是电动机的固定不动部分，由机座、端盖、定子铁芯和定子绕组等组成。

机座和端盖是电动机的外壳，由铸铁或铸钢制成，起支撑作用。

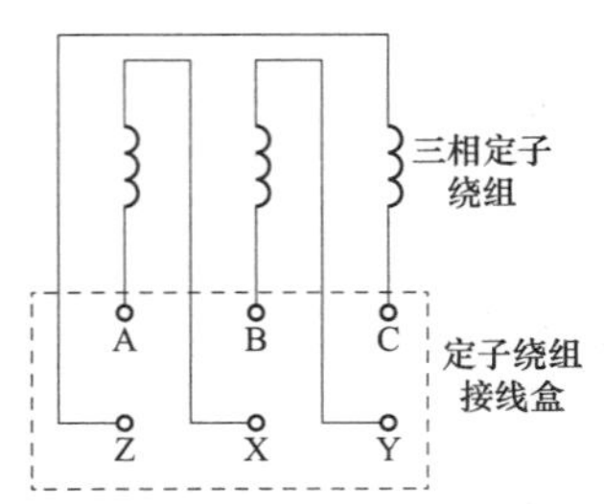

图 3-1 三相定子接线电路

定子铁芯是由相互绝缘的硅钢片叠装而成为圆筒状，安装在机座的内壁上。其内表面冲有均匀分布的槽，用以放置定子绕组。

定子绕组是由绝缘铜导线绕制而成，共有相同的绕组三组，称为三相对称定子绕组。三相定子绕组有六根引出线，出线端装在机座外面的接线盒内，如图 3-1 所示，根据三相电源电压的不同，三相定子线圈可以接成星形（Y）或三角形（△），然后与三相交流电源相连。

三相笼式异步电动机的转子是电动机的转动部分，由转子铁芯、转子绕组和轴等组成。

转子铁芯也是由相互绝缘的硅钢片叠装成圆柱状，固定在转轴上，转轴上可加机械负载。转子铁芯的外圆周冲有均匀分布的槽，用以放置转子绕组。

转子绕组有两种型式。一种是笼式绕组，它是在转子铁芯槽内穿入铜条作为导体，两端焊上铜环（叫做端环），自成闭合路径，由铜条与铜环构成的绕组，其形状如同鼠笼，所以称其为笼式绕组。为了节省铜材和工时，一般将铝熔化后，用铸造方法将转子导体、端环及通风冷却用的风扇一同铸成。具有笼式转子绕组的三相异步电动机称为笼式电动机。另一种是绕线式绕组，绕组结构与定子三相绕组相同，接成星形（Y）后，三个出线端通过轴上的三个滑环及固定的电刷引至电动机的外部，可以和外部变阻器相接。具有绕线式转子绕组的三相异步电动机称为绕线式电动机。

2. 三相笼式异步电动机的铭牌

三相笼式异步电动机的外壳上都有一块铭牌，在上面打印有这台电动机一些主要技术数据，以便按照这些数据正确使用。图 3-2 所示是一台三相异步电动机的铭牌。

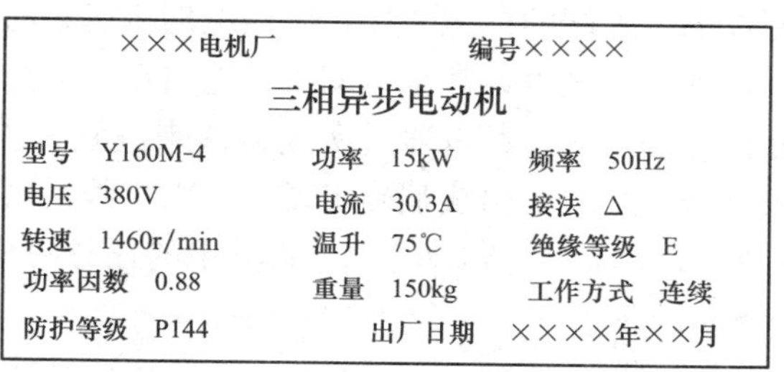

图 3-2　电动机铭牌

现将铭牌上主要数据说明如下：

（1）型号。表示电动机的系列。例如：

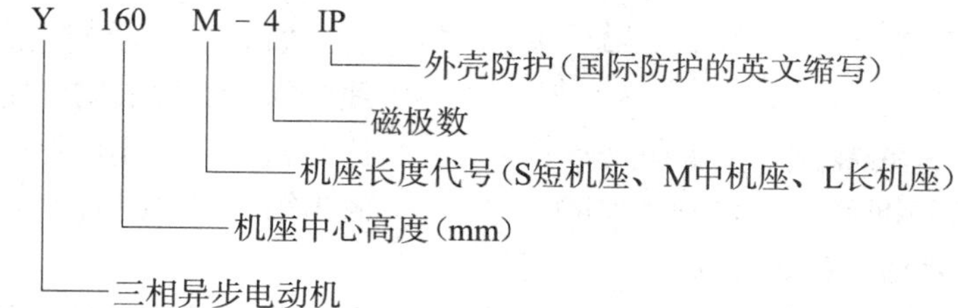

（2）功率。铭牌上标定的功率表示电动机在额定状态下运行时轴端输出的机械功率。

（3）电压。铭牌上标定的电压表示电动机在额定运行时定子绕组上应加的线电压。

（4）电流。铭牌上标定的电流表示电动机在额定电压下，轴端输出额定功率时，电动机定子绕组的线电流。

（5）接法。指定子三相绕组的接法。连接方法有Y接和△接两种。通常 3kW 以下的电动机接成Y形，4kW 以上的电动机接成△形。

（6）转速。铭牌上标定的转速是指在额定运行情况下的转速。

（7）功率因数。铭牌上标定的功率因数是指电动机在额定运行时定子电路的功率因数。

（8）绝缘等级。电动机在运行时，由于铜损耗和铁损耗引起电动机发热，温度升高将影响绝缘材料的绝缘性能。各种绝缘材料的耐热性能不同，所以电动机的允许温度与绝缘的等级有关。

3. 三相笼式异步电动机的检查

电动机使用前应做必要的检查。

（1）机械检查。检查引出线是否齐全、牢靠；转子转动是否灵活、匀称、有否异常声响等。

（2）电气检查。

1）用绝缘电阻表检查电动机绕组间及绕组与机壳之间的绝缘性能。三相笼式异步电动机的绝缘电阻可以用绝缘电阻表进行测量。对额定电压 1kV 以下的电动机，其绝缘电阻值最低不得小于 1000Ω/V，测量方法如图 3-3 所示。一般 500V 以下的中小型电动机最低应具有 2MΩ 的绝缘电阻。

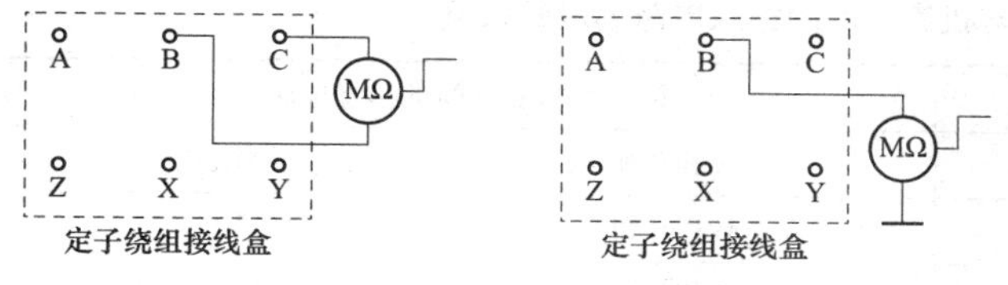

图 3-3　线圈与机壳绝缘性能的测试

2）定子线圈首端、末端的判别。三相笼式异步电动机三相定子绕组的六个引出线端有三个首端和三相末端。一般，首端标以 A、B、C，末端标以 X、Y、Z，在接线时如果没有按照首端、末端的标记来接，则当电动机启动时磁通势和电流就会不平衡，因而引起绕组发热、振动、有噪声，甚至电动机不能启动，因过热而烧毁。由于某种原因定子绕组六个出线端标记无法辨认，可以通过实验方法来判别其首端、末端（即同名端）。辨认方法为：用万用表欧姆挡从六个出线端确定哪一对引出线是属于同一相的，分别找出三相绕组，并标以符号，如A、X，B、Y，C、Z。将其中的任意两相线圈串联，如图3-4所示。在相串联两相线圈出线端施以单相低电压 $U=80\sim100V$，测出第三相线圈的电压，如电压表有一定读数，表示两相线圈的末端与首端相连，如图3-4（a）所示。反之，如电压表的读数近似为零，则两相线圈的末端与末端（或首端与首端）相连，如图3-4（b）所示。用同样方法可测出第三相线圈的首端、末端。

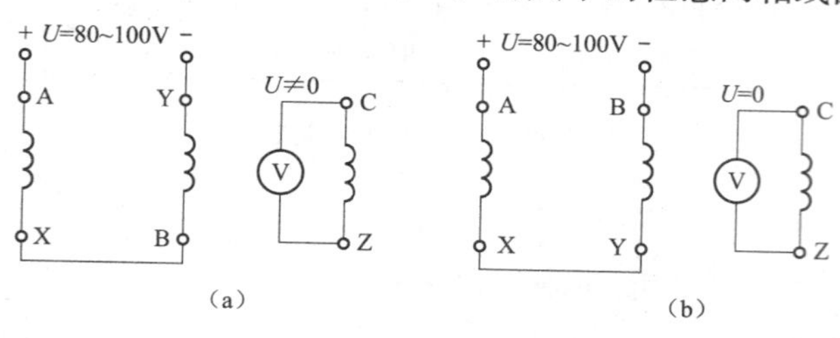

图3-4 定子线圈首、末端的判别
（a）末端与首端相连；（b）末端与末端相连

4. *三相笼式异步电动机的启动*

三相笼式异步电动机的直接启动电流可达额定电流的4～7倍，但持续时间很短，不致引起电动机过热而烧坏。但对容量较大的电动机，过大的启动电流会导致电网电压的下降而影响其他的负载正常运行，通常采用降压启动，最常用的是Y-△换接启动，它可使启动电流减小到直接启动的1/3。其使用的条件是正常运行必须作△接。

5. *三相笼式异步电动机的反转*

三相笼式异步电动机的旋转方向取决于三相电源接入定子绕组时的相序，故只要改变三相电源与定子绕组连接的相序即可使电动机改变旋转方向。

三、实验设备

实验设备如表3-1所示。

表3-1 实验设备

序号	名称	型号与规格	数量
1	三相交流电源	380V、220V	1
2	三相笼式异步电动机	DJ24	1
3	绝缘电阻表	500V	1
4	交流电压表	0～500V	1
5	交流电流表	0～5A	1
6	万用表		1

四、实验内容

（1）记录三相笼式异步电动机的铭牌数据，并观察其结构。

（2）用万用表判别定子绕组的首端、末端。

（3）用绝缘电阻表测量电动机绕组间及绕组与机壳之间的绝缘电阻，将数据填入表3-2中。

表3-2 电动机绕组间及绕组与机壳之间的绝缘电阻的测量数据

各相绕组之间的绝缘电阻		绕组与机壳之间的绝缘电阻	
A相与B相	(MΩ)	A相与机壳	(MΩ)
A相与C相	(MΩ)	B相与机壳	(MΩ)
B相与C相	(MΩ)	C相与机壳	(MΩ)

（4）三相笼式异步电动机的直接启动。

1）采用380V三相交流电源。将三相自耦调压器手柄置于输出电压为零的位置；控制屏上三相电压表切换开关置“调压输出”侧；根据电动机的容量选择交流电流表合适的量程。

开启控制屏上三相电源总开关，按启动按钮，此时自耦调压器原绕组端 U1、V1、W1 加电，调节调压器输出使 U、V、W 端输出线电压为 380V，三只电压表指示应基本平衡。保持自耦调压器手柄位置不变，按停止按钮，自耦调压器断电。

(a) 按图 3-5 接线，电动机三相定子绕组接成Y形；供电线电压为 380V；实验电路中 Q1 及 FU 由控制屏上的接触器 KM 和熔断器 FU 代替，学生可由 U、V、W 端子开始接线，以后各控制实验均同此。

(b) 按控制屏上启动按钮，电动机直接启动，观察启动瞬间电流冲击情况及电动机旋转方向，记录启动电流。当启动运行稳定后，将电流表量程切换至较小量程挡位上，记录空载电流。

(c) 电动机稳定运行后，突然拆出 U、V、W 中的任一相电源（注意小心操作，以免触电），观测并记录电动机作单相运行时电流表的读数。再仔细倾听电动机的运行声音有何变化。

(d) 电动机启动之前先断开 U、V、W 中的任一相，作缺相启动，观测并记录电流表读数，观察电动机有无启动，再仔细倾听电动机有无发出异常的声响。

(e) 实验完毕，按控制屏停止按钮，切断实验电路三相电源。

2) 采用 220V 三相交流电源。调节调压器输出使输出线电压为 220V，电动机定子绕组接成△形。

按图 3-6 接线，重复（1）中各项内容，并记录。

(5) 异步电动机的反转。电路如图 3-7 所示，按控制屏启动按钮，启动电动机，观察启动电流及电动机旋转方向是否反转。

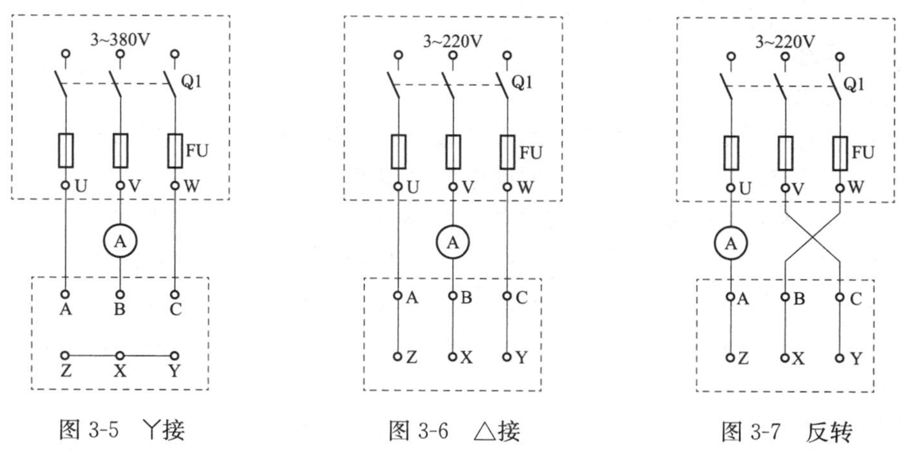

图 3-5　Y接　　图 3-6　△接　　图 3-7　反转

实验完毕，将自耦调压器调回零位，按控制屏停止按钮，切断实验电路三相电源。

五、实验注意事项

(1) 本实验属于强电实验，接线前（包括改接电路）、实验后都必须断开实验电路的电源，特别改接电路和拆线时必须遵守“先断电，后拆线”的原则。

(2) 电动机在运转时，电压和转速均很高，切勿触碰导电和转动部分，以免发生人身和设备事故。

(3) 为了确保安全，学生应穿绝缘鞋进入实验室。

(4) 接线或改接电路必须经指导教师检查后方可进行实验。

(5) 启动电流持续时间很短，且只能在接通电源的瞬间读取电流表的最大读数，如错过这一瞬间，须将电动机停止，待停稳后，重新启动读取数据。

(6) 单相（即缺相）运行时间不能太长，以免过大的电流导致电动机的损坏。

六、预习思考题

(1) 如何判断异步电动机定子绕组的六个引出线及其首、末端？如何连接成Y形或△形？

(2) 根据什么来确定该电动机作Y接或△接？

(3) 缺相是三相电动机运行中的一大故障，在启动或运转时发生缺相，会出现什么现象？有何后果？

(4) 电动机转子被卡住不能转动，如果定子线圈接通三相电源将会发生什么后果？

七、实验报告

(1) 总结对三相笼式电动机绝缘性能检查的结果，判断该电动机是否完好可用。

(2) 对三相笼式电动机的启动、反转及各种故障情况进行分析。

实验二　三相笼式异步电动机点动和自锁控制的测试

一、实验目的

(1) 通过对三相笼式异步电动机点动控制和自锁控制电路的实际安装接线，掌握由电气原理图变换成安装接线图的知识。

(2) 通过实验进一步加深理解点动控制和自锁控制的特点。

(3) 掌握常用控制电器的正确使用方法。

二、实验原理

1. 交流接触器

交流接触器主要用来作操作开关，用于接通或断开电动机或其他电气设备的主电路。交流接触器的特点是流过的电流大，通断的操作也很频繁。

交流接触器是利用电磁铁的吸力来操作的电磁开关，主要由电磁铁和触点两部分组成，如图 3-8（a）所示的结构示意图，图 3-8（b）是交流接触器的符号。

当接触器线圈通电（或外因作用）时，产生电磁吸力，将动铁芯（或衔铁）吸下，并带动动触点下移，使动断触点断开，而动合触点闭合。当线圈断电时，各触点回复到原来的状态。

接触器触点分主触点和辅助触点。主触点通常是三对或四对，为动合触点，触点允许通过较大电流，并附有灭弧装置，用于被控制设备的主电路中。辅助触点最多有三对动合和三对动断触点，触点允许

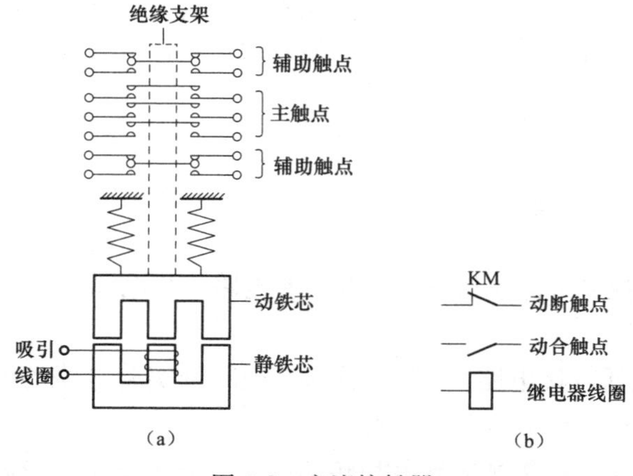

图 3-8　交流接触器

(a) 结构示意图；(b) 代表符号

通过 5A 以下的小电流，用于控制电路中。

选择交流接触器时，主触点的额定电流应大于电动机的额定电流，而用于电动机正、反转时，主触点额定电流应比电动机额定电流大一倍，接触器线圈的额定电压通常为 380V 或 220V，也有低压 36V 的，应根据电源电压选用。

在电气控制电路中，最常见的故障发生在交流接触器上。交流接触器线圈的电压等级通常有 220V 和 380V 等，使用时必须认清，切勿疏忽，否则，电压过高易烧坏线圈，电压过低，吸力不够，不易吸合或吸合频繁，这不但会产生很大的噪声，也因磁路气隙增大，致使电流过大，也易烧坏线圈。此外，在交流接触器铁芯的部分端面嵌装有短路铜环，其作用是为了使铁芯吸合牢靠，消除颤动与噪声，若发现短路环脱落或断裂现象，接触器将会产生很大地振动与噪声。

2. 自锁和互锁控制

在控制回路中常采用接触器的辅助触头来实现自锁和互锁控制。要求接触器线圈得电后能自动保持动作后的状态，这就是自锁，通常用接触器自身的动合触头与启动按钮相并联来实现，以达到电动机的长期运行，这一动合触头称为“自锁触头”。使两个电器不能同时得电动作的控制，称为互锁控制，如为了避免正、反转两个接触器同时得电而造成三相电源短路事故，必须增设互锁控制环节。为操作的方便，也为防止因接触器主触头长期大电流的烧蚀而偶发触头粘连后造成的三相电源短路事故，通常在具有正、反转控制的电路中采用既有接触器的动断辅助触头的电气互锁，又有复合按钮机械互锁的双重互锁的控制环节。

3. 按钮控制

按钮主要用来接通或断开电流较小（5A 以下）的控制电路，以实现对电动机或其他电气设备进行控制的目的。

在图 3-9（a）中，动触点与上面的一组静触点相接触而闭合，而动触点与下面一组静触点不接触，即处于断开状态。这种在无外力（或其他外因）作用时处于闭合的触点称为动断触点，而处于断开状态的触点称为动合触点。其表示符号如图 3-9（b）所示，动断触点的动触点向上或向右画出，动合触点的动触点向下或向左画出。

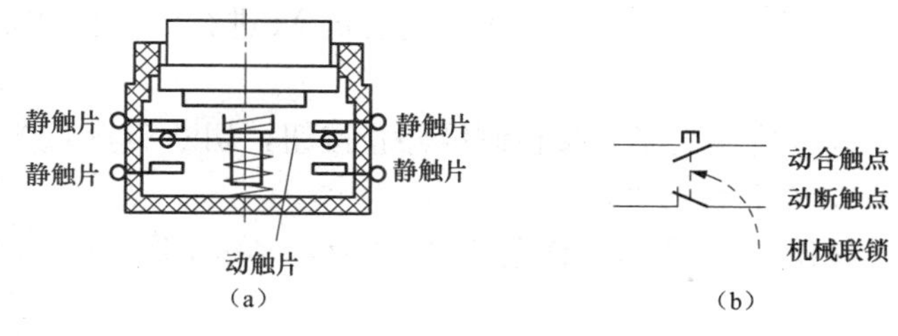

图 3-9　按钮的结构和符号

(a) 结构示意图；(b) 符号

当按下按钮帽时，动断触点先断开，动合触点后闭合；松开后触点又恢复到原来状态。这种按钮称为组合按钮或复式按钮，使用时根据需要经常选用其中一种触点（动断或动合）。

按钮是专供人工操作使用的。对于复合按钮，其触点的动作规律是：当按下时，其动断触头先断，动合触头后合；当松手时，则动合触头先断，动断触头后合。

4. 保护电路

在电动机运行过程中，应对可能出现的故障进行保护。

采用熔断器作短路保护，当电动机或电器发生短路时，熔断器及时熔断熔体，达到保护电路、保护电源的目的。熔体熔断时间与流过的电流关系称为熔断器的保护特性，这是选择熔体的主要依据。

采用热继电器实现过载保护，使电动机免受长期过载的危害。其主要的技术指标是整定

表 3-3　　实验设备

序号	名称	型号与规格	数量
1	三相交流电源	220V	
2	三相笼式异步电动机	DJ24	1
3	交流接触器		1
4	按钮		2
5	热继电器	D9305d	1
6	交流电压表	0～500V	
7	万用表		1

电流值，即电流超过此值的 20%时，其动断触头应能在一定时间内断开，切断控制回路，动作后只能由人工进行复位。

三、实验设备

实验设备如表 3-3 所示。

四、实验内容

认识各电器的结构、图形符号、接线方法；记录电动机及各电器铭牌数据；并用万用表检查各电器线圈、触头是否完好。笼式电动机接成△形；实验电路电源端接三相自耦调压器输出端 U、V、W，供电电源线电压为 220V。

1. 点动控制

按图 3-10 点动控制电路进行安装接线，接线时，先接主电路，即从 220V 三相交流电源的输出端 U、V、W 开始，经接触器 KM 的主触头，热继电器 FR 的热元件到电动机 M 的三个线端 A、B、C，用导线按顺序串联起来。主电路连接完整无误后，再连接控制电路，即从 220V 三相交流电源某输出端（如 V）开始，经过动合按钮 SB1、接触器 KM 的线圈、热继电器 FR 的动断触头到三相交流电源另一输出端（如 W）。显然这是对接触器 KM 线圈供电的电路。

接好电路，经指导教师检查后，方可进行通电操作。

（1）开启控制屏电源总开关，按启动按钮，调节调压器输出，使输出线电压为 220V。

（2）按启动按钮 SB1，对电动机 M 进行点动操作，比较按下 SB1 与松开 SB1 电动机和接触器的运行情况。

（3）实验完毕，按控制屏停止按钮，切断实验电路三相交流电源。

2. 自锁控制电路

按图 3-11 所示自锁电路进行接线，它与图 3-10 的不同点在于控制电路中多串联一只动

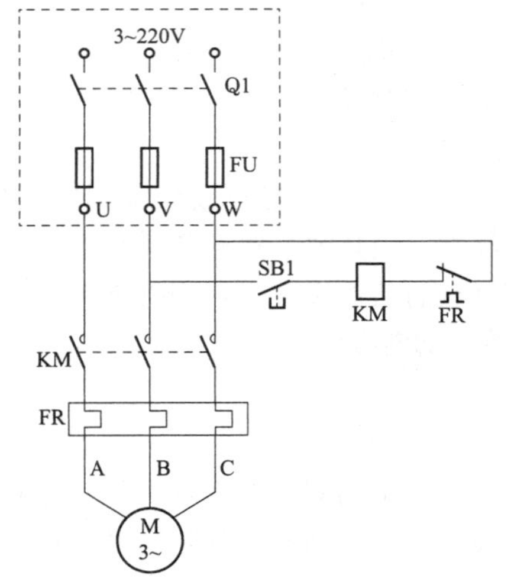

图 3-10　点动控制电路

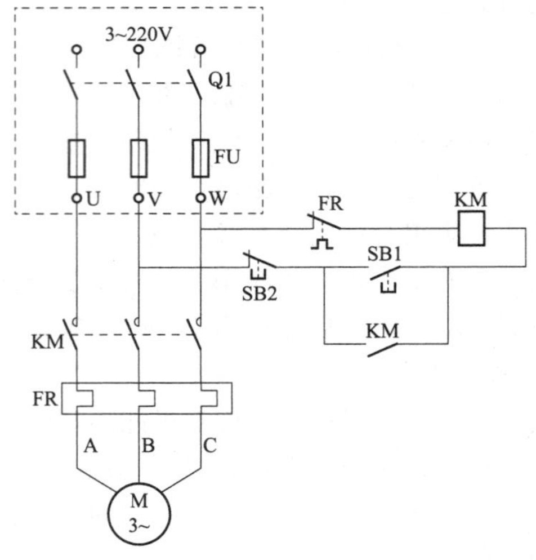

图 3-11　自锁控制电路

断按钮 SB2，同时在 SB1 上并联 1 只接触器 KM 的动合触头，它起自锁作用。

接好电路经指导教师检查后，方可进行通电操作。

（1）按控制屏启动按钮，接通 220V 三相交流电源。

（2）按启动按钮 SB1，松手后观察电动机 M 是否继续运转。

（3）按停止按钮 SB2，松手后观察电动机 M 是否停止运转。

（4）按控制屏停止按钮，切断实验电路三相电源，拆除控制回路中自锁触头 KM，再接通三相电源，启动电动机，观察电动机及接触器的运转情况，从而验证自锁触头的作用。

实验完毕，将自耦调压器调回零位，按控制屏停止按钮，切断实验电路的三相交流电源。

五、实验注意事项

（1）接线时合理安排电器位置，接线要求牢靠、整齐、清楚、安全可靠。

（2）操作时要胆大、仔细、谨慎，不许用手触及各电器元件的导电部分及电动机的转动部分，以免触电及意外损伤。

（3）通电观察继电器动作情况时，要注意安全，防止触电。

六、预习思考题

（1）试比较点动控制电路与自锁控制电路从结构上看主要区别是什么？从功能上看主要区别是什么？

（2）自锁控制电路在长期工作后可能出现失去自锁作用，试分析产生的原因是什么？

（3）交流接触器线圈的额定电压为 220V，若误接到 380V 电源上会产生什么后果？反之，若接触器线圈电压为 380V，而电源线电压为 220V，其结果又如何？

（4）在主回路中，熔断器和热继电器热元件可否少用一只或两只？熔断器和热继电器两者可否只采用其中一种就可起到短路和过载保护作用？为什么？

七、实验报告

（1）画出电动机点动控制电路和自锁控制电路的动作次序。

（2）记录实验过程中所出现的现象。

（3）总结电动机点动控制和自锁控制的特点。

（4）本次实验的心得体会。

实验三　三相笼式异步电动机正反转控制的测试

一、实验目的

（1）通过对三相笼式异步电动机正反转控制电路的安装接线，掌握由电气原理图接成实际操作电路的方法。

（2）加深对电气控制系统各种保护、自锁、互锁等环节的理解。

（3）进一步掌握分析、排除继电—接触控制电路故障的方法。

二、实验原理

在笼式电动机正反转控制电路中，通过相序的更换来改变电动机的旋转方向。本实验给出两种不同的正、反转控制电路如图 3-12 及图 3-13 所示，具有如下特点：

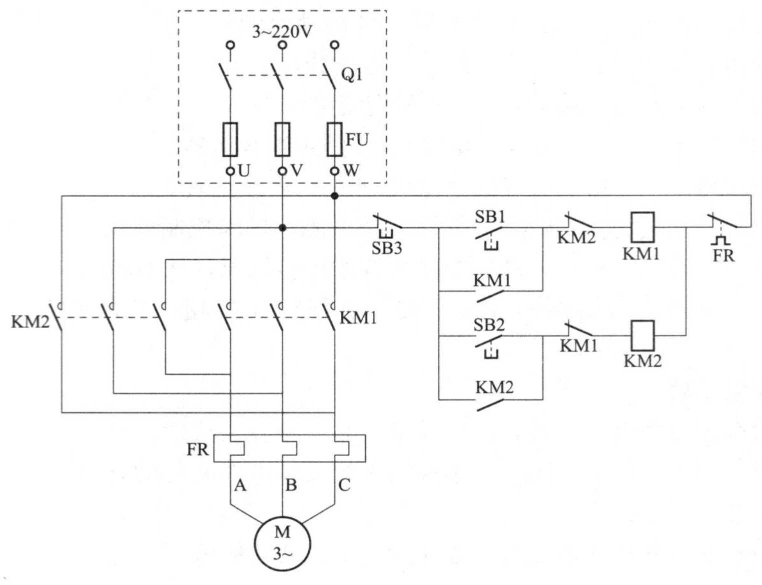

图 3-12　接触器联锁的正反转控制电路

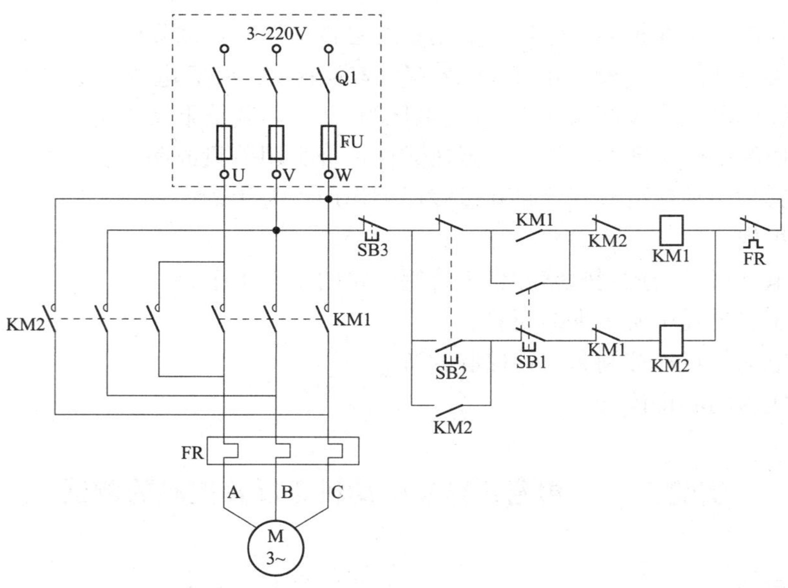

图 3-13　接触器和按钮双重联锁的正反转控制电路

（1）电气互锁。为了避免接触器 KM1（正转）、KM2（反转）同时得电吸合造成三相电源短路，在 KM1（KM2）线圈支路中串接有 KM1（KM2）动断触头，它们保证了电路工作时 KM1、KM2 不会同时得电（如图 3-12 所示），以达到电气互锁目的。

（2）电气和机械双重互锁。除电气互锁外，可再采用复合按钮 SB1 与 SB2 组成的机械互锁环节（如图 3-13 所示），以求电路工作更加可靠。

（3）电路具有短路、过载、失电压、欠电压保护等功能。

三、实验设备

实验设备如表 3-4 所示。

表 3-4　实验设备

序号	名　　称	型号与规格	数量
1	三相交流电源	220V	
2	三相笼式异步电动机	DJ24	1
3	交流接触器	JZC4-40	2
4	按钮		3
5	热继电器	D9305d	1
6	交流电压表	0～500V	1
7	万用表		1

四、实验内容

认识各电器的结构、图形符号、接线方法；记录电动机及各电器铭牌数据；并用万用表检查各电器线圈、触头是否完好。

笼式电动机接成△形；实验电路电源端接三相自耦调压器输出端 U、V、W，供电电源线电压为 220V。

1. 接触器联锁的正反转控制电路

按图 3-12 接线，经指导教师检查后，方可进行通电操作。

（1）开启控制屏电源总开关，按下启动按钮，调节调压器，使输出线电压为 220V。

（2）按正向启动按钮 SB1，观察并记录电动机的转向和接触器的运行情况。

（3）按反向启动按钮 SB2，观察并记录电动机和接触器的运行情况。

（4）按停止按钮 SB3，观察并记录电动机的转向和接触器的运行情况。

（5）再按 SB2，观察并记录电动机的转向和接触器的运行情况。

（6）实验完毕，按控制屏停止按钮，切断三相交流电源。

2. 接触器和按钮双重联锁的正反转控制电路

按图 3-13 接线，经指导教师检查后，方可进行通电操作。

（1）按控制屏启动按钮，接通 220V 三相交流电源。

（2）按正向启动按钮 SB1，电动机正向启动，观察电动机的转向及接触器的动作情况。按停止按钮 SB3，使电动机停转。

（3）按反向启动按钮 SB2，电动机反向启动，观察电动机的转向及接触器的动作情况。按停止按钮 SB3，使电动机停转。

（4）按正向（或反向）启动按钮，电动机启动后，再去按反向（或正向）启动按钮，观察有何情况发生。

（5）电动机停稳后，同时按正、反向两只启动按钮，观察有何情况发生。

（6）失电压与欠电压保护。

1）按启动按钮 SB1（或 SB2）电动机启动后，按控制屏停止按钮，断开实验电路三相电源，模拟电动机失电压（或零压）状态，观察电动机与接触器的动作情况，随后，再按控制屏上启动按钮，接通三相电源，但不按 SB1（或 SB2），观察电动机能否自行启动。

2）重新启动电动机后，逐渐减小三相自耦调压器的输出电压，直至接触器释放，观察电动机是否自行停转。

（7）实验完毕，将自耦调压器调回零位，按控制屏停止按钮，切断实验电路电源。

五、实验注意事项

（1）接通电源后，按启动按钮（SB1 或 SB2），接触器吸合，但电动机不转且发出“嗡嗡”声响；或者虽能启动，但转速很慢。这种故障大多是主回路一相断线或电源缺相。

（2）接通电源后，按启动按钮（SB1 或 SB2），若接触器通断频繁，且发出连续的“劈啪”声或吸合不牢，发出颤动声，此类故障原因可能是：

1）电路接错，将接触器线圈与自身的动断触头串在一条回路上了。

2）自锁触头接触不良，时通时断。

3）接触器铁芯上的短路环脱落或断裂。

4）电源电压过低或与接触器线圈电压等级不匹配。

（3）实验过程中一定注意安全，以防触电。

六、预习思考题

（1）在电动机正、反转控制电路中，为什么必须保证两个接触器不能同时工作？采用哪些措施可解决此问题？这些方法有何利弊？最佳方案是什么？

（2）在控制电路中，短路、过载、失电压、欠电压保护等功能是如何实现的？在实际运行过程中，这几种保护有何意义？

七、实验报告

（1）画出接触器联锁的正反转控制电路与接触器和按钮双重联锁的正反转控制电路的动作次序。

（2）记录实验过程中所出现的现象。

（3）本次实验的心得体会。

实验四 三相笼式异步电动机Y-△降压启动控制的测试

一、实验目的

（1）进一步提高按图接线的能力。

（2）了解时间继电器的结构、使用方法、延时时间的调整及在控制系统中的应用。

（3）掌握异步电动机Y-△降压启动控制的运行情况和操作方法。

二、实验原理

1. 时间继电器

按时间原则控制电路的特点是各个动作之间有一定的时间间隔，使用的元件主要是时间继电器。时间继电器是一种延时动作的继电器，它从接受信号（如线圈带电）到执行动作（如触点动作）具有一定的时间间隔。此时间间隔可按需要预先设定，以协调和控制生产机械的各种动作。时间继电器的种类通常有电磁式、电动式、空气式和电子式等。其基本功能可分为两类，即通电延时式和断电延时式，有的还带有瞬时动作式的触头。时间继电器的延时时间通常可在0.4～80s范围内调节。

2. 异步电动机Y-△降压启动控制

按时间原则控制笼式电动机Y-△降压自动换接启动的控制电路如图3-14所示。

从主回路看，当接触器KM1、KM2主触头闭合，KM3主触头断开时，电动机三相定子绕组作Y连接；而当接触器KM1和KM3主触头闭合，KM2主触头断开时，电动机三相定子绕组作△连接。因此，所设计的控制电路若能先使KM1和KM2得电闭合，后经一定时间的延时，使KM2失电断开，而后使KM3得电闭合，则电动机就能实现降压启动后自动转换到正常工作运转。图3-14的控制电路能满足上述要求。该电路具有以下特点：

（1）接触器KM3与KM2通过动断触头KM3（5-7）与KM2（5-11）实现电气互锁，保证KM3与KM2不会同时得电，以防止三相电源的短路事故发生。

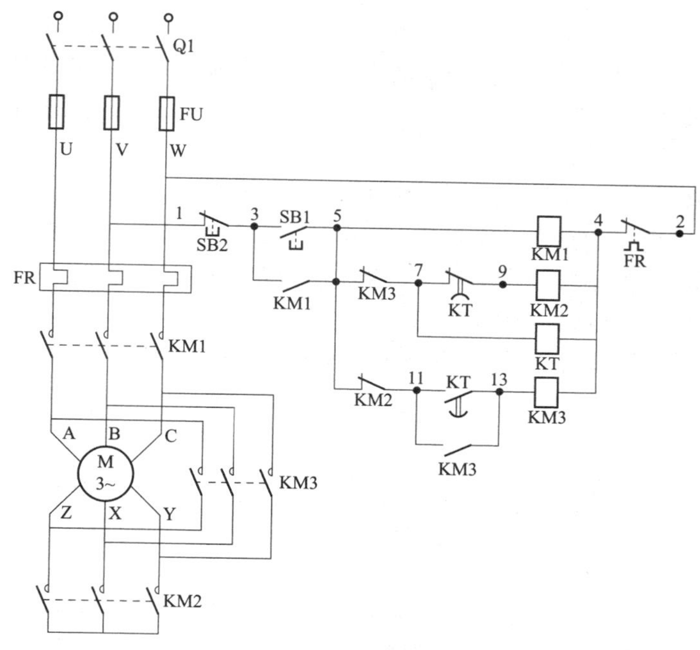

图 3-14 时间控制Y-△降压自动换接启动的控制电路

(2) 依靠时间继电器 KT 延时动合触头（11-13）的延时闭合作用，保证在按下 SB1 后，使 KM2 先得电，并依靠 KT（7-9）先断，KT（11-13）后合的动作次序，保证 KM2 先断，而后再自动接通 KM3，也避免了换接时电源可能发生的短路事故。

(3) 本电路正常运行（△接）时，接触器 KM2 及时间继电器 KT 均处断电状态。

(4) 由于实验装置提供的三相笼式电动机每相绕组额定电压为 220V，而Y-△换接启动的使用条件是正常运行时电动机必须作△接，故实验时，应将自耦调压器输出端（U、V、W）电压调至 220V。

表 3-5 实验设备

序号	名称	型号与规格	数量
1	三相交流电源	220V	1
2	三相笼式异步电动机	DJ24	1
3	交流接触器	JZC4-40	2
4	时间继电器	ST3PA-B	1
5	按钮		1
6	热继电器	D9305d	1
7	切换开关	三刀双掷	1
8	万用表		1

三、实验设备

实验设备如表 3-5 所示。

四、实验内容

1. 时间继电器控制Y-△自动降压启动电路

观察空气阻尼式时间继电器的结构，认清其电磁线圈和延时动合、动断触头的接线端子。用手推动时间继电器衔铁模拟继电器通电吸合动作，用万用表测量触头的接通与断开，以此来判定触头延时动作的时间。通过调节进气孔螺钉，即可整定所需的延时时间。

实验电路电源端接自耦调压器输出端（U、V、W），供电电源线电压为 220V。

(1) 按图 3-14 电路进行接线，先接主回路后接控制回路。要求按图示的结点编号从左到右、从上到下，逐行连接。

(2) 在不通电的情况下，用万用表检查电路连接是否正确，特别注意 KM2 与 KM3 两个互锁触头 KM3（5-7）与 KM2（5-11）是否正确接入。经指导教师检查后，方可接通电源。

（3）开启控制屏电源总开关，按控制屏启动按钮，接通 220V 三相交流电源。

（4）按启动按钮 SB1，观察电动机的整个启动过程及各继电器的动作情况，记录Y-△换接所需时间。

（5）按停止按钮 SB2，观察电动机及各继电器的动作情况。

（6）调整时间继电器的整定时间，观察接触器 KM2、KM3 的动作时间是否相应地改变。

（7）实验完毕，按控制屏停止按钮，切断实验电路电源。

2. 接触器控制Y-△降压启动电路

按图 3-15 电路接线，经指导教师检查后，方可进行通电操作。

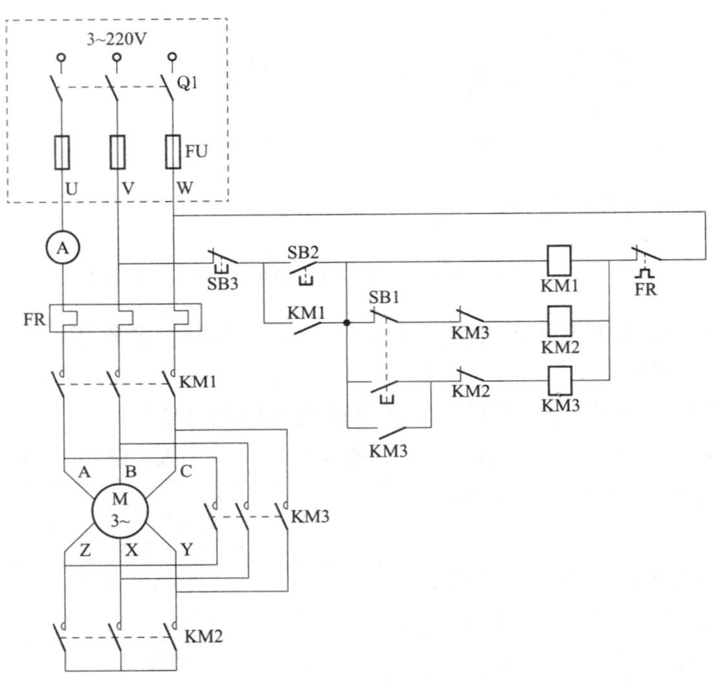

图 3-15 接触器控制Y-△降压启动电路

（1）按控制屏启动按钮，接通 220V 三相交流电源。

（2）按下按钮 SB2，电动机作Y接法启动，注意观察启动时，电流表最大读数 $I_{Y启动}$＝________ A。

（3）稍后，待电动机转速接近正常转速时，按下按钮 SB2，使电动机为△接法正常运行。

（4）按停止按钮 SB3，电动机断电停止运行。

（5）先按按钮 SB2，再按铵钮 SB1，观察电动机在△接法直接启动时的电流表最大读数 $I_{△启动}$＝________ A。

（6）实验完毕，将三相自耦调压器调回零位，按控制屏停止按钮，切断实验电路电源。

3. 手动控制Y-△降压启动控制电路

按图 3-16 电路接线，经指导教师检查后，方可进行通电操作。

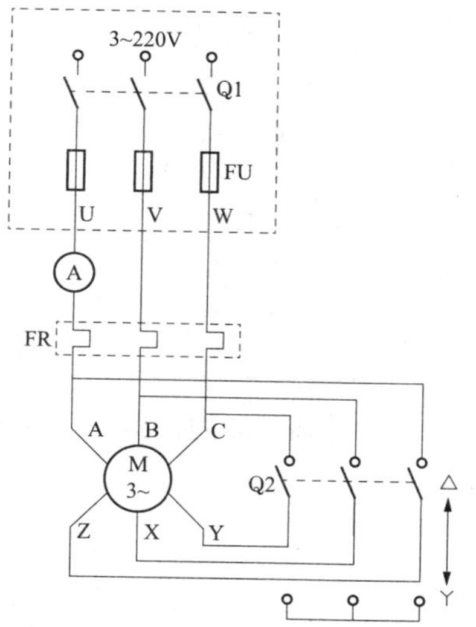

图 3-16 手动控制Y-△降压启动控制电路

（1）开关 Q2 合向上方，使电动机为△接法。

（2）按下控制屏启动按钮，接通 220V 三相交流电源，观察笼式电动机在△接法直接启动时，电流表最大读数 $I_{△启动}=$________ A。

（3）按控制屏停止按钮，切断三相交流电源，待电动机停稳后，开关 Q2 合向下方，使电动机为Y接法。

（4）按控制屏启动按钮，接通 220V 三相交流电源，观察笼式电动机在Y接法直接启动时，电流表最大读数 $I_{Y启动}=$________ A。

（5）按控制屏停止按钮，切断三相交流电源，待笼式电动机停稳后，操作开关 Q2，使电动机作Y-△降压启动。

（6）先将开关 Q2 合向下方，使电动机Y接，按控制屏启动按钮，记录电流表最大读数，$I_{Y启动}=$________ A。

（7）待电动机接近正常运转时，将开关 Q2 合向上方△运行位置，使电动机正常运行。

（8）实验完毕后，将自耦调压器调回零位，按控制屏停止按钮，切断实验电路电源。

五、实验注意事项

（1）注意安全，严禁带电操作。

（2）只有在断电的情况下，可以使用万用表来检查电路的接线正确与否。

（3）本次实验必须经指导教师检查无误后，才能通电。

六、预习思考题

（1）采用Y-△降压启动对笼式电动机有何要求。

（2）如果要用一只断电延时式时间继电器来设计异步电动机的Y-△降压启动控制电路，试问三个接触器的动作次序应做如何改动，控制回路又应如何设计？

（3）控制回路中的一对互锁触头有何作用？若取消这对触头对Y-△降压换接启动有何影响？可能会出现什么后果？

（4）降压启动的自动控制电路与手动控制电路相比较，有哪些优点？

七、实验报告

（1）画出三种Y-△降压启动控制电路原理图，并说明每种控制电路的动作次序。

（2）记录实验过程中的数据。

（3）本次实验的心得体会。

实验五 三相异步电动机顺序控制的测试

一、实验目的

（1）通过各种不同顺序控制的接线，进一步加深对三相异步电动机控制电路的掌握。

（2）进一步掌握常用控制电器的使用、控制原则及基本的控制线路。

（3）进一步提高对控制线路的综合分析能力。

表 3-6 实验设备

序号	名称	型号	数量
1	三相笼式异步电动机（△/220V）		2
2	继电接触控制挂箱（一）		2
3	继电接触控制挂箱（二）		2
4	灯组负载		1
5	白炽灯	220V，100W	3

(4) 进一步加深学生的动手能力和理解能力。

二、实验设备

实验设备如表 3-6 所示。

三、实验内容

1. 三相异步电动机启动顺序控制（一）

按图 3-17 所示电路接线。图 3-17 中 U、V、W 为实验台上三相调压器的输出插孔。

(1) 将调压器的输出电压调到 0V 的位置，启动实验台电源，调节调压器使输出的线电压为 220V。

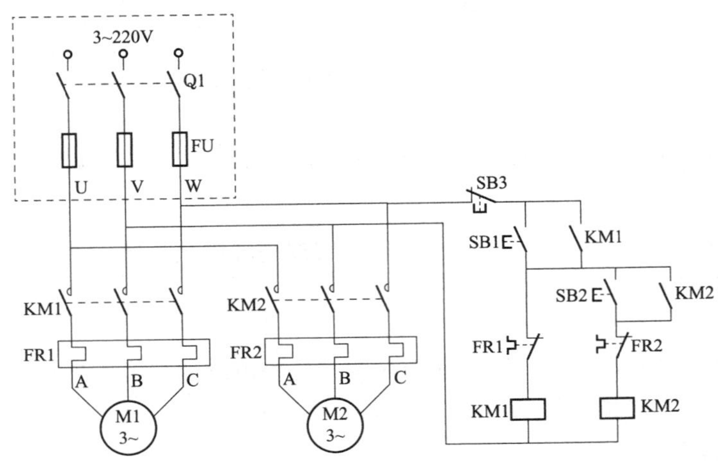

图 3-17 启动顺序控制（一）

(2) 按下按钮 SB1，观察电动机运行情况及接触器吸合情况。

(3) 保持 M1 运转时按下按钮 SB2，观察电动机运转及接触器吸合情况。

(4) 在电动机 M1 和电动机 M2 都运转时，能不能单独停止电动机 M2?

(5) 按下按钮 SB3 使电动机停转后，再按按钮 SB2，电动机 M2 是否启动？为什么?

2. 三相异步电动机启动顺序控制（二）

按图 3-18 所示电路接线。图 3-18 中 U、V、W 为实验台上三相调压器的输出插孔。

(1) 将调压器的输出电压调到 0V 的位置，启动实验台电源，调节调压器使输出线电压为 220V。

(2) 按下按钮 SB2，观察并记录电动机及各接触器运行状态。

(3) 再按下按钮 SB4，观察并记录电动机及各接触器运行状态。

(4) 单独按下按钮 SB3，观察并记录电动机及各接触器运行状态。

(5) 在电动机 M1 与电动机 M2 都运行时，按下按钮 SB1，观察电动机及各接触器运行状态。

3. 三相异步电动机停止顺序控制

按照图 3-18 所示电路接线。

(1) 接通 220V 三相交流电源。

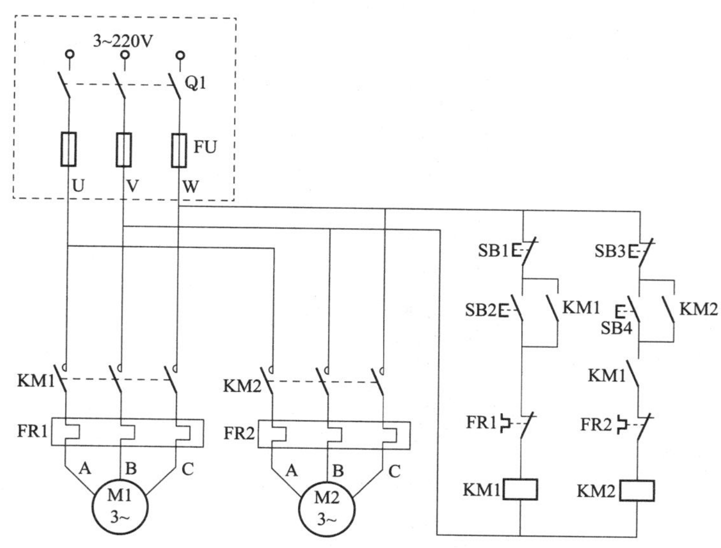

图 3-18　启动顺序控制（二）

（2）按下按钮 SB2，观察并记录电动机及接触器运行状态。

（3）再按下按钮 SB4，观察并记录电动机及接触器运行状态。

（4）在电动机 M1 与电动机 M2 都运行时，单独按下按钮 SB1，观察并记录电动机及接触器运行状态。

（5）在电动机 M1 与电动机 M2 都运行时，单独按下按钮 SB3，观察并记录电动机及接触器运行状态。

（6）在电动机 M1 与电动机 M2 都运行时，按下按钮 SB3 使电动机 M2 停止后再按按钮 SB1，观察并记录电动机及接触器运行状态。

四、实验注意事项

（1）注意安全，严禁带电操作。

（2）只有在断电的情况下，可以使用万用表来检查电路的接线正确与否。

（3）本次实验必须经指导教师检查无误后，才能通电。

五、预习思考题

（1）画出图 3-17、图 3-18 的控制电路的动作次序。

（2）比较图 3-17、图 3-18 两种电路的不同点和各自的特点。

（3）列举几个顺序控制电动机的实例，并说明其用途。

六、实验报告

（1）画出启动顺序控制（一）、（二），并说明停止顺序控制电路的动作次序。

（2）记录实验过程中的数据。

（3）本次实验的心得体会。

第二篇　电子技术实验

第四章　模拟电子技术实验

实验一　常用电子仪器的使用

一、实验目的

（1）掌握模拟电子电路实验中常用的电子仪器——示波器、函数信号发生器及交流毫伏表的主要技术指标、性能。

（2）掌握模拟电子电路实验中常用的电子仪器——示波器、函数信号发生器及交流毫伏表的正确使用方法。

（3）初步掌握用双踪示波器观察正弦信号波形和读取波形参数的方法。

二、实验原理

在模拟电子技术实验中，经常使用的电子仪器有双踪示波器、函数信号发生器、直流稳压电源、交流毫伏表及频率计等。它们和万用表一起，可以完成对模拟电子电路的静态和动态工作情况的测试。

实验中要对各种电子仪器进行综合使用，可按照信号流向，以连线简洁、调节顺手、观察与读数方便等原则进行合理布局，各仪器与被测实验装置之间的布局与连接如图 4-1 所示。接线时应注意，为防止外界干扰，各仪器的公共接地端应连接在一起，称为共地。函数信号发生器（信号源）和交流毫伏表的连接线通常使用屏蔽线或专用电缆线，示波器的连接线使用专用电缆线，直流稳压电源的连接线使用普通导线。

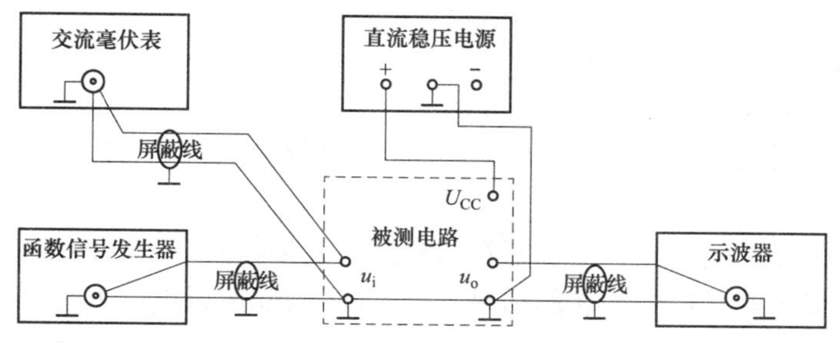

图 4-1　模拟电子电路中常用电子仪器布局图

1. 双踪示波器（YB4328）

双踪示波器是一种用途很广泛的电子测量仪器，它既能直接显示电信号的波形，又能对电信号进行各种参数的测量。双踪示波器（YB4328）的原理和使用可见说明书，现着重指出下列几点：

（1）寻找扫描光迹点。开机预热后，若在显示屏上不出现光点和扫描基线，可按下列操作去寻找光点和扫描基线：

1）适当调节辉度旋钮，顺时针旋转光迹增亮。

2）扫描方式选择“自动”。选择“自动”扫描方式时，当无触发信号输入时，屏幕上显示扫描光迹，一旦由触发信号输入，电路自动转换为触发扫描状态，调节电平可使波形稳定的显示在屏幕上，此方式适合观察频率在 50Hz 以上的信号。

3）适当调节“垂直位移”（↑↓）、“水平位移”（⇆）旋钮，使光点和扫描基线位于屏幕中央。“垂直位移”（↓↑）旋钮用于调节光迹在垂直方向的位置；“水平位移”（⇆）旋钮用于调节光迹在水平方向的位置。

（2）扫描方式选择。

“自动”：当无触发信号输入时，屏幕上显示扫描光迹，一旦由触发信号输入，电路自动转换为触发扫描状态，调节电平可使波形稳定的显示在屏幕上，此方式适合观察频率在 50Hz 以上的信号。

“常态”：无信号输入时，屏幕上无光迹显示，有信号输入时，且触发电平旋钮在合适的位置上，电路被触发扫描，当被测信号频率低于 50Hz 时，必须选择该方式。

“锁定”：仪器工作在锁定状态后，无需调节电平即可使波形稳定的显示在屏幕上。

“单次”：用于产生单次扫描，进入单次状态后，按动复位按钮，电路工作在单次扫描方式，扫描电路处于等待状态，当触发信号输入时，扫描只产生一次，下次扫描需要再次按动复位按钮。

（3）触发源的选择。

“CH1”：在双踪显示时，触发信号来自 CH1 通道，单踪显示时，触发信号则来自被显示的通道。

“CH2”：在双踪显示时，触发信号来自 CH2 通道，单踪显示时，触发信号则来自被显示的通道。

“交替”：在双踪显示时，触发信号交替来自于两个 Y 通道，此方式用于同时观察两路不相关的信号。

“电源”：触发信号来自于市电。

“外接”：触发信号来自于触发输入端口。

（4）显示方式的选择。

“CH1”：只显示 CH1 通道的信号。

“CH2”：只显示 CH2 通道的信号。

“交替”：用于同时观察两路信号，此时两路信号交替显示，该方式适合于在扫描速率较快时使用。

“断续”：两路信号断续工作，适合于在扫描速率较慢时同时观察两路信号。

“叠加”：用于显示两路信号相加的结果，当 CH2 极性按钮被按下时，则两路信号相减。

“CH2 反相”：此按钮未被按下时，CH2 的信号为常态显示，此按钮被按下时，CH2 的信号被反相。

（5）输入耦合方式的选择。

“AC”：信号中的直流分量被隔开，用以观察信号的交流成分。

“DC”：信号与仪器通道直接耦合，当需要观察信号的直流分量或被测信号的频率较低时应选用此方式。

“GND”：输入端处于接地状态，用以确定输入端为零电位时光迹所在位置。

（6）灵敏度选择。

“灵敏度”旋钮用于选择垂直轴的偏转系数，从“5mV/div～10V/div”分 11 个挡级调整，可根据被测信号的电压幅度选择合适的挡级。

“灵敏度微调”旋钮用以连续调节垂直轴的偏转系数，调节范围大于或等于 2.5 倍，该旋钮顺时针旋足时为“校准”位置，此时可根据“灵敏度”旋钮度盘位置和屏幕显示幅度读取该信号的电压值。

适当调节“灵敏度”旋钮可使屏幕上显示 1～2 个周期的被测信号波形。在测量幅值时，应注意将“灵敏度微调”旋钮置于“校准”位置，即顺时针旋到底，且听到关的声音。同时还要注意“扩展”旋钮的位置。

根据被测波形在屏幕坐标刻度上垂直方向所占的格数（div）与“灵敏度”旋钮度盘指示值（V/div）的乘积，即可算出被测信号幅值的实测值。

（7）扫描速率选择。

“扫描速率”旋钮根据被测信号的频率高低，选择合适的挡级。当“扫描速率微调置于“校准”位置时，可根据“扫描速率”旋钮度盘位置和波形在水平轴的距离读出被测信号的时间参数。

“扫描速率微调”旋钮用于连续调节扫描速率，调节范围大于或等于 2.5 倍，该旋钮顺时针旋足时为“校准”位置。

适当调节“扫描速率”旋钮可使屏幕上显示 1～2 个周期的被测信号波形。在测量周期时，应注意将“扫描速率微调”旋钮置于“校准”位置，即顺时针旋到底，且听到关的声音。同时还要注意“扩展”旋钮的位置。

根据被测信号波形一个周期在屏幕坐标刻度水平方向所占的格数（div）与“扫描速率”旋钮度盘（s/div）的乘积，即可算出被测信号周期的实测值。

2. 函数信号发生器（EE1641D）

函数信号发生器（EE1641D）按需要可以输出频率可调、幅度可调的正弦波、方波、三角波三种信号波形。输出电压最大可达 $20V_{P-P}$。通过输出衰减开关和输出幅度调节旋钮，可使输出电压在毫伏级到伏级范围内连续调节。函数信号发生器的输出信号频率可以通过频率分挡开关进行调节。

函数信号发生器作为信号源时，它的输出端不允许短路。

3. 数字交流毫伏表（TH1911）

数字式交流毫伏表（TH1911）主要用于测量频率范围为 10Hz～2MHz，电压为 100μV～400V的正弦波有效值电压。

只能在其工作频率范围之内，用来测量正弦交流电压的有效值。为了防止过载而损坏，测量前一般先把量程开关置于量程较大位置上，然后在测量中逐挡减小量程。

三、实验设备

实验设备如表 4-1 所示。

表 4-1 实验设备

序号	名称	型号	数量	序号	名称	型号	数量
1	双踪示波器	YB4328	1	3	数字式交流毫伏表	TH1911	1
2	函数信号发生器/计数器	EE1641D	1	4	双路直流稳压电源		1

四、实验内容

1. 测量示波器校准信号

用机内校正信号（频率为 1kHz，电压幅度为 0.5V 的方波）对示波器进行自检。

（1）扫描基线调节。将示波器的显示方式中的“CH1”显示开关按下，输入耦合方式开关置“GND”，触发方式开关置于“自动”。开启电源开关后，调节“辉度”“聚焦”“光迹旋转”等旋钮，使荧光屏上显示一条细而且亮度适中的扫描基线。然后调节“水平位移”(⇆)和“垂直位移”（↑↓）旋钮，使扫描线位于屏幕中央，并且能上下左右移动自如。

（2）测试“校正信号”波形的幅度、频率。将示波器的“校正信号”（频率为 1kHz，电压幅度为 0.5V 的方波）通过专用电缆线接入选定的 CH1 通道，将输入耦合方式开关置于“AC”或“DC”，触发源选择开关置于“CH1”。调节水平轴“扫描速率”开关（s/div）和垂直轴“灵敏度”开关（V/div），使示波器显示屏上显示出一个或数个周期稳定的方波波形。

表 4-2 “校正信号”的测量数据

参数	标准值	实测值
幅度 $U_{p\text{-}p}$（V）		
频率 f（kHz）		
上升沿时间（μs）		
下降沿时间（μs）		

注 不同型号示波器标准值有所不同，请按所使用示波器将标准值填入表格中。

1）校准“校正信号”幅度。将“灵敏度微调”旋钮置于“校准”位置，“灵敏度”旋钮置于适当位置，读取校正信号幅度，记入表 4-2 中。

2）校准“校正信号”频率。将“扫描速率微调”旋钮置于“校准”位置，“扫描速率”旋钮置于适当位置，读取校正信号周期，记入表 4-2 中。

3）测量“校正信号”的上升时间和下降时间。调节“灵敏度”旋钮及“灵敏度微调”旋钮，并移动波形，使方波波形在垂直方向上正好占据中心轴上，且上下对称，便于阅读。通过“扫描速率”旋钮逐级提高扫描速度，使波形在水平轴方向扩展（必要时可以利用“扫描速率扩展”开关将波形再扩展 10 倍），并同时调节触发电平旋钮，从显示屏上清楚的读出上升时间和下降时间，记入表 4-2 中。

2. 用示波器和交流毫伏表测量信号参数

调节函数信号发生器有关旋钮，使输出频率分别为 100Hz、1kHz、10kHz、100kHz，有效值均为 1V（交流毫伏表测量值）的正弦波信号。

改变示波器“扫描速率”旋钮及“灵敏度”旋钮等位置，测量信号源输出电压的周期、频率、峰峰值、有效值以及用交流毫伏表测量电压的有效值，将所测得的数据填入表 4-3 中。

表 4-3 正弦波信号的测量数据

信号电压频率	示波器测量值		交流毫伏表读数	示波器测量值	
	周期（ms）	频率（Hz）	有效值（V）	峰峰值（V）	有效值（V）
100Hz					
1kHz					
10kHz					
100kHz					

3. 用示波器测量两波形间相位差

（1）观察双踪显示“交替”与“断续”的特点。CH1、CH2 均不加输入信号，输入耦合方式置于“GND”，扫描速率旋钮置于扫描速率较低挡位（如 0.1s/div 挡）和扫描速率较高挡位（如 10μs/div 挡），把显示方式开关分别置于“交替”和“断续”位置，观察两条扫描基线的显示特点，并记录该现象。

（2）用双踪显示测量两波形间相位差。

1）按图 4-2 连接实验电路，将函数信号发生器的输出电压调至频率为 1kHz，幅值为 1V 的正弦波，经 RC 移相网络获得频率相同但相位不同的两路信号 u_i 和 u_R，分别加到双踪示波器的 CH1 和 CH2 的输入端。

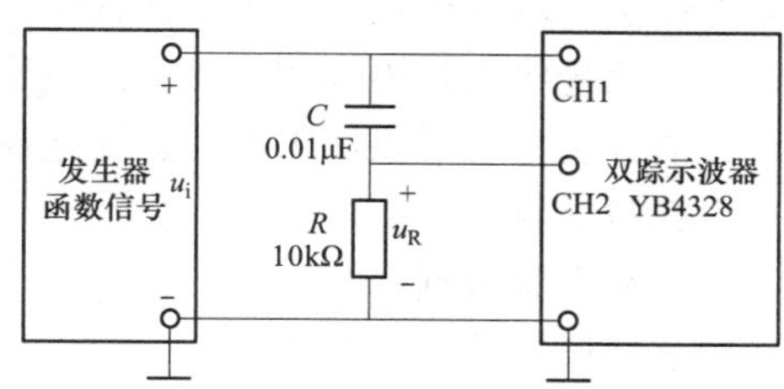

图 4-2　两波形间相位差测量电路

2）把显示方式开关置于“交替”挡位，将 CH1 和 CH2 输入耦合方式开关置于“GND”挡位，调节 CH1、CH2 的“垂直移位”（↓↑）旋钮，使两条扫描基线重合。

3）将 CH1、CH2 输入耦合方式开关置“AC”挡位，调节触发电平旋钮、扫描速率旋钮及 CH1、CH2“灵敏度”旋钮的位置，使在屏幕上显示出易于观察的两个相位不同的正弦波形 u_i 及 u_R，如图 4-3 所示，由图 4-3读出两波形在水平方向差距的格数 m 和正弦波信号周期的格数 n，则可求得两波形相位差为

$$\varphi=\frac{m(\text{div})}{n(\text{div})}\times 360^\circ$$

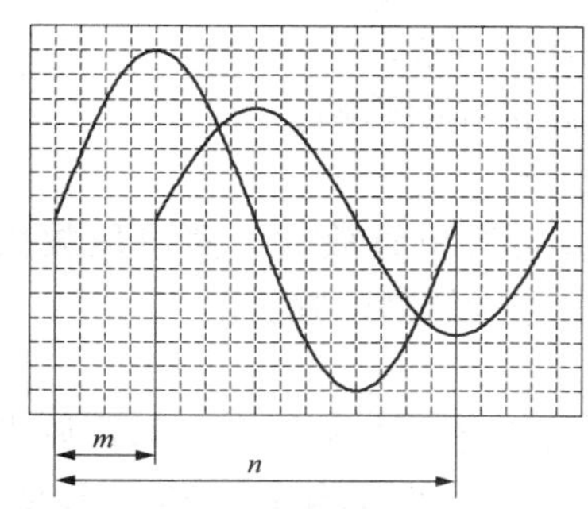

图 4-3　测量相位波形图

如图 4-3 所示两波形在水平方向差距的格数为 4，正弦波信号周期的格数为 16，则两波形相位差为

$$\varphi=\frac{4(\text{div})}{16(\text{div})}\times 360^\circ=90^\circ$$

记录两波形相位差 φ 于表 4-4 中，为了数读和计算方便，可适当调节扫描速率旋钮及微调旋钮，使波形一周期占整数格。

表 4-4　两波形间相位差的测量数据

一个周期格数	两波形水平轴差距格数	相位差	
		实测值（°）	计算值（°）
$X_T=$	$X=$	$\varphi=$	$\varphi=$

五、实验注意事项

（1）使用仪器设备前，必须先仔细阅读仪器的使用说明书，严格遵守操作规程。

（2）拨动面板各旋钮时，用力要适当，不可过猛，以免造成仪器设备的机械损坏。

（3）改变电路接线前，应该先关闭电源开关。

六、预习思考题

（1）如何操纵示波器有关旋钮，以便从示波器显示屏上观察到稳定、清晰的波形？

（2）用双踪显示波形，并要求比较相位时，为在显示屏上得到稳定波形，应怎样选择下列开关的位置？

1）显示方式选择（CH1；CH2；叠加；交替；断续）。

2）触发方式（常态；自动）。

3）触发源选择（CH1；CH2；交替；电源）。

（3）已知 $C=0.01\mu F$、$R=10k\Omega$，计算图 4-2RC 移相网络的阻抗角 φ。

（4）函数信号发生器有哪几种输出波形？它的输出端能否短接？如用屏蔽线作为输出引线，则屏蔽层一端应该接在哪个接线柱上？

（5）交流毫伏表是用来测量正弦波电压还是非正弦波电压？它的表头指示值是被测信号的什么数值？它是否可以用来测量直流电压的大小？

七、实验报告

（1）整理实验数据，并进行分析。

（2）总结仪器的使用方法。

（3）本次实验的心得体会。

实验二　晶体管共射极单管放大电路的测试

一、实验目的

（1）掌握晶体管共射极单管放大电路静态工作点的测量及调试方法。

（2）掌握晶体管共射极单管放大电路静态工作点对放大电路性能的影响。

（3）掌握用示波器观察饱和失真和截止失真的方法并记录波形。

（4）掌握晶体管共射极单管放大电路电压放大倍数及最大不失真输出电压的测试方法。

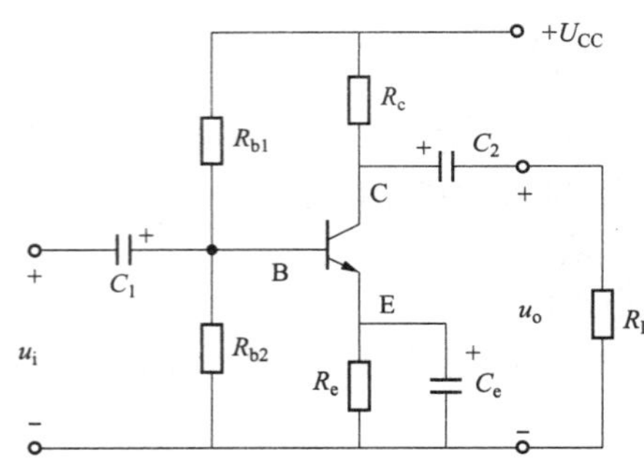

图 4-4　晶体管共射极单管放大电路

二、实验原理

电阻分压式工作点稳定晶体管共射极单管放大电路实验电路如图 4-4 所示。它的偏置电路采用 R_{b1} 和 R_{b2} 组成的分压电路，并在发射极中接有电阻 R_e，以稳定放大电路的静态工作点。当在放大电路的输入端加入输出信号 u_i 后，在放大电路的输出端便可得到一个与 u_i 相位相反，幅值被放大了的输出信号 u_o，从而实现了电压放大。

在图 4-4 电路中，当流过偏置电阻 R_{b1} 和 R_{b2} 的电流远远大于晶体管的基极电流 I_B 时（一般5～10 倍），则它的静态工作点可用下式估算：

$$U_B \approx \frac{R_{b2}}{R_{b1}+R_{b2}} \times U_{CC}$$

$$I_E = \frac{U_B - U_{BE}}{R_e} \approx I_C$$

$$U_{CE} = U_{CC} - I_C(R_c + R_e)$$

电压放大倍数

$$A_V = -\beta \frac{R_c//R_L}{r_{be}}$$

输入电阻

$$r_i = R_{b1}//R_{b2}//r_{be}$$

输出电阻

$$r_o \approx R_c$$

由于电子器件性能的分散性比较大，因此在设计和制作晶体管放大电路时，离不开测量和调试技术。在设计前应测量所用元器件的参数，为电路设计提供必要的依据。在完成设计和装配以后，还必须测量和调试放大电路的静态工作点和各项性能指标。一个优质放大电路，必定是理论设计与实验调整相结合的产物。因此，除了学习放大电路的理论知识和设计方法外，还必须掌握必要的测量和调试技术。

一般放大电路的测量和调试包括放大电路静态工作点的测量与调试、消除干扰与自激振荡、放大电路各项动态参数的测量与调试等。

1. 放大电路静态工作点的测量与调试

（1）静态工作点的测量。测量放大电路的静态工作点，应在输入信号 $u_i=0$ 的情况下进行，即将放大电路输入端与地端短接，然后选用量程合适的直流数字毫安表和直流数字电压表，分别测量晶体管的集电极电流 I_C 以及各电极对地的电位 U_B、U_C、U_E。一般实验中，为了避免断开集电极，所以采用测量电压，然后计算出 I_C 的方法。

例如，只要测出 U_E，即可用

$$I_C \approx I_E = \frac{U_E}{R_e}$$

计算出 $I_C$$\left(\text{也可根据 } I_C=\frac{U_{CC}-U_C}{R_c}\text{，由 } U_C \text{ 确定 } I_C\right)$，同时也能算出

$$U_{BE}=U_B-U_E,\quad U_{CE}=U_C-U_E$$

为了减小误差，提高测量精度，应选用内阻较高的直流数字电压表。

（2）静态工作点的调试。静态工作点是否合适，对放大电路的性能和输出波形都有很大的影响。如工作点偏高，放大电路在加入交流信号以后易产生饱和失真，此时输出电压 u_o 的负半周将被削底，如图 4-5（a）所示；如工作点偏低则易产生截止失真，即输出电压 u_o 的正半周被缩顶，如图 4-5（b）所示；一般情况下截止失真不如饱和失真明显。这些情况都不符合失真放大的要求。所以在选择工作点以后还必须进行动态调试，即在放大电路的输入端加入一定的输入电压 u_i，检查输出电压 u_o 的大小和波形是否满足要求。如不满足，则应调节静态工作点的位置。

改变电路参数 U_{CC}、R_c、R_b（R_{b1}、R_{b2}）都会引起静态工作点的变化，如图 4-6 所示，工作点“偏高”会引起饱和失真，工作点“偏低”会引起截止失真。但通常多采用调节偏置电阻 R_{b1} 的方法来改变静态工作点，如减小 R_{b1}，则可使静态工作点提高等。

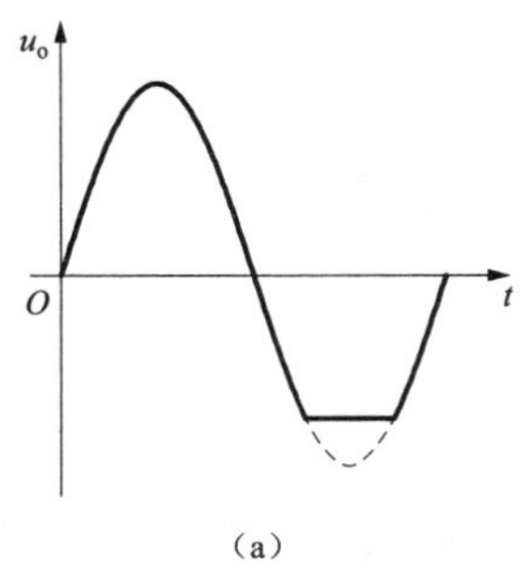

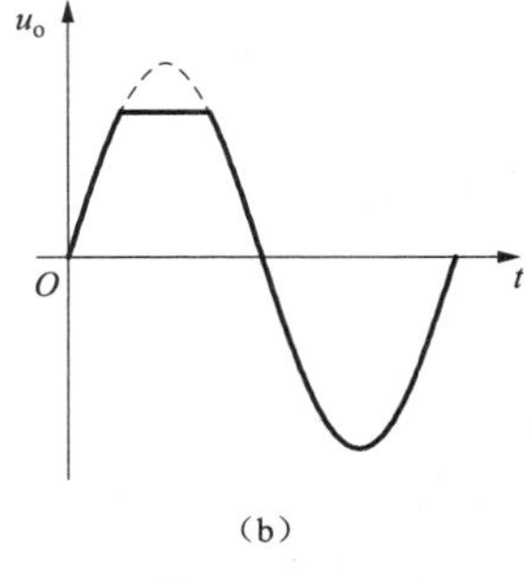

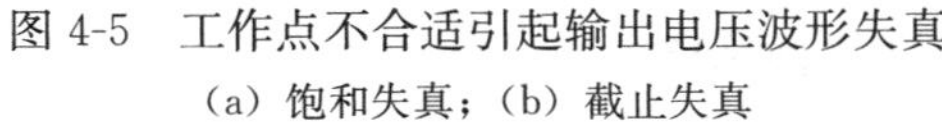
图 4-5　工作点不合适引起输出电压波形失真
（a）饱和失真；（b）截止失真

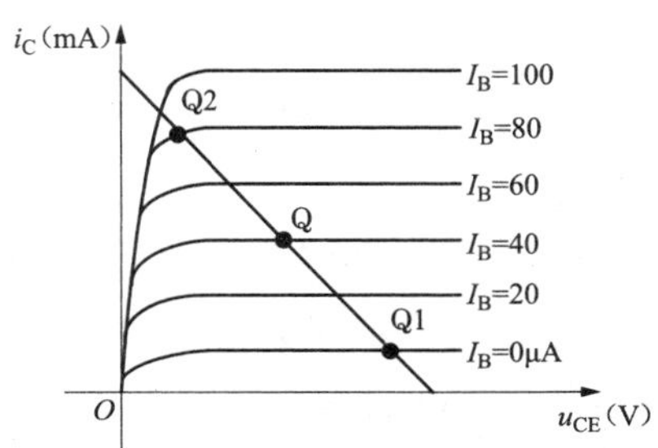

图 4-6　交流负载线

最后还要说明的是，上面所说的工作点“偏高”或“偏低”不是绝对的，应该是相对信号的幅度而言，如信号幅度很小，即使工作点较高或较低也不一定会出现失真。所以确切地说，产生波形失真是输入信号的幅度与静态工作点设置配合不当所致。如需满足较大输入信号幅度的要求，静态工作点最好尽量靠近交流负载线的中点。

2. 放大电路动态指标的测试

放大电路动态指标测试有电压放大倍数 A_V、输入电阻 r_i、输出电阻 r_o、最大不失真输出电压（动态范围）U_{OPP}和通频带 f_{BW}等。

（1）电压放大倍数 A_V 的测量。调整放大电路到合适的静态工作点，然后加入输入电压 u_i，在输出电压 u_o 不失真的情况下，用交流毫伏表测出 u_i 和 u_o 的有效值 U_I 和 U_O，则

$$A_V = \frac{U_O}{U_I}$$

（2）输入电阻 r_i 的测量。为了测量放大电路的输入电阻，按图 4-7 电路在被测放大电路的输入端与信号源之间串入一已知电阻 R，在放大电路正常工作的情况下，用交流毫伏表测出 U_S 和 U_I。则根据输入电阻的定义可得：

$$r_i = \frac{U_I}{I_I} = \frac{U_I}{\frac{U_R}{R}} = \frac{U_I}{U_S - U_I} \times R$$

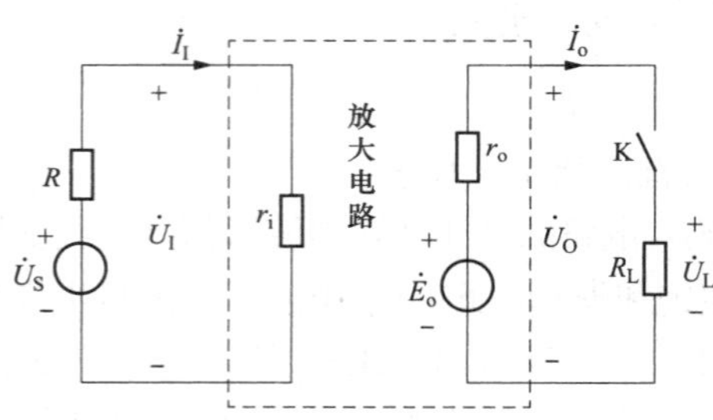

图 4-7 放大电路示意图

测量时应注意：

1）由于电阻 R 两端没有电路公共接地点，所以测量电阻 R 两端电压 U_R 时必须分别测出 U_S 和 U_I，然后按 $U_R = U_S - U_I$，求出 U_R 值。

2）电阻 R 的阻值取得过大或过小，以免产生较大的测量误差，通常取 R 与 r_i 为同一数量级较好。本实验可取 $R = 1 \sim 2\text{k}\Omega$。

（3）输出电阻 r_o 的测量。按图 4-7 电路，在放大电路正常工作条件下，测量出当开关 K 断开时输出端不接负载电阻 R_L 的输出电压 U_O，测量出当开关 K 闭合时接入负载电阻 R_L 后的输出电压 U_L，根据

$$U_L = \frac{R_L}{R_L + r_o} U_O$$

即可求出

$$r_o = \left(\frac{U_O}{U_L} - 1\right) R_L$$

在测试中应注意，必须保持 R_L 接入前后输入信号的大小不变。

（4）最大不失真输出电压 U_{OPP} 的测试（最大动态范围）。如上所述，为了得到最大动态范围，应将静态工作点调在交流负载线的中点。为此在放大电路正常工作情况下，逐步增大输入信号的幅度，并同时调节 R_{b1} 改变静态工作点，用示波器观察输出电压 u_o 的波形。当输出电压 u_o 的波形同时出现削底和缩顶现象（如图 4-8 所示）时，说明静态工作点已调在交流负载线的中点。

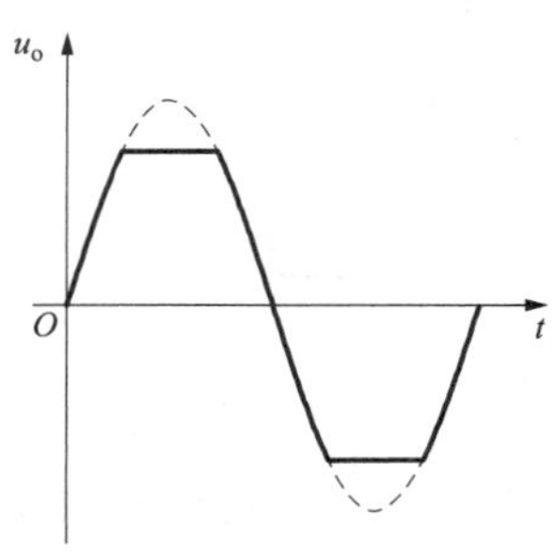

图 4-8 输入信号太大引起的失真

然后反复调整输入信号的幅度，使波形输出幅度最大，且无明显失真时，用交流毫伏表测量出输出电压的有效值 U_O，则动态范围等于 $2\sqrt{2}U_O$ 或用示波器直接读出最大不失真输出电压 U_{OPP} 来。

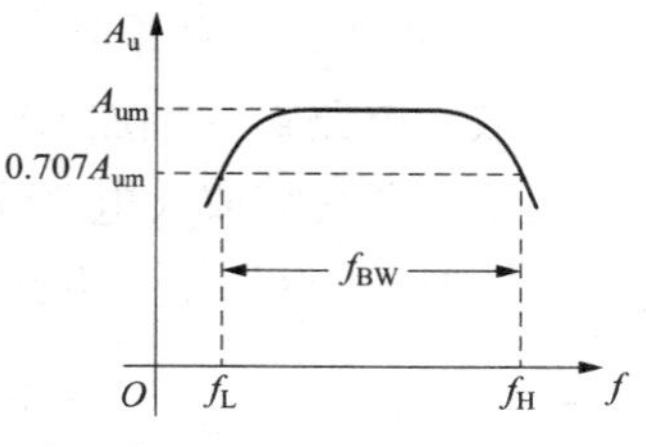

图 4-9　幅频特性曲线

（5）放大电路频率特性的测量。放大电路的频率特性是指放大电路的电压放大倍数 A_V 与输入信号频率 f 之间的关系曲线。单管阻容耦合放大电路的幅频特性曲线如图 4-9 所示，A_{um} 为中频电压放大倍数，通常规定电压放大倍数随频率变化下降到中频放大倍数的 $1/\sqrt{2}$ 倍，即 $0.707A_{um}$ 所对应的频率分别称为下限频率 f_L 和上限频率 f_H，则通频带 $f_{BW}=f_H-f_L$。

放大电路的幅率特性就是测量不同频率信号时的电压放大倍数 A_V。为此，可采用前述测量 A_V 的方法，每改变一个信号频率，测量其相应的电压放大倍数，测量时应注意取点要恰当，在低频段与高频段应多测几点，在中频段可以少测几点。此外，在改变频率时，要保持输入信号的幅度不变，且输出波形不得失真。

三、实验设备与器件

实验设备如表 4-5 所示。

表 4-5　实验设备

序号	名称	型号与规格	数量	序号	名称	型号与规格	数量
1	±12V 直流电源		1	5	晶体三极管		
2	函数信号发生器		1	6	信号源		
3	数字式交流毫伏表	TH1911	1	7	双踪示波器	YB4328	1
4	直流数字电压表						

四、实验内容

单级晶体管放大实验电路如图 4-10 所示。

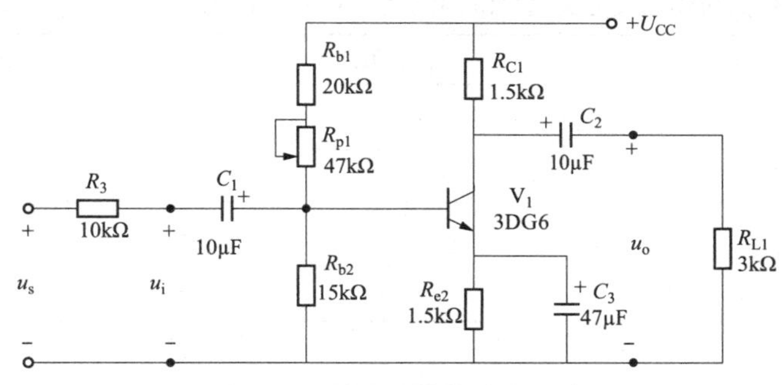

图 4-10　单级晶体管放大电路

1. 测量静态工作点

接通电源前，先将 R_{P1} 调到最大，函数信号发生器输出旋钮旋至零。接通 +12V 电源，调节 R_{P1} 使 $I_C=2.0\text{mA}$（即 $U_E=2.0\text{V}$），用数字电压表测量 U_B、U_E、U_C 及用万用电表测量电位器 R_{p1} 与电阻 R_{b1} 之和的阻值，将实验数据记入表 4-6 中。

表 4-6　静态工作点测量数据（I_C=2mA）

测量值				计算值		
U_B（V）	U_E（V）	U_C（V）	R_{B2}（kΩ）	U_{BE}（V）	U_{CE}（V）	I_C（mA）

2. 测量电压放大倍数

在放大电路输入端加入频率为1kHz的正弦信号U_S，调节信号源的输出旋钮使U_S=10mV，同时用示波器观察放大电路输出电压U_O的波形，在波形不失真的条件下用交流毫伏表测量下述三种情况下的U_O值，并用示波器同时观察U_O和U_S的相位关系，把结果记入表4-7中。

表4-7 电压放大倍数测量数据（I_C=2.0mA，U_I=10mV）

R_C（kΩ）	R_L（kΩ）	U_O（V）	A_V	观察记录一组u_o和u_i波形
2.4	∞			u_i t　u_o t
1.2	∞			
2.4	2.4			

3. 观察静态工作点对电压放大倍数的影响

置R_C=2.4kΩ，R_L=∞，U_I适量，调节R_{P1}，用示波器监视输出的电压波形，在U_O不失真的条件下，测量数组I_C和U_O值，即入表4-8中。测量I_C时，要先将信号源输出旋钮旋至零（即使U_I=0）。

表4-8 静态工作点对电压放大倍数影响的测量（R_C=2.4kΩ，R_L=∞，U_I=10mV）

I_C（mA）	3.0	2.5	2.0	1.5	1.0
U_O（V）					
A_V					

4. 观察静态工作点对输出波形失真的影响

置R_C=2.4kΩ，R_L=2.4kΩ，u_i=0，调节R_{P1}使I_C=2.0mA，测出U_{CE}值，再逐步加大输入信号，使输出电压u_o足够大但不失真。然后保持输入信号不变，分别增大和减小R_{P1}，使波形出现失真，绘出u_o的波形，并测出失真情况下的I_C和U_{CE}值，记入表4-9中。每次测I_C和U_{CE}值时都要将信号源的输出旋钮旋至零。

表4-9 静态工作点对输出波形失真影响的测试（R_C=2.4kΩ，R_L=∞，U_I=20mV）

I_C（mA）	U_{CE}（V）	u_o波形	失真情况	管子工作状态
		u_o t		
2.0		u_o t		
		u_o t		

5. 测量最大不失真输出电压

置R_C=2.4kΩ，R_L=2.4kΩ，按照实验原理中所述方法，同时调节输入信号的幅度和电位器R_{P1}，用示波器和交流毫伏表测量U_{OPP}及U_O值，记入表4-10中。

表4-10 最大不失真输出电压的数据测量（R_C=2.4kΩ，R_L=2.4kΩ）

I_C（mA）	U_{Im}（mV）	U_{Om}（V）	U_{OPP}（V）

*6. 测量输入电阻和输出电阻

置 $R_C=2.4\text{k}\Omega$，$R_L=2.4\text{k}\Omega$，$I_C=2.0\text{mA}$。输入 $f=1\text{kHz}$ 的正弦信号，在输出电压 u_o 不失真的情况下，用交流毫伏表测出 U_S、U_I 和 U_L 记入表 4-11。

保持 U_S 不变，断开 R_L，测量输出电压 U_O，记入表 4-11 中。

表 4-11　输入电阻和输出电阻数据的测量（$I_C=2\text{mA}$，$R_C=2.4\text{k}\Omega$，$R_L=2.4\text{k}\Omega$）

U_S（mv）	U_I（mv）	r_i（kΩ）		U_L（V）	U_O（V）	r_o（kΩ）	
		测量值	计算值			测量值	计算值

*7. 测量幅频特性曲线

取 $I_C=2.0\text{mA}$，$R_C=2.4\text{k}\Omega$，$R_L=2.4\text{k}\Omega$。保持输入信号 u_i 的幅度不变，改变信号源频率 f，逐点测出相应的输出电压 U_O，记入表 4-12 中。为了信号源频率 f 取值合适，可先粗测一下，找出中频范围，然后再仔细读数。

表 4-12　幅频特性曲线的测量（$U_I=10\text{mV}$）

f（kHz）		f_L			f_o			f_H	
U_O（V）									
$A_V=U_O/U_I$									

五、实验注意事项

（1）使用双踪示波器、函数信号发生器等仪器时，不要用力过猛，以免损坏仪器设备。

（2）先分别调整好整流稳压电源和组装好电路，经检查无误后，再接入电路，打开电源开关。

（3）测量晶体管共射极单管放大电路的静态工作点时，应使输入电压 $u_i=0$。

六、预习思考题

（1）复习有关单管放大电路的内容并估算实验电路的性能指标。

（2）估算放大电路的静态工作点，电压放大倍数，输入电阻和输出电阻。

（3）当电路出现饱和失真或截止失真时，应该怎样调整参数？

七、实验报告

（1）列表整理测量结果，并把实测的静态工作点、电压放大倍数、输入电阻之值与理论计算值相比较（取一组数据进行比较），分析产生误差的原因。

（2）总结静态工作点对放大电路电压放大倍数、输入电阻、输出电阻的影响。

（3）讨论静态工作点变化对放大电路输出波形的影响。

（4）分析讨论在调试过程中出现的问题。

实验三　基本运算电路的设计

一、实验目的

（1）掌握集成运算放大器的正确使用方法以及在理想条件下的线性应用。

（2）研究由集成运算放大器组成的比例、加法、减法等基本运算电路的功能。

（3）进一步理解集成运算放大器的虚短和虚断的概念。

(4) 了解运算放大器在实际应用时应考虑的一些问题。

二、实验原理

集成运算放大器是一种具有高电压放大倍数的直接耦合多级放大电路。当外部接入不同的线性或非线性元器件组成输入和负反馈电路时，可以灵活地实现各种特定的函数关系。在线性应用方面，可组成比例、加法、减法等模拟运算电路。

1. 理想运算放大器特性

在大多数情况下，将运算放大器视为理想运算放大器，就是将运算放大器的各项技术指标理想化，满足下列条件的运算放大器称为理想运算放大器。理想运算放大器的条件是：①开环电压增益 $A_{ud}=\infty$；②输入阻抗 $r_i=\infty$；③输出阻抗 $r_o=0$；④带宽 $f_{BW}=\infty$；⑤失调与漂移均为零。

理想运算放大器在线性应用时的两个重要特性：

(1) 输出电压 u_o 与输入电压之间满足关系式 $u_o=A_{ud}(u_+-u_-)$，由于 $A_{ud}=\infty$，而 u_o 为有限值，因此，$u_+-u_-\approx 0$。即 $u_+\approx u_-$，称为“虚短”。

(2) 由于 $r_i=\infty$，故流进运算放大器两个输入端的电流可视为零，即 $I_{IB}=0$，称为“虚断”。这说明运算放大器对其前级吸取电流极小。

上述两个特性是分析理想运算放大器应用电路的基本原则，可用来简化运算放大器电路的计算。

2. 基本运算电路

(1) 反相比例运算电路。反相比例运算电路如图 4-11 所示。对于理想运算放大器，该电路的输出电压与输入电压之间的关系为

$$u_o=-\frac{R_f}{R_1}u_i$$

为了减小输入级偏置电流引起的运算误差，在同相输入端应接入平衡电阻 R_1 和 R_f。

(2) 反相加法运算电路。电路如图 4-12 所示，输出电压与输入电压之间的关系为

$$U_O=-\left(\frac{R_f}{R_1}U_{I1}+\frac{R_f}{R_2}\right)U_{I2}$$

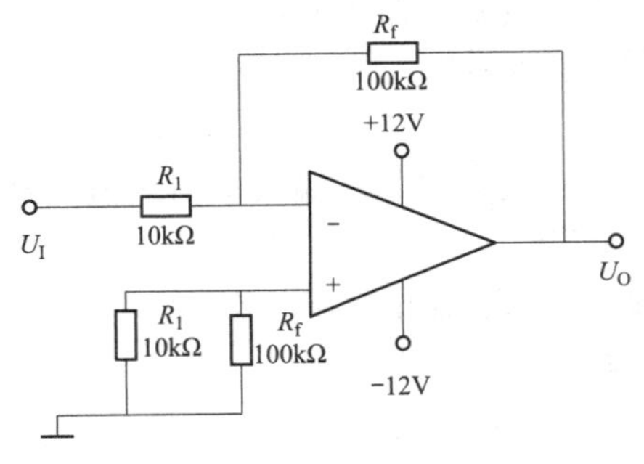

图 4-11　反相比例运算电路

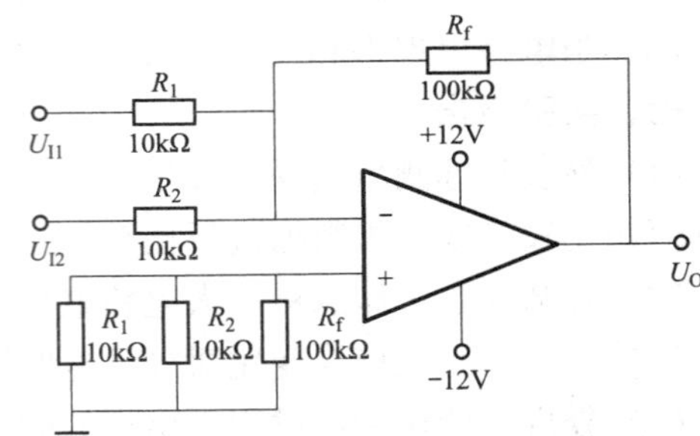

图 4-12　反相加法运算电路

(3) 同相比例运算电路。图 4-13 (a) 是同相比例运算电路，它的输出电压与输入电压之间的关系为

$$U_O=\left(1+\frac{R_f}{R_1}\right)U_I$$

当 $R_1\to\infty$ 时，$U_O=U_I$，即得到如图 4-13 (b) 所示的电压跟随器。图中 R_f 主要使用以减小漂移和起保护作用。一般 R_f 取 10kΩ，R_f 太小起不到保护作用，太大则影响跟随性。

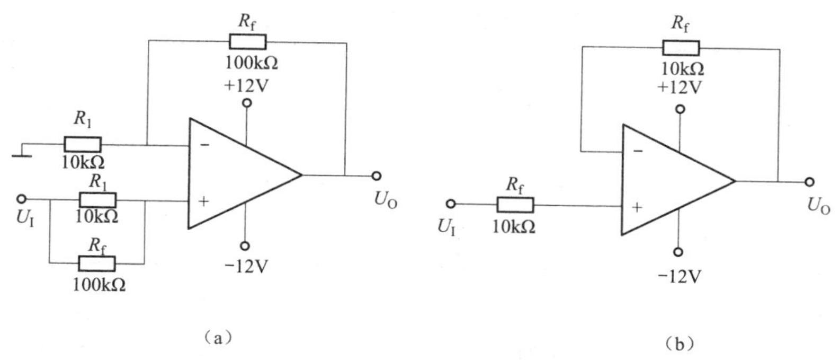

图 4-13　同相比例运算电路

(a) 同相比例运算电路；(b) 电压跟随器

(4) 减法运算电路。对于图 4-14 所示的减法运算电路，它的输出电压与输入电压之间的关系为

$$U_O = \frac{R_f}{R_1}(U_{I2} - U_{I1})$$

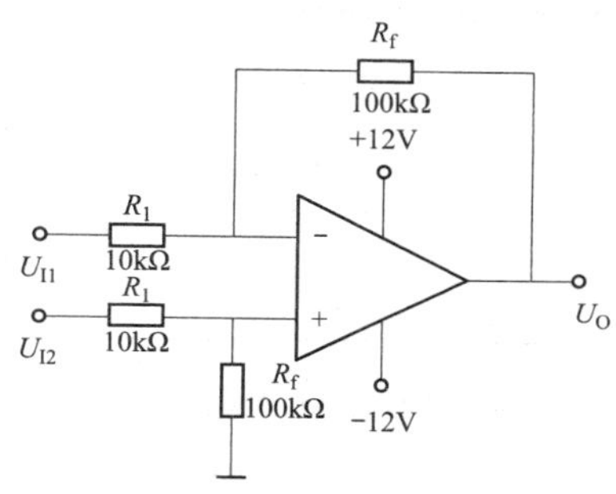

图 4-14　减法运算电路

三、实验设备

实验设备如表 4-13 所示。

四、实验内容

1. 反相比例运算电路的设计

要求：$u_o = -10u_i$，其中输入电压 u_i 为 $U_I = 0.5V$，$f = 200Hz$ 的正弦交流信号，测量输出电压 u_o 相应的 U_O，并用示波器观察 u_o 和 u_i 的相位关系，将测量数据与波形记入表 4-14 中。

表 4-13　实　验　设　备

序号	名称	型号与规格	数量	序号	名称	型号与规格	数量
1	±12V 直流电源		1	5	集成运算放大器	μA741	1
2	函数信号发生器	EE1641B	1	6	电阻器、电容器		若干
3	数字式交流毫伏表	TH1911	1	7	示波器	YB4328	1
4	直流数字电压表						

表 4-14　反相比例运算电路实验数据及波形

U_I (V)	U_O (V)	u_i 波形	u_o 波形	A_{ud}	
				实测值	计算值
		u_i ↑ O → t	u_o ↑ O → t		

2. 同相比例运算电路的设计

要求：$u_o = 11u_i$，其中输入电压 u_i 为 $U_I = 0.5V$，$f = 200Hz$ 的正弦交流信号，测量输出电压 u_o 相应的 U_O，并用示波器观察 u_o 和 u_i 的相位关系，将测量数据与波形记入表 4-15 中。

表 4-15 同相比例运算电路实验数据及波形

U_I（V）	U_O（V）	u_i 波形	u_o 波形	A_{ud}	
				实测值	计算值
		u_i O t	u_o O t		

3. 电压跟随器电路的设计

要求：$u_o=u_i$，其中输入电压 u_i 为 $U_I=0.5V$，$f=200Hz$ 的正弦交流信号，测量输出电压 u_o 相应的 U_O，并用示波器观察 u_o 和 u_i 的相位关系，将测量数据与波形记入表 4-16 中。

表 4-16 电压跟随器电路实验数据及波形

U_I（V）	U_O（V）	u_i 波形	u_o 波形	A_{ud}	
				实测值	计算值
		u_i O t	u_o O t		

4. 反相加法运算电路的设计

要求：$U_O=-10\ (U_{I1}+U_{I2})$，其中输入电压 U_{I1} 和输入电压 U_{I2} 的为直流电压信号，测量输出电压 U_O，并将测量数据记入表 4-17 中。

表 4-17 反相加法运算电路实验数据

U_{I1}（V）					
U_{I2}（V）					
U_O（V）					

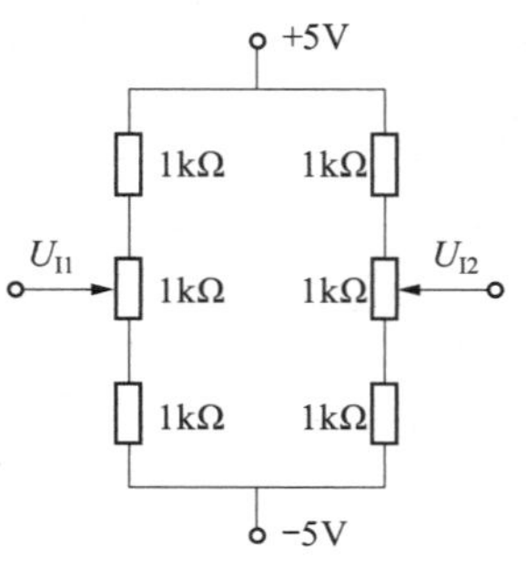

图 4-15 简易可调直流信号源

输入信号采用直流信号，图 4-15 所示电路为简易直流信号源，由实验者自行设计完成。实验时要注意选择合适的直流信号幅度以确保集成运算放大器工作在线性区。用直流数字电压表测量输入电压 U_{I1}、U_{I2} 及输出电压 U_O，并将所测量的数据填入表 4-17中。

5. 减法运算电路的设计

要求：$U_O=10(U_{I2}-U_{I1})$，其中输入电压 U_{I1} 和输入电压 U_{I2} 的为直流电压信号，适当的调整输入电压 U_{I1} 和 U_{I2}，同时测量输出电压 U_O，并记入表 4-18 中。

表 4-18 减法运算电路实验数据

U_{I1}（V）					
U_{I2}（V）					
U_O（V）					

五、实验注意事项

（1）连接电路前必须对实验过程中所用电阻注意测量，并做好记录。

（2）集成运算放大器的各个引脚不能接错。

（3）集成运算放大器正、负电源极性不能接反，否则将会损坏集成运算放大器。

（4）集成运算放大器的输出端不能短路。

六、预习思考题

（1）根据实验电路参数计算各电路输出电压的理论值。

（2）若输入信号与运算放大器的同相输入端相连接，当输入信号正向增大时，运算放大器的输出是正还是负？

（3）若输入信号与运算放大器的反相输入端相连接，当输入信号负向增大时，运算放大器的输出是正还是负？

（4）在反相加法器中，如U_{I1}和U_{I2}均采用直流信号，并选定$U_{I2}=-0.5V$，当考虑到运算放大器的最大输出幅度（±12V）时，$|U_{I1}|$的大小不应超过多少伏？

（5）为了不损坏集成块，实验中应注意什么问题？

（6）实验前要弄清楚集成运算放大器各管脚的功能和含义。

七、实验总结

（1）整理实验数据，画出波形图（注意波形间的相位关系）。

（2）将理论计算结果和实测数据相比较，分析产生误差的原因。

（3）分析讨论实验中出现的现象和问题。

实验四　RC 正弦波振荡电路的设计

一、实验目的

（1）了解集成运算放大器的非线性应用。

（2）掌握用集成运算放的 RC 正弦波振荡电路的组成及其工作原理。

（3）测量 RC 正弦波振荡电路的振荡频率测量。

（4）学习波形发生器的调整和主要性能指标的测试方法。

二、实验原理

用集成运算放大器所构成的正弦波振荡电路，有 RC 桥式振荡电路（又称文氏电桥振荡器），RC 移相振荡电路，正交式正弦波振荡电路和 RC 双 T 振荡电路等多种形式。最常采用的是 RC 桥式振荡电路，它适用于产生 1MHz 以下的低频振荡信号。现介绍常用的 RC 桥式振荡电路的工作原理。

1. 电路工作原理

RC 桥式正弦波振荡器由 RC 串并联选频网络和同相放大电路组成，电路如图 4-16 所示，其中 RC 串并联电路构成正反馈支路，同时兼作选频网络；R_1、R_2、R_P 及二极管等元件构成负反馈和稳幅环节。

调节电位器 R_P，可以改变负反馈深度，以满足振荡的振幅条件和改善波形。利用两个反向并联二极管 VD1、VD2 正向电阻的非线性特性来实现稳幅。VD1、VD2 采用硅管（温度稳定性好），且要求特性匹配，才能保证输出波形正、负半周对称。R_2 的接入是为了削弱二极管非线性的影响，以改善波形失真。

按图 4-16 所示电路的条件下，该电路的振荡频率为

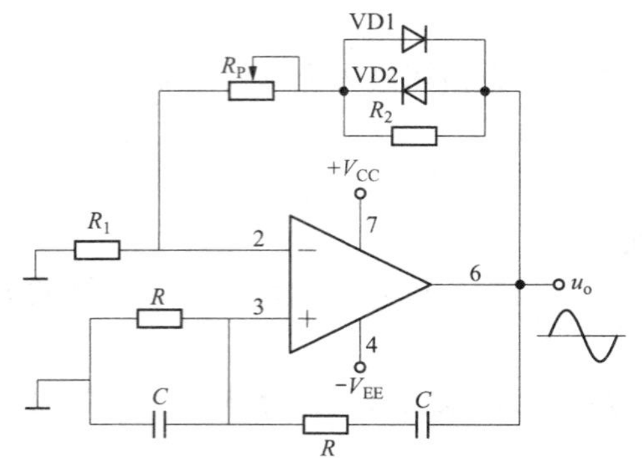

图 4-16　RC 桥式正弦波振荡器

$$f_o = \frac{1}{2\pi RC} \tag{4-1}$$

起振的幅值条件为

$$\frac{R_f}{R_1} \geqslant 2 \tag{4-2}$$

式中，$R_f = R_p + (R_2 // r_{VD})$，其中 r_{VD} 为二极管正向导通电阻。

2. 参数确定和元件选择

一般来说，设计振荡电路就是要产生满足设计要求的振荡波形。因此振荡条件是设计振荡电路的主要依据。

设计如图 4-16 所示的振荡电路，需要确定和选择的元件如下。

(1) 确定 R、C 值。根据设计所要求的振荡频率 f_0，由式 (4-1) 先确定 RC 之积，即

$$RC = \frac{1}{2\pi f_0} \tag{4-3}$$

为了使选频网络的选频特性尽量不受集成运算放大器的输入电阻 r_i 和输出电阻 r_o 的影响，应使 R 满足下列关系式：

$$r_i \gg R \gg r_o \tag{4-4}$$

一般输入电阻 r_i 约为几百千欧以上（如 LM741 型 $r_i \geqslant 0.3\text{M}\Omega$），而输出电阻 r_o 仅为几百欧以下，初步选定 R 之后，由式 (4-3) 算出电容 C 值，然后，再复算 R 取值是否能满足振荡频率的要求。若考虑到电容 C 的标称挡位较少，也可以先初选电容 C，在算出电阻 R。

(2) 确定 R_1 和 R_f。电阻 R_1 和 R_f 应由起振的幅值条件来确定。根据式 (4-2) 可知，$R_f \geqslant 2R_1$，通常取 $R_f = (2.1 \sim 2.5)R_1$，这样既能保证起振，也不致产生严重的波形失真。

此外，为了减少输入失调电流和漂移的影响，电路还应满足直流平衡条件，即

$$R = R_1 // R_f$$

于是可以推导出

$$R_1 = \left(\frac{3.1}{2.1} \sim \frac{3.5}{2.5}\right)R$$

在实验过程中，适当地调整反馈电阻 R_f（调节电位器 R_p），使电路起振，且波形失真最小。如不能起振，则说明负反馈太强，应适当加大 R_f。如波形失真严重，则应适当减小 R_f。

(3) 确定稳幅电路及元件值。常用的稳幅方法，就是利用 A_{uf} 随输出电压振幅上升而下降（负反馈加强）的自动调节作用来实现稳幅。为此 R_1 可选用正温度系数的电阻（如钨丝灯泡），或 R_f 选用负温度系数的电阻（如热敏电阻）。

在图 4-16 中，稳幅电路由两支正反向并联的二极管 VD1、VD2 和电阻 R_2 并联组成，利用二极管正向动态电阻的非线性以实现稳幅。为了减少因二极管非线性的特性而引起的波形失真，在二极管两端并联电阻 R_2，这是一种最简单易行的稳幅电路。

(4) 选择集成运算放大器。振荡电路中使用的集成运算放大器，除了要求输入电阻高、输出电阻低外，最主要的是运算放大器的增益-带宽积 $G \cdot BW$ 应满足如下条件，即

$$G \cdot BW > 3f_0$$

若设计要求的振荡频率较低，则可以选用任何型号的集成运算放大器（如通用性）。

（5）确定选频网络。选频网络由 RC 串并联电路构成。选择 R、C 时，应注意选用稳定性较好的电阻和电容（特别是串并联电路），否则将影响频率的稳定性。此外还应对 RC 串并联电路的元件进行配选，使电路中的电阻、电容分别相等。

改变选频网络的参数 C 或 R，即可调节振荡频率。一般采用改变电容 C 作频率量程切换，而调节 R 作量程内的频率细调。

三、实验设备

实验设备如表 4-19 所示。

表 4-19　试验设备

序号	名称	型号与规格	数量
1	±12V 直流电源		1
2	函数信号发生器	EE1641B	1
3	数字式交流毫伏表	TH1911	1
4	直流数字电压表		
5	示波器	YB4328	
6	集成运算放大器	μA741	1
7	电阻器	10kΩ、22kΩ、33kΩ	若干
8	电容器	0.01μF	若干
9	二极管	1N4148	2

四、实验内容

设计一个 RC 正弦波振荡电路。

任务：

（1）输出正弦波的振荡频率为 500Hz。

（2）振荡频率的测量值与理论值的相对误差小于±5%。

（3）电源电压变化为±1V 时，振幅基本稳定，输出正弦波的幅值为±(6～6.5)V。

（4）输出正弦波的波形对称，无明显非线性失真。

要求：

（1）根据设计要求和已知条件，确定电路方案，计算并选取各电路元件参数。

（2）测量正弦波振荡电路的振荡频率，使之满足设计要求。

五、实验注意事项

（1）检查集成运算放大器的引脚与实验台所给出的是否一致。

（2）集成运算放大器正、负电源极性不能接反，否则将会损坏集成运算放大器。

（3）集成运算放大器的输出端不能短路。

（4）二极管 VD1、VD2 应该选择特性一致的硅管，连接电路时注意二极管的正、负极性。

六、预习思考题

（1）复习有关 RC 正弦波振荡器的工作原理。

（2）为什么在 RC 正弦波振荡电路中要引入负反馈支路？

（3）为什么要增加二极管 VD1 和 VD2？它们是怎样稳幅的？

七、实验总结

（1）列表整理实验数据，画出波形，把实测频率与理论值进行比较。

（2）根据实验分析 RC 正弦波振荡电路的起振的幅值条件。

（3）讨论二极管 VD1、VD2 的稳幅作用。

实验五　矩形波产生电路的设计

一、实验目的

（1）学习用集成运算放大器构成矩形波产生电路的方法。

（2）观测矩形波产生电路的输出波形、掌握波形的幅值和频率测量方法。

（3）学习波形产生电路的参数设置和主要性能指标的测试方法。

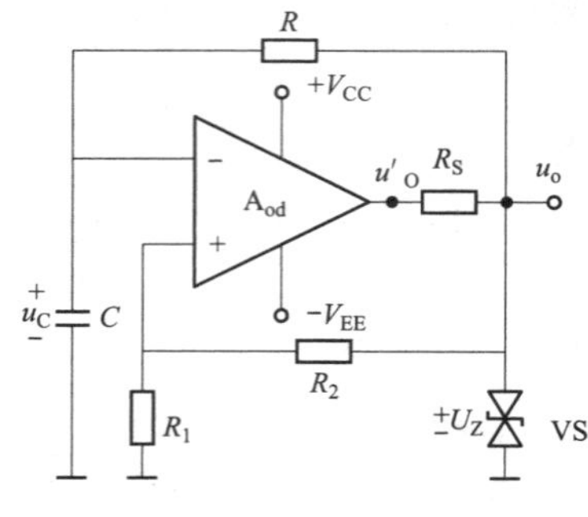

图 4-17　方波产生电路

二、实验原理

由集成运算放大器构成的矩形波产生电路有多种形式，本实验选用最常用的、电路结构比较简单的电路加以介绍。

1. 方波产生电路

由集成运算放大器构成的方波产生电路，一般均包括比较器和 RC 积分器两大部分。图 4-17 所示电路为由滞回比较器及简单 RC 积分电路组成的方波产生电路。它的特点是电路结构简单，便于实现，该电路主要用于产生方波，或者对三角波要求不高的场合。

方波产生电路的有关计算如下。

电路振荡周期

$$T = 2RC\ln\left(1+\frac{2R_1}{R_2}\right)$$

电路振荡频率

$$f = \frac{1}{2RC\ln\left(1+\frac{2R_1}{R_2}\right)} \tag{4-5}$$

方波输出幅值

$$U_{Om} = \pm U_Z$$

电容电压 u_C 幅值

$$U_{Cm} = \pm\frac{R_1}{R_1+R_2}U_Z \tag{4-6}$$

占空比

$$q = \frac{T_k}{T} = \frac{1}{2}$$

2. 矩形波产生电路

通过对方波产生电路的分析，可以想象，欲改变输出电压的占空比 q，就必须使电容正向和反向充电的时间常数不同，即两个充电回路的参数不同。利用二极管的单向导电性可以引导电流流经不同的通路，占空比可调的矩形波产生电路，电路如图 4-18 所示。

若忽略二极管导通时的等效电阻，矩形波产生电路的有关计算如下。

电路振荡周期

$$T=(2R+R_W)C\ln\left(1+\frac{2R_1}{R_2}\right)$$

电路振荡频率

$$f=\frac{1}{(2R+R_W)C\ln\left(1+\frac{2R_1}{R_2}\right)}. \tag{4-7}$$

矩形波输出幅值

$$U_{Om}=\pm U_Z$$

电容电压 u_C 幅值

$$U_{Cm}=\pm\frac{R_1}{R_1+R_2}U_Z \tag{4-8}$$

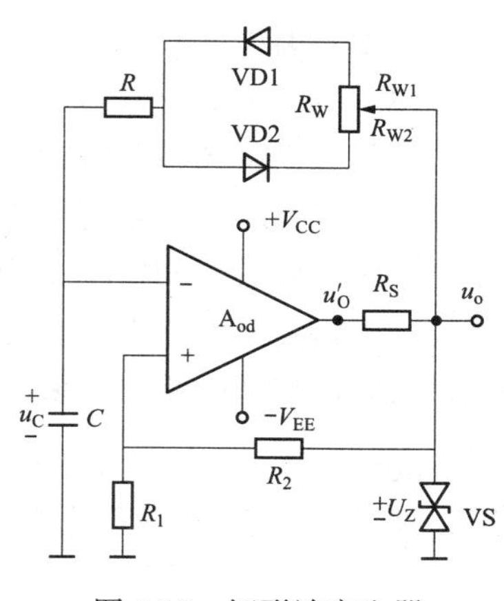

图 4-18　矩形波产生器

占空比

$$q=\frac{T_k}{T}=\frac{R_{W1}+R}{R_W+2R}$$

3. 参数确定与元件选择

（1）集成运算放大器的选择。由于本实验输出方波的频率要求不是很高，通常选用通用型的集成运算放大器即可，如 μA741。

（2）稳压二极管 VS 的选择。稳压二极管 VS 的作用是限制和确定矩形波的幅度，因此要根据设计所要求的矩形波幅度来选择稳压二极管的稳定电压 U_Z。此外矩形波幅度和宽度的对称性也与稳压二极管的对称性有关。为了得到对称的矩形波输出，通常应选用高精度的双向稳压二极管（如 2DW231 型）。

电阻 R_S 为稳压二极管的限流电阻，其阻值由所选的稳压二极管的稳定电流来决定。

（3）正反馈回路电阻 R_1 与 R_2 的选择。在图 4-17 和图 4-18 所示的电路中，正反馈回路电阻 R_1 与 R_2 的比值均决定了运算放大器的触发翻转电平，也就是决定了电容电压 u_C 的输出幅度。因此根据设计所要求的电容电压 u_C 的输出幅度，根据式（4-6）或式（4-8）可以确定电阻 R_1 与 R_2 的阻值。

（4）积分时间常数的确定。在图 4-17 和图 4-18 所示的电路中，积分元件 R、C 的参数值应根据矩形波和电容电压 u_C 的输出幅值所要求的重复频率来确定。当正反馈回路电阻的阻值确定之后，在选取电容 C 值，由式（4-5）或式（4-7）可确定 R。

三、实验设备

实验设备如表 4-20 所示。

表 4-20　　实　验　设　备

序号	名称	型号与规格	数量	序号	名称	型号与规格	数量
1	±12V 直流电源		1	7	电阻	10kΩ、20kΩ、2kΩ	若干
2	函数信号发生器	EE1641B	1	8	电容	0.1μF	1
3	数字式交流毫伏表	TH1911	1	9	稳压管	2DW231	1
4	直流数字电压表		1	10	二极管	1N4007	2
5	集成运算放大器	μA741	1	11	电位器	10kΩ	1
6	示波器	YB4328	1				

四、实验内容

1. 方波产生电路的设计

（1）任务。设计一个用集成运算放大器构成的方波产生电路。

（2）指标要求。①输出方波的幅值为±(6.0～7.0)V；②输出方波的频率为200Hz，相对误差小于±5%；③电容电压波形的幅值为±(3.0～3.5)V。

（3）电路测试。利用示波器同时观察输出方波和电容电压的波形，并读出波形的幅值、周期以及它们之间的相位关系，将数据填入表4-21中。

表4-21　方波产生电路的测量数据

测量名称	输出电压	电容电压
波形	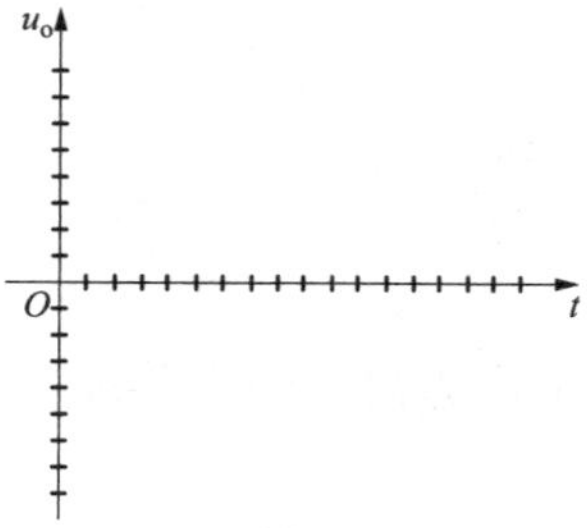 u_o O t	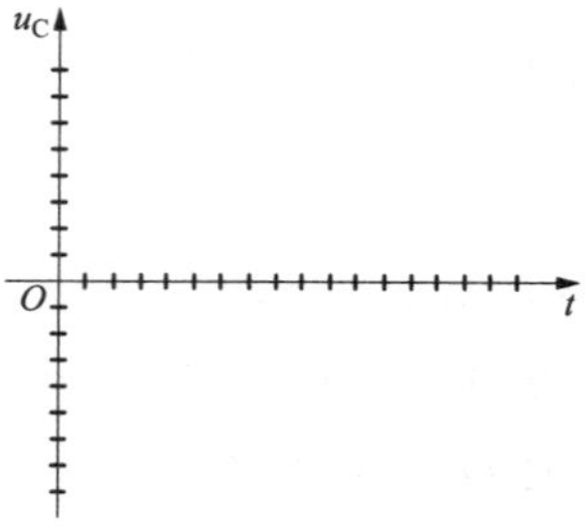 u_C O t
幅值		
周期		

2. 矩形波产生电路的设计

（1）任务。设计一个用集成运算放大器构成的矩形波产生电路。

（2）指标要求。①输出矩形波的幅值为±(6.0～7.0)V；②输出矩形波频率为150Hz，相对误差小于±5%；③输出矩形波的占空比为$\left(\frac{2}{5}\sim\frac{3}{5}\right)$；④电容电压波形幅值为±(3.0～3.5)V。

（3）电路测试。利用示波器同时观察输出电压和电容电压的波形，并读出波形的幅值、周期以及它们之间的相位关系，将数据填入表4-22中。

表4-22　矩形波产生器的测量数据

测量名称	输出电压	电容电压
波形	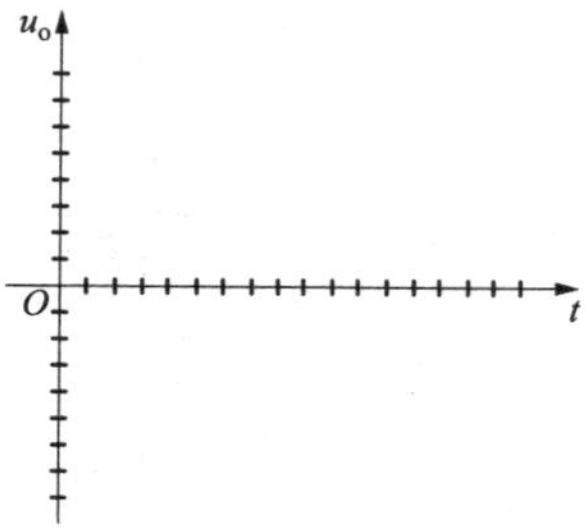 u_o O t	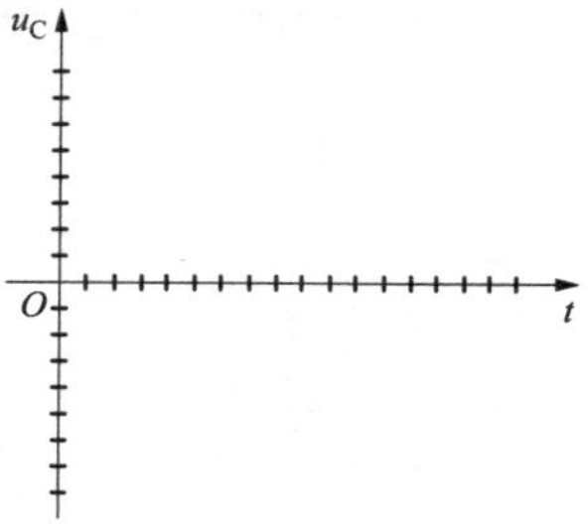 u_C O t

续表

测量名称	输出电压	电容电压
幅值		
周期		
占空比		—

五、实验注意事项

(1) 检查集成运算放大器的引脚与实验台所给出的是否一致。

(2) 注意集成运算放大器正、负电源极性不能接反，否则将会损坏集成运算放大器。

(3) 注意集成运算放大器的输出端不能短路。

(4) 注意稳压二极管的正确使用。

六、预习思考题

(1) 复习有关方波和矩形波产生电路的工作原理。

(2) 电路参数变化对的方波和矩形波波频率及电压幅值有什么影响?

(3) 在波形产生器各电路中，“相位补偿”和“调零”是否需要？为什么?

七、实验报告

(1) 整理实验数据，把实测频率与理论值进行比较。

(2) 在同一坐标纸上，按比例画出电容电压的波形与方波及电容电压的波形与矩形波的波形，并标明时间和电压幅值。

(3) 分析电路参数变化对输出波形、频率及幅值的影响。

实验六　三角波产生电路的设计

一、实验目的

(1) 学习用集成运算放大器构成三角波产生电路的方法。

(2) 观测三角波产生电路输出的波形，掌握测量输出波形的幅值和频率的方法。

(3) 学习波形产生电路参数的调整和主要性能指标的测试方法。

二、实验原理

1. 方波-三角波产生电路

如把同相滞回比较器和积分器首尾相接形成正反馈闭环系统，电路如图 4-19 所示，则比较器 A1 输出的方波 u_{o1} 经积分器 A2 积分可得到三角波 u_o，三角波又触发比较器自动翻转形成方波，这样便可构成方波-三角波产生电路。图 4-20 为方波-三角波产生电路输出的波形图。由于采用集成运算放大器组成的积分电路，因此可实现恒流充电，使三角波线性大大改善。

该电路的有关计算公式如下。

电路振荡周期

$$T=\frac{4R_1R_3C}{R_2}$$

电路振荡频率

$$f=\frac{R_2}{4R_1R_3C}$$

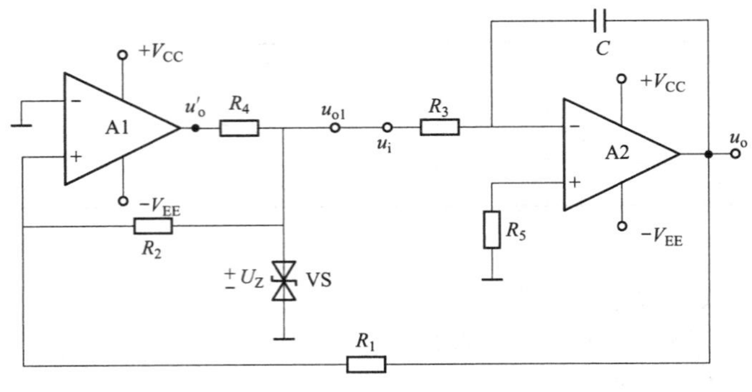

图 4-19 三角波产生电路

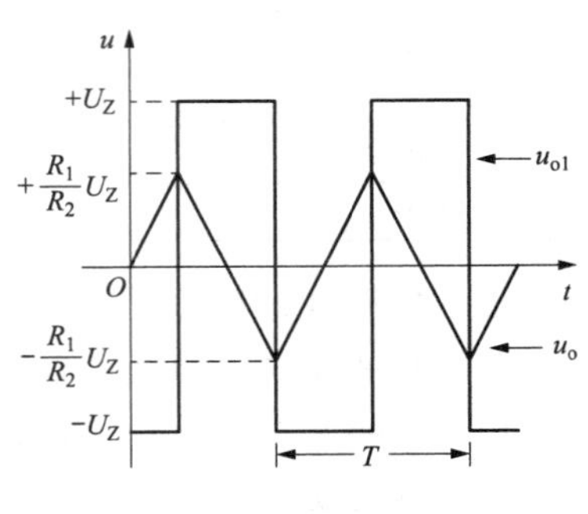

图 4-20 波形图

方波幅值

$$U_{\mathrm{O1m}} = \pm U_Z$$

方波占空比

$$q = \frac{T_k}{T} = \frac{1}{2}$$

三角波幅值

$$U_{\mathrm{Om}} = \pm \frac{R_1}{R_2} U_Z$$

由上述公式可知，调节电阻 R_1、R_2、R_3 的阻值和电容 C 的容量，可以改变电路的振荡周期或振荡频率；而调节电阻 R_1 和 R_2 的阻值，改变 R_1/R_2 的比值，可以调节三角波的幅值。

综上所述，根据设计要求和已知条件，可以计算并选取各单元电路的元件参数，具体可参考实验五。

2. 锯齿波产生电路

通过对方波-三角波产生电路的分析，若使积分电路正向积分的时间常数远大于反向积分的时间常数，或者反向积分的时间常数远大于正向积分的时间常数，那么输出电压的上升的斜率和下降的斜率相差很多，就可以获得锯齿波。利用二极管的单向导电性可以引导电流流经不同的通路，使积分电路两个方向的积分通路不同，就得到锯齿波产生电路，电路如图 4-21 所示。

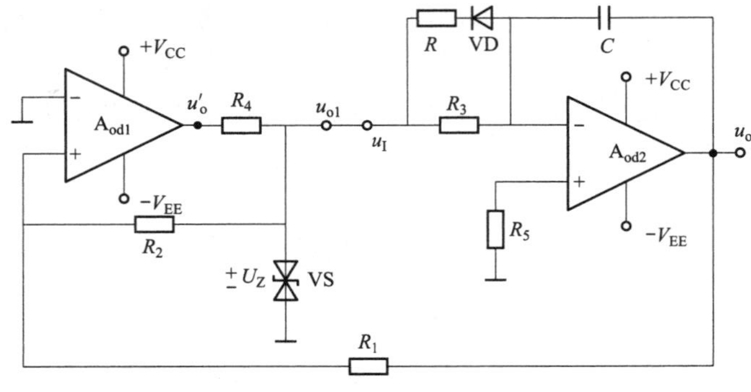

图 4-21 锯齿波产生电路

若忽略二极管导通时的等效电阻，锯齿波产生电路的有关计算如下。

电路振荡周期

$$T=\frac{2R_1(R_3+R_3//R)C}{R_2}$$

电路振荡频率

$$f=\frac{R_2}{2R_1(R_3+R_3//R)C}$$

矩形波幅值

$$U_{o1m}=\pm U_Z$$

矩形波占空比

$$q=\frac{T_k}{T}=\frac{R_3}{R_3+R_3//R}$$

锯齿波幅值

$$U_{Om}=\pm\frac{R_1}{R_2}U_Z$$

由上述公式可知，调节电阻 R_1、R_2、R_3、R 的阻值和电容 C 的容量，可以改变电路的振荡周期或振荡频率；而调节电阻 R_1 和 R_2 的阻值，改变 R_1/R_2 的比值，可以调节三角波的幅值；调节电阻 R_3 和 R 的阻值，可以改变矩形波的占空比以及锯齿波上升和下降的斜率。

综上所述，根据设计要求和已知条件，可以计算并选取各单元电路的元件参数，具体可参考实验五。

三、实验设备

实验设备如表 4-23 所示。

表 4-23　　实　验　设　备

序号	名称	型号与规格	数量
1	±12V 直流电源		1
2	函数信号发生器	EE1641B	1
3	数字式交流毫伏表	TH1911	1
4	直流数字电压表		1
5	集成运算放大器	μA741	2
6	示波器	YB4328	1
7	电阻	10kΩ、20kΩ、2kΩ、5.1kΩ	若干
8	电容	0.1μF	1
9	稳压管	2DW231	1
10	二极管	1N4007	1
11	电位器	10kΩ	1

四、实验内容

1. 方波-三角波产生电路的设计

（1）任务。设计一个用集成运算放大器构成的方波-三角波产生电路。

（2）指标要求。①输出方波的幅值为±(6.0～7.0)V；②输出三角波的幅值为±(3.0～3.5)V；③输出三角波的频率为 500Hz，相对误差小于±5%。

(3) 电路测试。

1) 利用示波器同时观察输出方波和三角波的波形，并读出波形的幅值、周期以及它们之间的相位关系，将数据填入表 4-24 中。

表 4-24 方波-三角波产生电路的测量数据

测量名称	方波	三角波
波形	u_o–t 坐标	u_C–t 坐标
幅值		
周期		

2) 若指标要求中的①、②不变，③改为输出三角波的频率为 250Hz，相对误差小于±5%，电路又该怎样设计？利用示波器观察波形，并读出波形的幅值、周期以及它们之间的相位关系，将数据填入自拟的表格中。

3) 若指标要求中的①、②不变，③改为输出三角波的频率为 250～500Hz 连续可调，相对误差小于±5%，电路又该怎样设计？利用示波器观察波形，并读出波形的幅值、周期以及它们之间的相位关系，将数据填入自拟的表格中。

2. 矩形波-锯齿波产生电路的设计

(1) 任务。设计一个用集成运算放大器构成的锯齿波产生电路。

(2) 指标要求。①输出矩形波的幅值为±(6.0～7.0)V；②输出锯齿波的幅值为±(3.0～3.5)V；③输出三角波的频率为 400Hz，相对误差小于±5%。

(3) 电路测试。利用示波器同时观察输出方波和三角波的波形，并读出波形的幅值、周期以及它们之间的相位关系，将数据填入表 4-25 中。

表 4-25 矩形波-锯齿波产生电路的测量数据

测量名称	矩形波	锯齿波
波形	u_o–t 坐标	u_C–t 坐标
幅值		
周期		
占空比		—

五、实验注意事项

(1) 检查集成运算放大器的引脚与实验台所给出的是否一致。

(2) 注意集成运算放大器正、负电源极性不能接反，否则将会损坏集成运算放大器。

(3) 注意集成运算放大器的输出端不能短路。

(4) 注意稳压二极管的正确使用。

六、预习思考题

(1) 复习有关三角波及锯齿波产生器的工作原理。

(2) 电路参数变化对的三角波和锯齿波频率及电压幅值有什么影响?

(3) 在波形产生器各电路中，“相位补偿”和“调零”是否需要？为什么?

七、实验报告

(1) 整理实验数据，把实测频率与理论值进行比较。

(2) 在同一坐标纸上，按比例画出方波-三角波及矩形波-锯齿波的波形，并标明时间和电压幅值。

(3) 分析电路参数变化对输出波形、频率及幅值的影响。

实验七　直流稳压电源的设计

一、实验目的

(1) 掌握单相桥式整流的工作原理和电容滤波的作用。

(2) 掌握常用电子器件的使用法。

(3) 掌握基本稳压电路的工作原理。

(4) 掌握集成稳压器的特点和使用方法。

二、实验原理

电子设备一般都需要直流电源供电。这些直流电除了少数直接利用干电池和直流发电机外，大多数是采用把交流电（市电）转变为直流电的直流稳压电源。

直流稳压电源由电源变换电路、整流电路、滤波电路、稳压电路和负载五部分组成，其原理框图如图 4-22 所示。电网供给的交流电压 u_1 (220V，50Hz) 经电源变压器降压后，得到符合电路所需要的交流电压 u_2，然后由整流电路变换成方向不变、大小随时间变化的脉动电压 u_3，再用滤波器滤去其交流分量，就可得到比较平直的直流电压 u_i。但这样的直流输出电压，还会随交流电网电压的波动或负载的变动而变化。在对直流供电要求较高的场合，还需要使用稳压电路，以保证输出直流电压更加稳定，这样就得到了稳定的直流电压 u_o。

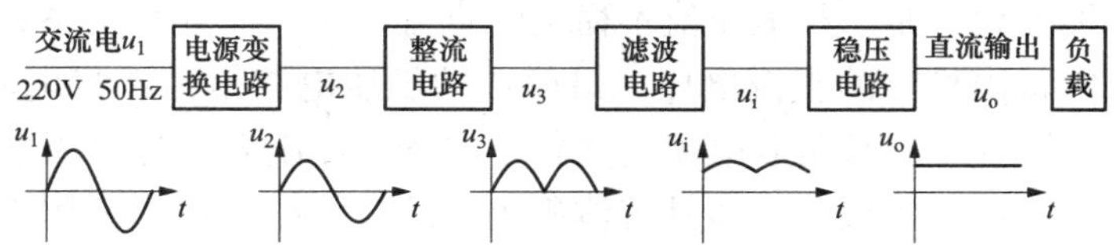

图 4-22　直流稳压电源方框图

电源变换电路通常是将 220V 的工频交流电源变换成所需要的低压电源，一般由变压器或阻容分压电路来完成。

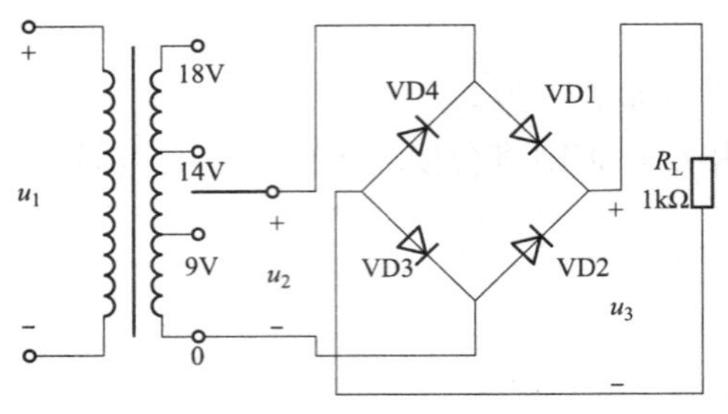

图 4-23 单相桥式整流电路

整流电路主要是利用二极管的单向导电性的原理，将交流电压变化为单向脉动电压。整流电路可分为单相半波整流电路，单相全波整流电路，单相桥式整流电路。本实验中采用单相桥式整流电路，具体电路如图 4-23 所示。

单相桥式整流电路输出的脉动电压的平均值为

$$U_{3AV}=\frac{1}{\pi}\int_0^{\pi}\sqrt{2}U_2\sin\omega t\,d(\omega t)=\frac{2\sqrt{2}}{\pi}U_2\approx 0.9U_2$$

桥式整流电路中流过二极管的平均电流

$$I_{VDAV}=\frac{1}{2}I_{LAV}\text{（}I_{LAV}\text{ 是负载平均电流）}$$

桥式整流电路中二极管承受的最大反向电压

$$U_{RM}=\sqrt{2}U_2$$

滤波电路是利用电容和电感的充放电储能原理，将波动变化大的脉动电压滤波成较平滑的电压。滤波电路有电容式、电感式、电容电感式、电容电阻式。具体须根据负载电流大小和电流变化情况以及纹波电压的要求而选择滤波电路形式。最简单的滤波电路就是把一个电容与负载并联后接入整流输出电路，即电容器滤波，具体电路如图 4-24 所示。

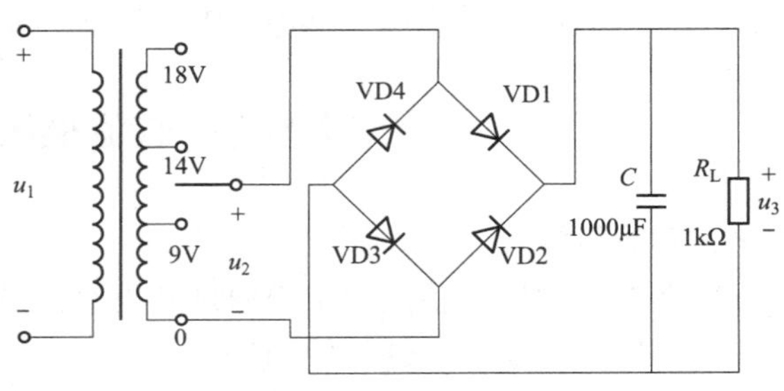

图 4-24 电容滤波电路

采用电容滤波电路时，输出电压的脉动程度与电容器的放电时间常数 R_LC 有关系。当 R_LC 大一些时，脉动程度就小一些。为了得到比较平直的输出电压，一般要求 $R_L\geqslant(10\sim15)\frac{1}{\omega C}$，即

$$R_LC\geqslant(3\sim5)\frac{T}{2}$$

通常，当 $R_LC\geqslant(3\sim5)\frac{T}{2}$ 时，桥式整流电容滤波电路的输出电压

$$U_3=1.2U_2$$

稳压电压是直流稳压电源的核心。因为整流滤波后的电压虽然已是直流电压，但它还是随输入电网的波动而变化，是一种电压值不稳定的直流电压，而且纹波系数也较大，所以必须加入稳压电路才能输出稳定的直流电压。最简单的稳压电路是由一只电阻和稳压管组成，它适用于电压值固定不变，而且负载电流变化较小的场合。随着半导体工艺的发展，稳压电路也制成了集成器件。由于集成稳压器具有体积小，外接线路简单、使用方便、工作可靠和通用性等优点，因此在各种电子设备中应用十分普遍，基本上取代了由分立元件构成的稳压电路。集成稳压器的种类很多，应根据设备对直流电源的要求来进行选择。对于大多数电子仪器、设备和电子电路来说，通常是选用串联线性集成稳压器。而在这种类型的器件中，又以三端式稳压器应用最为广泛。

L7800、L7900 系列三端式集成稳压器的输出电压是固定的，在使用中不能进行调整。L7800 系列三端式稳压器输出正极性电压，一般有 5、6、9、12、15、18、24V 七个档次，输出电流最大可达 0.1A（此时需要加散热片）。同类型 M78 系列稳压器的输出电流为 0.5A，W78 系列稳压器的输出电流为 1.5A。若要求负极性输出电压，则可选用 L7900 系列稳压器。

图 4-25 为 L78××系列的外形和接线图。它有三个引出端：①输入端（不稳定电压输入端）标以“1”；②输出端（稳定电压输出端）标以“3”；③公共端标以“2”。

除固定输出三端稳压器外，尚有可调式三端稳压器，后者可通过外接元件对输出电压进行调整，以适应不同的需要。

本实验所用集成稳压器为三端固定正稳压器 L7808，它的主要参数有：输出直流电压 $U_O=+8V$，输出电流 L：0.1A，M：0.5A，电压调整率 10mV/V，输出电阻 $R_0=0.15\Omega$，输入电压 u_i 的范围 10～12V。因为一般 u_i 要比 u_o 大 2～4V，才能保证集成稳压器工作在线性区。

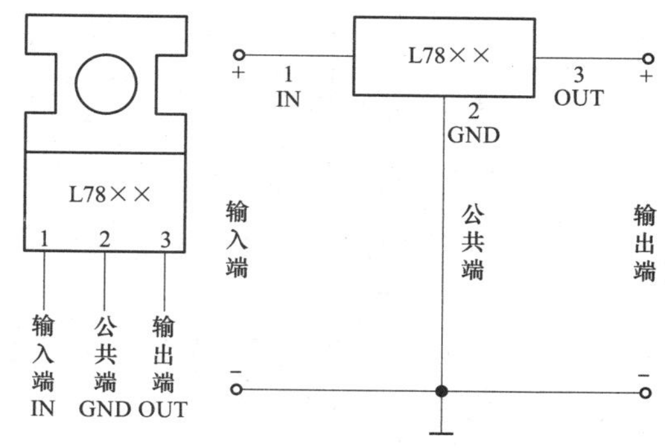

图 4-25　L78××系列外形及接线图

图 4-26 是用三端式稳压器 L7808 构成的单电源电压输出串联型稳压电源的实验电路图。其中整流部分采用了由四个整流二极管（型号为 1N4007）组成的单相桥式整流器。

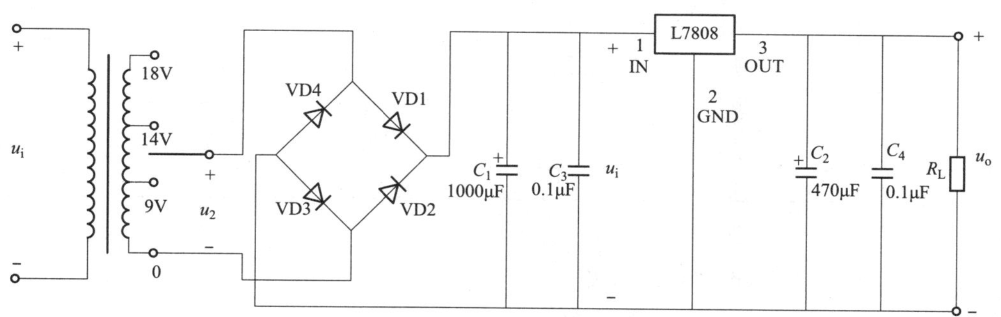

图 4-26　由 L7808 构成的直流稳压电源

随着电子技术的发展，将四个整流二极管集成一个单相桥式整流器（又称桥堆），型号为 2W06（或 KBP306），内部接线和外部管脚引线如图 4-27 所示。滤波电容 C_1、C_2 一般选取几百至几千微法。当稳压器距离整流滤波电路比较远时，在输入端必须接入电容器 C_3（数值为 0.1μF），以抵消线路的电感效应，防止产生自激振荡。输出端电容 C_4（0.1μF）用以滤除输出端的高频信号，改善电路的暂态响应。

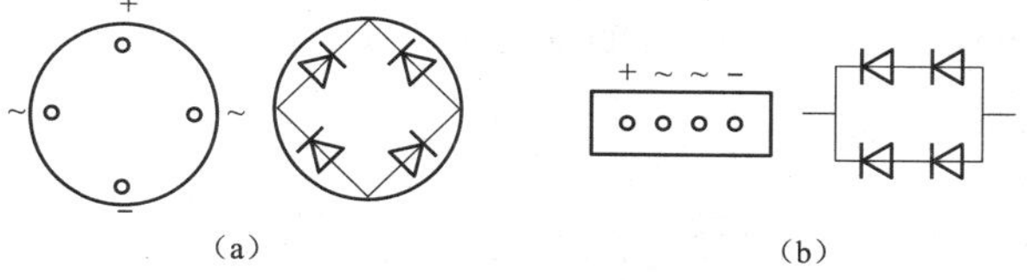

图 4-27　单相整流桥桥堆管脚图

（a）圆桥 2W06；（b）排桥 KBP306

图 4-28 为正、负双电压输出电路，例如需要 $U_{O1}=+8V$，$U_{O2}=-8V$，则可选用 L7808 和 L7908 三端稳压器，这时的 u_i 应为单电压输出时的两倍。L79××三端稳压器的外形和接线如图 4-29 所示。

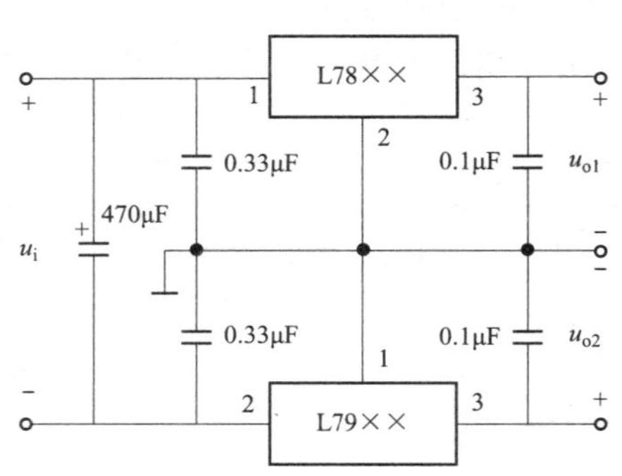

图 4-28　正、负双电压输出电路

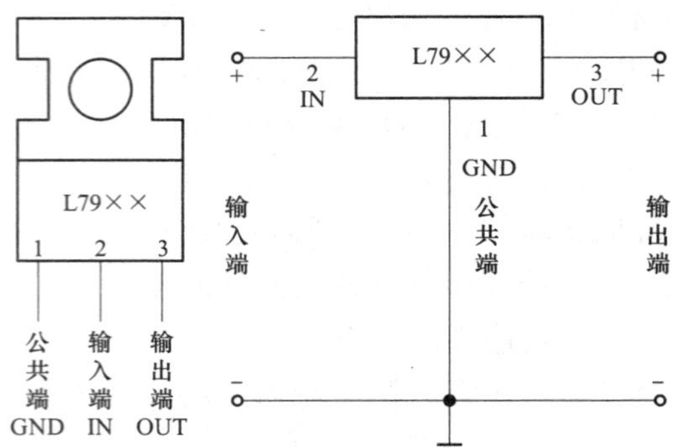

图 4-29　L79××系列外形及接线图

三、实验设备

实验设备如表 4-26 所示。

表 4-26　实验设备

序号	名　称	型号与规格	数量
1	交流毫伏表		1
2	直流数字毫安表		1
3	直流数字电压表		1
4	二极管	1N4007	4
5	电阻器、电容器		若干
6	示波器	YB4328	1
7	三端稳压器	L7808、L7908	各 1 个

四、实验内容

(1) 设计一个+8V 的直流稳压电源。

*(2) 设计一个±8V 的直流稳压电源。

五、实验注意事项

(1) 由四个二极管构成的单相桥式整流电路的连接。

(2) 电解电容的正、负极性不能接反。

(3) 三端稳压器的引出端不能接反。

(4) 每次改接电路时，必须切断工频电源。

六、预习思考题

(1) 复习单相桥式整流电路的工作原理及连接。

(2) 复习电容滤波的工作原理及电容的选择。

(3) 复习集成稳压器部分内容。

七、实验报告

(1) 整理实验数据，画出各部的输出波形图。

(2) 分析讨论实验中发生的现象和问题。

第五章 数字电子技术实验

实验一 TTL与非门的逻辑功能与参数测试

一、实验目的

（1）掌握TTL集成与非门的逻辑功能和主要参数的测试方法。

（2）掌握TTL器件的使用规则。

（3）熟悉数字电路实验装置的结构，基本功能和使用方法。

二、实验原理

本实验采用四输入双与非门74LS20，即在一块集成块内含有两个互相独立的与非门，每个与非门有四个输入端。其逻辑框图、符号及引脚排列如图5-1所示。

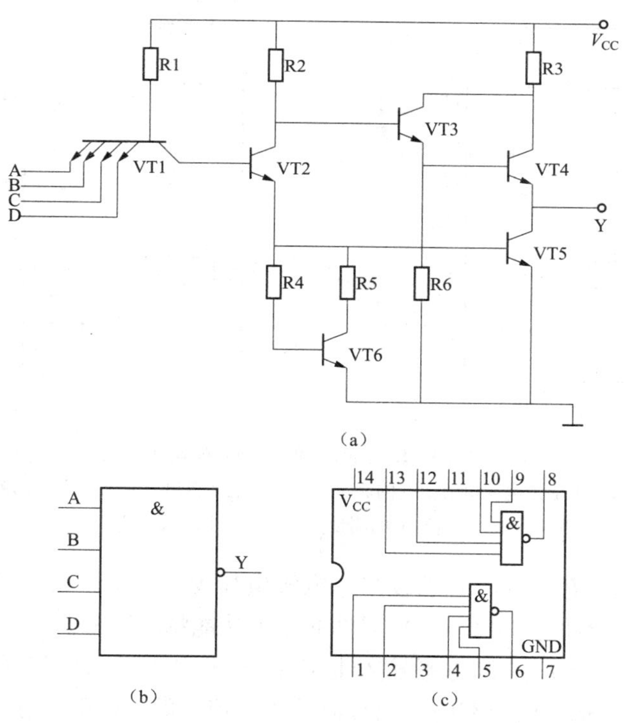

图5-1 74LS20逻辑框图、逻辑符号及引脚排列
（a）74LS20逻辑框图；（b）74LS20逻辑符号；（c）74LS20引脚排列

1. 与非门的逻辑功能

与非门的逻辑功能是：当输入端中有一个或一个以上是低电平时，输出端为高电平；只有当输入端全部为高电平时，输出端才是低电平（即有“0”得“1”，全“1”得“0”）。

其逻辑表达式为 $Y=\overline{ABCD}$

2. TTL 与非门的主要参数

(1) 低电平输出电源电流 I_{CCL} 和高电平输出电源电流 I_{CCH}。与非门处于不同的工作状态，电源提供的电流是不同的。低电平输出电源电流 I_{CCL} 是指所有输入端悬空，输出端空载时，电源提供器件的电流。高电平输出电源电流 I_{CCH} 是指输出端空载，每个门各有一个以上的输入端接地，其余输入端悬空，电源提供给器件的电流。通常 $I_{CCL}>I_{CCH}$，它们的大小标志着器件静态功耗的大小。器件的最大功耗为 $P_{CCL}=V_{CC}I_{CCL}$。这里电源电流和功耗值是指整个器件总的电源电流和总的功耗。I_{CCL} 和 I_{CCH} 测试电路如图 5-2（a）、（b）所示。

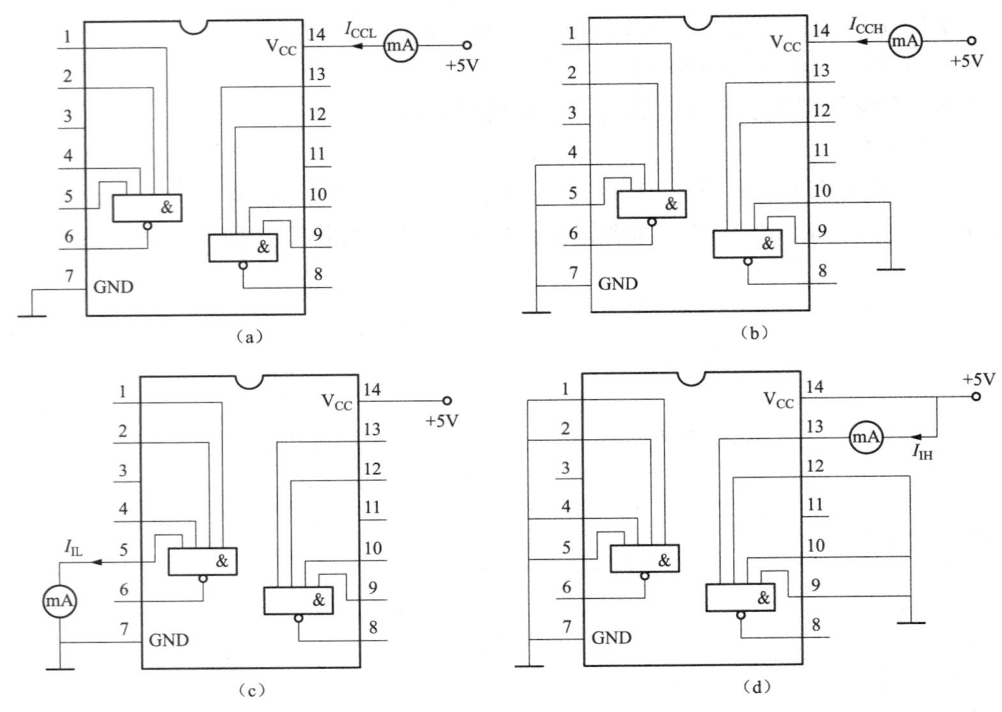

图 5-2　TTL 与非门静态参数测试电路图

（a）低电平输出电源电流 I_{CCL} 的测量；（b）高电平输出电源电流 I_{CCH} 的测量；（c）低电平输入电流 I_{IL} 的测量；（d）高电平输入电流 I_{IH} 的测量

注意：TTL 电路对电源电压要求较严，电源电压 V_{CC} 只允许在 $+5V\pm10\%$ 的范围内工作，超过 5.5V 将损坏器件；低于 4.5V 器件的逻辑功能将不正常。

(2) 低电平输入电流 I_{IL} 和高电平输入电流 I_{IH}。低电平输入电流 I_{IL} 是指被测输入端接地，其余输入端悬空，输出端空载时，由被测输入端流出的电流值。在多级门电路中，I_{IL} 相当于前级门输出低电平时，后级向前级门灌入的电流，因此它关系到前级门的灌电流负载能力，即直接影响前级门电路带负载的个数，因此希望 I_{IL} 小些。

高电平输入电流 I_{IH} 是指被测输入端接高电平，其余输入端接地，输出端空载时，流入被测输入端的电流值。在多级门电路中，它相当于前级门输出高电平时，前级门的拉电流负载，其大小关系到前级门的拉电流负载能力，希望 I_{IH} 小些。由于 I_{IH} 较小，难以测量，一般免于测试。

I_{IL} 与 I_{IH} 的测试电路如图 5-2（c）、（d）所示。

（3）扇出系数 N_O。扇出系数 N_O 是指门电路能驱动同类门的个数，它是衡量门电路负载能力的一个参数，TTL 与非门有两种不同性质的负载，即灌电流负载和拉电流负载，因此有两种扇出系数，即低电平扇出系数 N_{OL} 和高电平扇出系数 N_{OH}。通常 $I_{IH} < I_{IL}$，则 $N_{OH} > N_{OL}$，故常以 N_{OL} 作为门的扇出系数。

N_{OL} 的测试电路如图 5-3 所示，门的输入端全部悬空，输出端接灌电流负载 R_L，调节 R_L 使 I_{OL} 增大，U_{OL} 随之增高，当 U_{OL} 达到 U_{OLm}（低电平规范值为 0.4V）时的 I_{OL} 就是允许灌入的最大负载电流，则

$$N_{OL} = \frac{I_{OL}}{I_{IL}}$$

通常 $N_{OL} \geqslant 8$。

（4）电压传输特性。门的输出电压 U_O 随输入电压 U_I 而变化的曲线 $U_O = f(U_I)$ 称为门的电压传输特性，通过它可读得门电路的一些重要参数，如输出高电平 U_{OH}、输出低电平 U_{OL}、关门电平 U_{Off}、开门电平 U_{ON}、阈值电平 U_T 及抗干扰容限 U_{NL}、U_{NH} 等值。测试电路如图 5-4 所示，采用逐点测试法，即调节 R_W，逐点测得 U_I 及 U_O，然后绘成曲线。

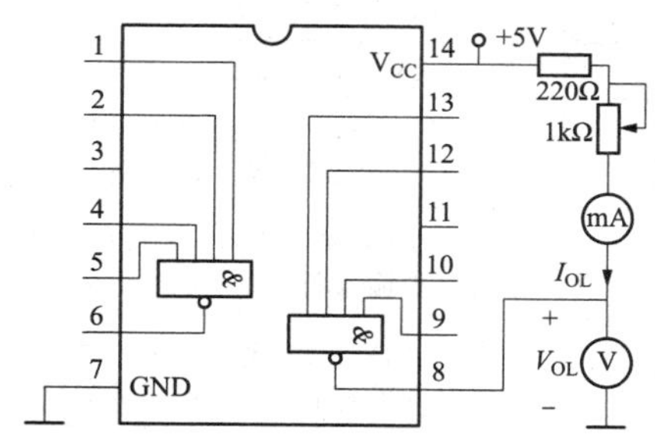

图 5-3　扇出系数试测电路

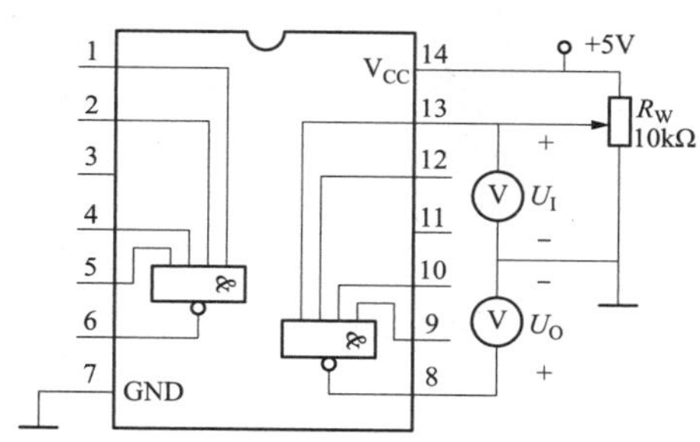

图 5-4　传输特性测试电路

（5）平均传输延迟时间 t_{pd}。平均传输延迟时间 t_{pd} 是衡量门电路开关速度的参数，它是指输出波形边沿的 $0.5U_m$ 至输入波形对应边沿 $0.5U_m$ 点的时间间隔，如图 5-5 所示。

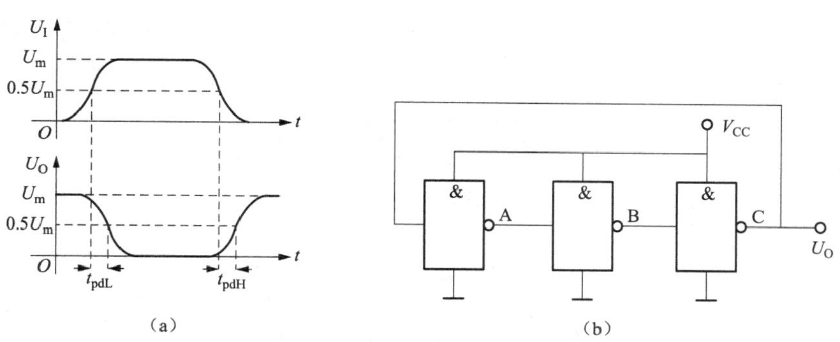

图 5-5　平均传输延迟时间的测试

（a）传输延迟特性；（b）t_{pd} 的测试电路

图 5-5（a）中的 t_{pdL} 为导通延迟时间，t_{pdH} 为截止延迟时间，平均传输延迟时间为

$$t_{pd} = \frac{1}{2}(t_{pdL} + t_{pdH})$$

平均传输延迟时间 t_{pd} 的测试电路如图 5-5（b）所示，由于 TTL 门电路的延迟时间较小，直接测量时对信号发生器和示波器的性能要求较高，故实验采用测量由奇数个与非门组成的环形振荡器的振荡周期 T 来求得。其工作原理是：假设电路在接通电源后某一瞬间，电路中的 A 点为逻辑“1”，经过三级门的延迟后，使 A 点由原来的逻辑“1”变为逻辑“0”；再经过三级门的延迟后，A 点电平又重新回到逻辑“1”。电路中其他各点电平也跟随变化。说明使 A 点发生一个周期的振荡，必须经过 6 级门的延迟时间。因此平均传输延迟时间为

$$t_{pd} = \frac{T}{6}$$

TTL 电路的 t_{pd} 一般在 10～40ns 之间。

74LS20 主要电参数规范如表 5-1 所示。

表 5-1 74LS20 主要电参数规范

参数名称和符号			规范值	单位	测试条件
直流参数	通导电源电流	I_{CCL}	＜14	mA	$V_{CC}=5V$，输入端悬空，输出端空载
	截止电源电流	I_{CCH}	＜7	mA	$V_{CC}=5V$，输入端接地，输出端空载
	低电平输入电流	I_{IL}	≤1.4	mA	$V_{CC}=5V$，被测输入端接地，其他输入端悬空，输出端空载
	高电平输入电流	I_{IH}	＜50	μA	$V_{CC}=5V$，被测输入端 $U_{IN}=2.4V$，其他输入端接地，输出端空载
			＜1	mA	$V_{CC}=5V$，被测输入端 $U_{IN}=5V$，其他输入端接地，输出端空载
	输出高电平	U_{OH}	≥3.4	V	$V_{CC}=5V$，被测输入端 $U_{IN}=0.8V$，其他输入端悬空，$I_{OH}=400\mu A$
	输出低电平	U_{OL}	＜0.3	V	$V_{CC}=5V$，输入端 $U_{IN}=2.0V$，$I_{OL}=12.8mA$
	扇出系数	N_O	4～8	V	同 U_{OH} 和 U_{OL}
交流参数	平均传输延迟时间	t_{pd}	≤20	ns	$V_{CC}=5V$，被测输入端输入信号：$U_{IN}=3.0V$，$f=2MHz$

三、实验设备

实验设备如表 5-2 所示。

表 5-2 实 验 设 备

序号	名称	型号与规格	数量	序号	名称	型号与规格	数量
1	＋5V 直流电源		1	4	74LS20		2
2	直流数字电压表			5	电阻器、电容器		若干
3	直流数字毫安表						

四、实验内容

在合适的位置选取一个 14P 插座，按定位标记插好 74LS20 集成芯片。

1. 验证 TTL 集成与非门 74LS20 的逻辑功能

按图 5-6 接线，与非门 74LS20 的四个输入端接逻辑开关输出插口，以提供“0”与“1”电平信号，开关向上，输出逻辑“1”，向下为逻辑“0”。门的输出端接由 LED 发光二极管组成的逻辑电平显示器（又称 0-1 指示器）的显示插口，LED 亮为逻辑“0”，不亮为逻辑“1”。按表 5-3 的真值表逐个测试集成块中两个与非门的逻辑功能。74LS20 有 4 个输入端，有 16 个最小项，在实际测试时，只要通过对输入 1111、0111、1011、1101、1110 五项进行检测就可判断其逻辑功能是否正常。

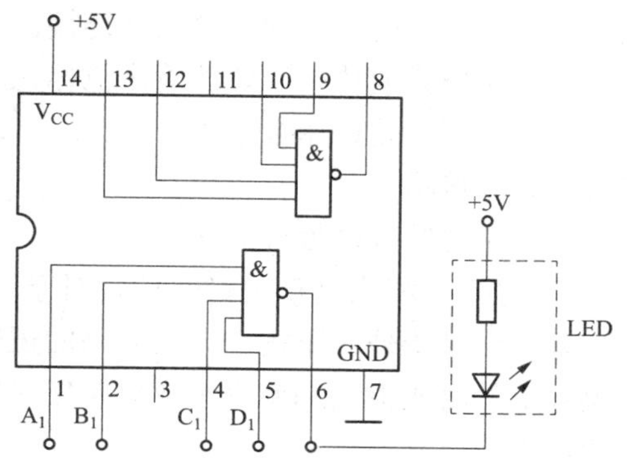

图 5-6 与非门 74LS20 的逻辑功能测试电路

表 5-3 TTL 集成与非门 74LS20 的逻辑功能测试数据

输入				输出	
A_n	B_n	C_n	D_n	Y_1	Y_2
1	1	1	1		
0	1	1	1		
1	0	1	1		
1	1	0	1		
1	1	1	0		

2. 74LS20 主要参数的测试

（1）分别按图 5-2、图 5-3、图 5-5（b）接线并进行测试，将测试结果记入表 5-4 中。

表 5-4 74LS20 主要参数的测试数据

I_{CCL}（mA）	I_{CCH}（mA）	I_{IL}（mA）	I_{OL}（mA）	$N_O=I_{OL}/I_{IL}$	$t_{pd}=T/6$（ns）

（2）按图 5-4 接线，调节电位器 R_W，使 U_I 从 0V 向高电平变化，逐点测量 U_I 和 U_O 的对应值，记入表 5-5 中。

表 5-5 传输特性测试数据

U_I（V）	0	0.2	0.4	0.6	0.8	1.0	1.5	2.0	2.5	3.0	3.5	4.0
U_O（V）												

五、实验注意事项

（1）数字电路实验中所用到的集成芯片都是双列直插式（DIP）的封装，其引脚排列规则如图 5-1 所示。识别方法是：正对集成电路型号（如 74LS20）或看标记（左边的缺口或小圆点标记），从左下角开始按逆时针方向以 1、2、3、…依次排列到最后一脚（在左上角）。在标准形 TTL 集成电路中，电源端 V_{CC} 一般排在左上端，接地端 GND 一般排在右下端。如 74LS20 为 14 脚芯片，14 脚为 V_{CC}，7 脚为 GND。若集成芯片引脚上的功能标号为 NC，则表示该引脚为空脚，与内部电路不连接。

（2）接插集成块时，要认清定位标记，不得插反。

（3）电源电压使用范围为+4.5～+5.5V之间，实验中要求使用V_{CC}=+5V。电源极性绝对不允许接错。

（4）闲置输入端处理方法。

1）悬空，相当于正逻辑“1”，对于一般小规模集成电路的数据输入端，实验时允许悬空处理。但易受外界干扰，导致电路的逻辑功能不正常。因此，对于接有长线的输入端，中规模以上的集成电路和使用集成电路较多的复杂电路，所有控制输入端必须按逻辑要求接入电路，不允许悬空。

2）直接接电源电压V_{CC}（也可以串入一只1～10kΩ的固定电阻）或接至某一固定电压（+2.4V≤U≤4.5V）的电源上，或与输入端为接地的多余与非门的输出端相接。

3）若前级驱动能力允许，可以与使用的输入端并联。

（5）输入端通过电阻接地，电阻值的大小将直接影响电路所处的状态。当R≤680Ω时，输入端相当于逻辑“0”；当R≥4.7kΩ时，输入端相当于逻辑“1”。对于不同系列的器件，要求的阻值不同。

（6）输出端不允许并联使用［集电极开路门(OC)和三态输出门电路(3S)除外)］，否则不仅会使电路逻辑功能混乱，还会导致器件损坏。

（7）输出端不允许直接接地或直接接+5V电源，否则将损坏器件，有时为了使后级电路获得较高的输出电平，允许输出端通过电阻R接至V_{CC}=5V，一般取R=(3～5.1)kΩ。

六、预习思考题

（1）TTL电路多余的输入端应如何处理？为什么？

（2）各门的输出端是否可以连接起来使用，以实现“线与”？如果想实现“线与”应用什么门电路？

七、实验报告

（1）记录、整理实验结果，并对结果进行分析。

（2）画出实际测量的电压传输特性曲线，并从中读出各有关参数值。

实验二 门电路逻辑功能变换与测试

一、实验目的

（1）掌握常用与门、或门、非门、与非门、与或门、与或非门、异或门逻辑功能的测试方法。

（2）掌握门电路之间逻辑功能变换的方法。

（3）掌握用与非门实现逻辑表达式的方法。

（4）掌握组合逻辑电路的测试方法。

（5）熟悉数字电子技术实验台的使用方法。

二、实验原理

用以实现基本逻辑运算和复合逻辑运算的单元电路称为门电路。在数字电子技术中，门电路是最简单、最基本的逻辑单元，任何复杂的组合逻辑电路都可以用逻辑门电路通过适当的组合连接而成。在数字电路中，常用的门电路在逻辑功能上有与门、或门、非门、与非门、或非门、与或非门、异或门等几种，但应用得最普遍、最广泛的就数与非门电路。门电路的应用极为广泛，因此掌握各种逻辑门电路的工作原理、测试方法，熟练、灵活地使用逻辑门电路是数字电子技术工作者必备的条件。

几种常见的逻辑门电路图形符号如图 5-7 所示。

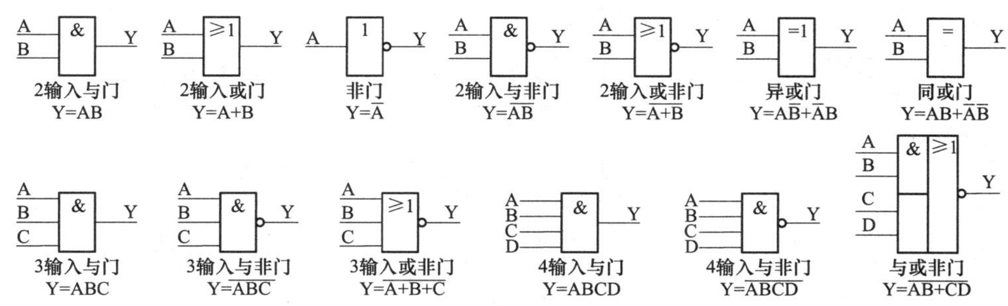

图 5-7　逻辑门电路的图形符号

常用 TTL 门电路集成芯片型号、名称、引脚功能如图 5-8 所示。

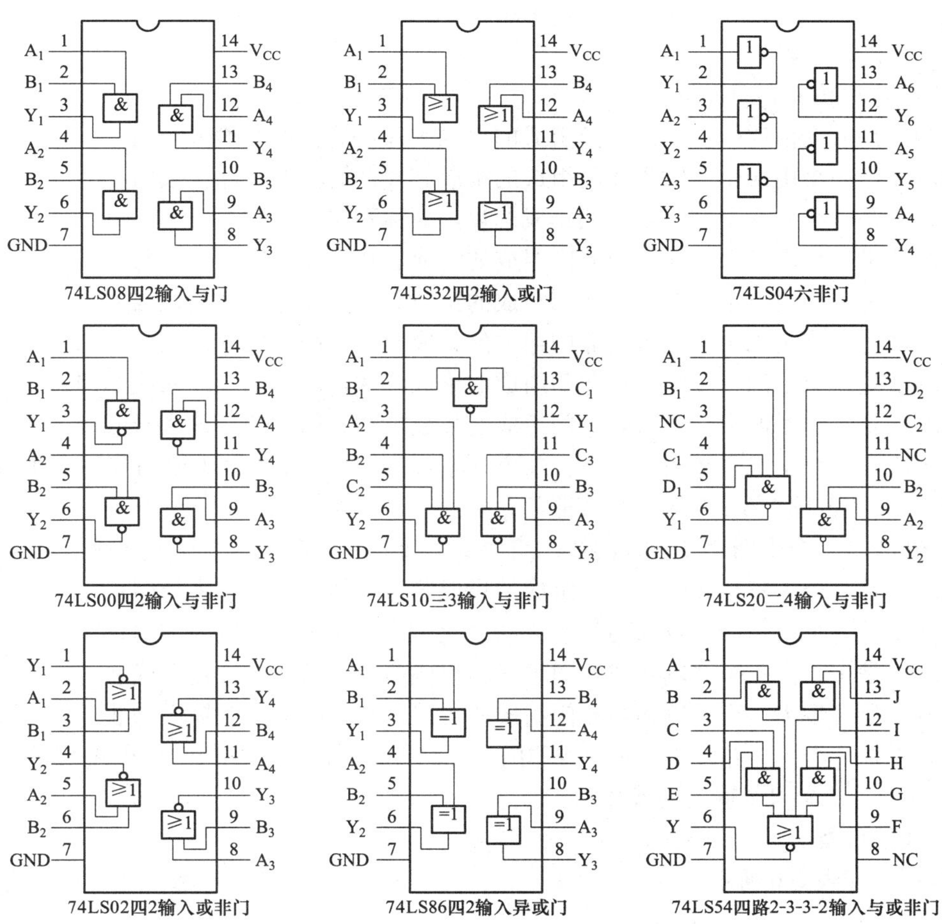

图 5-8　常用 TTL 门电路集成芯片（一）

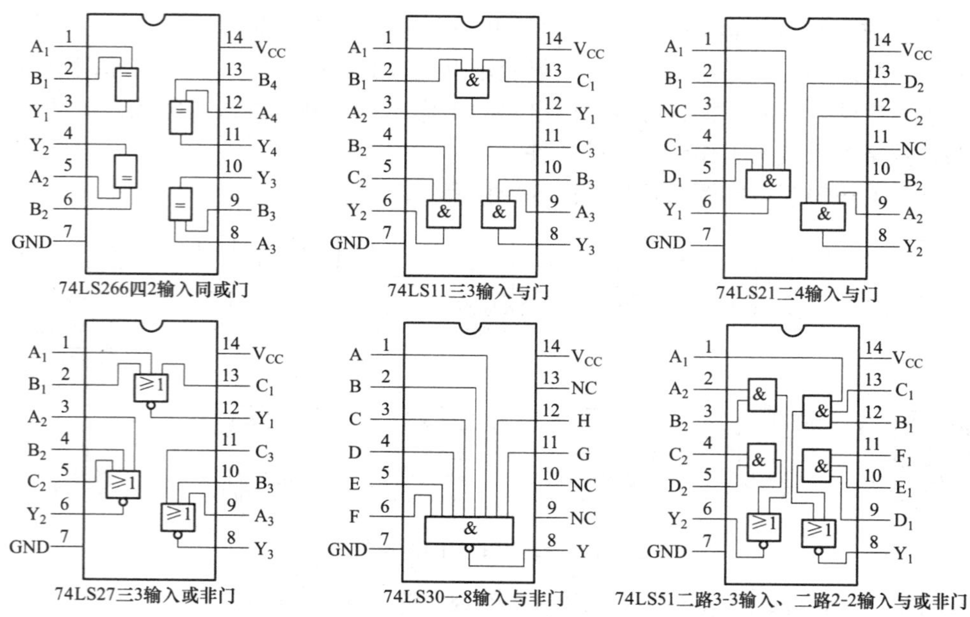

图 5-8 常用 TTL 门电路集成芯片（二）

各集成芯片功能介绍如下：

74LS08 是一个由四个 2 输入与门组成的集成芯片，简称四 2 输入与门；

74LS32 是一个由四个 2 输入或门组成的集成芯片，简称四 2 输入或门；

74LS04 是一个由六个非门组成的集成芯片，简称六非门；

74LS00 是一个由四个 2 输入与非门组成的集成芯片，简称四 2 输入与非门；

74LS10 是一个由三个 3 输入与非门组成的集成芯片，简称三 3 输入与非门；

74LS20 是一个由二个 4 输入与非门组成的集成芯片，简称二 4 输入与非门；

74LS02 是一个由四个 2 输入或非门组成的集成芯片，简称四 2 输入或非门；

74LS86 是一个由四个 2 输入异或门组成的集成芯片，简称四 2 输入异或门；

74LS54 是一个由二个 2 输入与门、二个 3 输入与门、一个 4 输入或门和一个非门组成的集成芯片，简称四路 2-3-3-2 输入与或非门；

74LS266 是一个由四个 2 输入同或门组成的集成芯片，简称四 2 输入同或门；

74LS11 是一个由三个 3 输入与门组成的集成芯片，简称三 3 输入与门；

74LS21 是一个由二个 4 输入与门组成的集成芯片，简称二 4 输入与门；

74LS27 是一个由三个 3 输入或非门组成的集成芯片，简称三 3 输入或非门；

74LS30 是一个由一个 8 输入与非门组成的集成芯片，简称一 8 输入与非门；

74LS51 是一个由二路 3-3 输入与或非门、二路 2-2 输入与或非门组成的集成芯片，简称二路 3-3 输入、二路 2-2 输入与或非门。

三、实验设备

实验设备如表 5-6 所示。

表 5-6　实验设备

序号	名　称	型号与规格	数量	序号	名　称	型号与规格	数量
1	+5V 直流电源		1	8	四 2 输入与门	74LS08	1
2	直流数字电压表		1	9	二 4 输入与非门	74LS20	1
3	逻辑电平显示器		1	10	四 2 输入或门	74LS32	1
4	逻辑电平开关		1	11	四路 2-3-3-2 输入与或非门	74LS54	1
5	四 2 输入与非门	74LS00	1				
6	三 3 输入与非门	74LS10	1	12	四 2 输入异或门	74LS86	1
7	非门	74LS04	1				

四、实验内容

1. 测试与门 74LS08、或门 74LS32、非门 74LS04 的逻辑功能

（1）将测试芯片的 14 引脚接 5V 电源的正极，7 引脚接 5V 电源的负极。

（2）将测试芯片的一组逻辑门电路输入端接实验台的逻辑电平开关，输出端接实验台的逻辑电平显示器。

（3）打开实验台电源开关，再打开直流稳压电源中的±5V 电源开关，接通 5V 电源。

（4）改变输入端电平，观察输出端逻辑电平显示器的变化，状态显示发光二极管亮，表示输出端为高电平，反之为低电平，列出真值表，写出逻辑表达式。

2. 测试与非门 74LS00、74LS10、74LS20 的逻辑功能

（1）将测试芯片的 14 引脚接 5V 电源的正极，7 引脚接 5V 电源的负极。

（2）取测试芯片的一组与非门，输入端接实验台的逻辑电平开关，输出端接实验台的逻辑电平显示器。

（3）打开实验台电源开关，再打开直流稳压电源中的±5V 电源开关，接通 5V 电源。

（4）改变输入端电平，观察输出端逻辑电平显示器的变化，状态显示发光二极管亮，表示输出端为高电平，反之为低电平，列出真值表，写出逻辑表达式。

3. 测试或非门 74LS02 的逻辑功能

（1）将 74LS02 的 14 引脚接 5V 电源的正极，7 引脚接 5V 电源的负极。

（2）取 74LS02 的一组或非门，输入端接实验台的逻辑电平开关，输出端接实验台的逻辑电平显示器。

（3）打开实验台电源开关，再打开直流稳压电源中的±5V 电源开关，接通 5V 电源。

（4）改变输入端电平，观察输出端逻辑电平显示器的变化，状态显示发光二极管亮，表示输出端为高电平，反之为低电平，列出真值表，写出逻辑表达式。

4. 测试异或门 74LS86 的逻辑功能

（1）将 74LS86 的 14 引脚接 5V 电源的正极，7 引脚接 5V 电源的负极。

（2）取 74LS86 的一组异或门，输入端接实验台的逻辑电平开关，输出端接实验台的逻辑电平显示器。

（3）打开实验台电源开关，再打开直流稳压电源中的±5V 电源开关，接通 5V 电源。

（4）改变输入端电平，观察输出端逻辑电平显示器的变化，状态显示发光二极管亮，表示输出端为高电平，反之为低电平，列出真值表，写出逻辑表达式。

5. 测试与或非门 74LS54 的逻辑功能

（1）将 74LS54 的 14 引脚接 5V 电源的正极，7 引脚接 5V 电源的负极。

(2) 将 74LS54 的输入端接实验台的逻辑电平开关，输出端接实验台的逻辑电平显示器。

(3) 打开实验台电源开关，再打开直流稳压电源中的±5V 电源开关，接通 5V 电源。

(4) 改变输入端电平，观察输出端逻辑电平显示器的变化，状态显示发光二极管亮，表示输出端为高电平，反之为低电平，列出真值表，写出逻辑表达式。

6. 用与非门实现 Y＝AB＋BC＋AC 的逻辑电路

(1) 将 Y＝AB＋BC＋AC 化成与非-与非式，画出逻辑图。

(2) 根据逻辑图，选择与非门芯片，画出实验连接电路图。

(3) 将芯片的 14 引脚接 5V 电源的正极，7 引脚接 5V 电源的负极。

(4) 将输入端接实验台的逻辑电平开关，输出端接实验台的逻辑电平显示器。

(5) 打开实验台电源开关，再打开直流稳压电源中的±5V 电源开关，接通 5V 电源。

(6) 改变输入端电平，观察输出端逻辑电平显示器的变化，状态显示发光二极管亮，表示输出端为高电平，反之为低电平，列出真值表，写出逻辑表达式。

7. 用或非门实现 $Y=\overline{AB}+AB$ 的逻辑电路

(1) 将 $Y=\overline{AB}+AB$ 化成或非-或非式，画出逻辑图。

(2) 根据逻辑图，选择或非门芯片，画出实验连接线路图。

(3) 重复 6 中的 (3)～(6)。

五、预习思考题

(1) 预习各种门电路的图形符号、逻辑功能、逻辑表达式、真值表。

(2) 预习集成芯片 74LS08、74LS32、74LS04、74LS00、74LS10、74LS20、74LS02、74LS86、74LS54 的引脚功能。

(3) 如何验证所用门电路的逻辑功能是否完好?

(4) 预习逻辑函数的化简方法，用标准与非门实现逻辑函数的方法。

(5) 用 4 输入与非门 (74LS20) 实现 3 输入与非门 (74LS10) 的逻辑功能，多余的输入端如何处理?

(6) 如何用与非门实现 Y＝A 的逻辑电路，画出逻辑图?

六、实验报告

(1) 整理各实验记录表格，验证其逻辑功能。

(2) 画出实验测试电路图，并写出实现该逻辑功能的逻辑表达式。

(3) 总结实验数据，写出本次实验的心得体会。

实验三　组合逻辑电路的设计

一、实验目的

(1) 掌握常用非门、与非门、异或门的功能。

(2) 掌握组合逻辑电路的设计与测试方法。

二、实验原理

1. 组合逻辑电路设计流程

使用中、小规模集成电路来设计组合电路是最常见的逻辑电路。设计组合电路的一般步骤如图 5-9 所示。

根据设计任务的要求建立输入、输出变量，并列出真值表。然后用逻辑代数或卡诺图化简法求出简化的逻辑表达式，并按实际选用逻辑门的类型修改逻辑表达式。根据简化后的逻辑表达式，画出逻辑图，用标准器件构成逻辑电路。最后，用实验来验证设计的正确性。

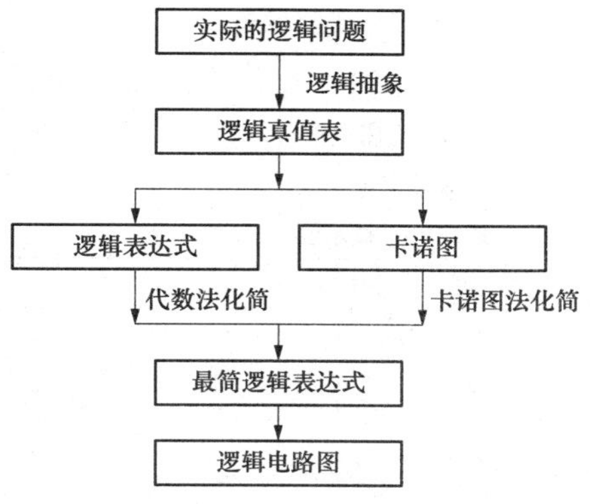

图 5-9　组合逻辑电路设计流程图

2. 组合逻辑电路设计举例

用“与非”门设计一个供三人(A、B、C)表决使用的逻辑电路。每人有一电键，如果他赞成，就按电键，表示 1；如果他不赞成，就不按电键，表示 0。表决结果用指示灯来表示，如果多数赞成，则指示灯亮，Y=1；反之则不亮，Y=0。

设计步骤：

(1) 根据题意列出逻辑状态表（真值表），如表 5-7所示。

(2) 由逻辑真值表写出逻辑式

$$Y = AB\overline{C} + A\overline{B}C + \overline{A}BC + ABC$$

(3) 变换和化简逻辑式。对上式应用逻辑代数运算法则进行变换和化简

$$\begin{aligned} Y &= AB\overline{C} + A\overline{B}C + \overline{A}BC + ABC + ABC + ABC \\ &= AB(C + \overline{C}) + BC(A + \overline{A}) + AC(B + \overline{B}) \\ &= AB + BC + AC \end{aligned}$$

(4) 由逻辑式画出逻辑图。

1) 由式 Y=AB+BC+AC 画出的逻辑图如图 5-10 (a) 所示。

表 5-7　　真　值　表

A	B	C	Y
0	0	0	0
0	0	1	0
0	1	0	0
0	1	1	1
1	0	0	0
1	0	1	1
1	1	0	1
1	1	1	1

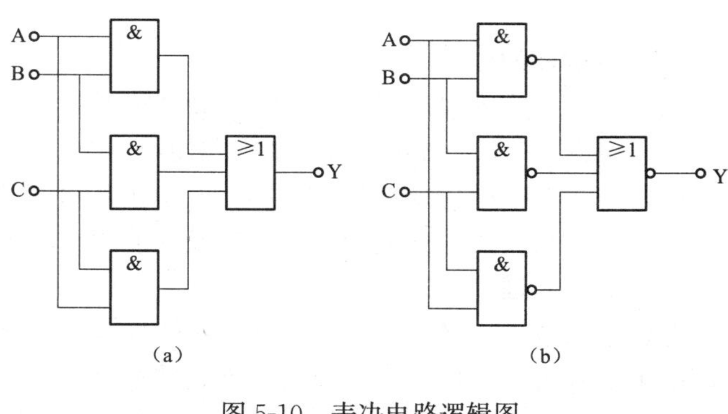

图 5-10　表决电路逻辑图

2) 在集成电路中，与非门是其基本元件之一。故上式可以变成与非式：

$$Y = AB + BC + AC = \overline{\overline{AB + BC + AC}} = \overline{\overline{AB} \cdot \overline{BC} \cdot \overline{AC}}$$

用与非门构成的电路如图 5-10 (b) 所示。

三、实验设备

实验设备如表 5-8 所示。

表 5-8　　实验设备

序号	名称	型号与规格	数量
1	+5V 直流电源		1
2	直流数字电压表		
3	逻辑电平显示器		
4	逻辑电平开关		
5	四 2 输入与非门	74LS00	1
6	双 4 输入与非门	74LS20	1
7	非门	74LS04	1
8	四 2 输入异或门	74LS86	1

四、实验内容

1. 设计一个三人表决器

任务：用与非门实现。

要求：采用 74LS00 和 74LS20 芯片设计，并验证结果。

2. 设计一个半加器

任务：(1) 用非门和与非门实现。

(2) 用异或门和与非门实现。

要求：1) 采用 74LS00 和 74LS04 芯片设计，并验证结果。

2) 采用 74LS86 和 74LS00 芯片设计，并验证结果。

*3. 设计一个一位全加器

任务：用非门、异或门和与非门实现。

要求：采用 74LS04、74LS86、74LS00 和 74LS20 芯片设计，并验证结果。

五、预习思考题

(1) 根据实验任务要求设计组合电路，并根据所给的标准器件画出逻辑图。

(2) 如何用最简单的方法验证所用门电路的逻辑功能是否完好?

(3) 在多输入的与门、或门、与非门中，当某一输入端不用时，应做如何处理?

六、实验报告

(1) 列写实验任务的设计过程，画出设计的电路图。

(2) 对所设计的电路进行实验测试，记录测试结果。

实验四　译码器测试及其应用

一、实验目的

(1) 掌握中规模集成译码器 74LS138 的逻辑功能和使用方法。

(2) 掌握 LED 数码管的内部结构和使用方法。

(3) 掌握 BCD 码七段译码驱动器芯片 CD4511 的逻辑功能和使用方法。

(4) 了解数据拨码开关的工作原理及其使用方法。

二、实验原理

在数字系统中，经常需要将一种代码转换为另一种代码，以满足特定的需要，完成这种功能的电路称为码转换电路。译码器是码转换电路中的一种。

译码的功能是将具有特定含义的二进制码转换成对应的输出信号，具有译码功能的逻辑电路称为译码器。

译码器可分为两种类型，一种是将一系列代码转换成与之一一对应的有效信号，这种译码器可称为变量译码器，它常用于计算机中对存储器单元地址译码，即将每一个地址代码转换成一个有效信号，从而选中对应的单元。另一种是将一种代码转换成另一种代码，所以也称为代码变换译码器。下面先介绍二进制变量译码器。

1. 二进制变量译码器

二进制变量译码器是有 n 个输入变量，共有 2^n 个不同的状态组合，因而译码器就有 2^n

个输出信号，并且输出为低电平有效，用以表示输入变量的状态，例如 2-4 线译码器 74LS139、3-8 线译码器 74LS138 和 4-16 线译码器 74LS154 等。

（1）3-8 线译码器 74LS138。3-8 线译码器 74LS138 引脚如图 5-11 所示。

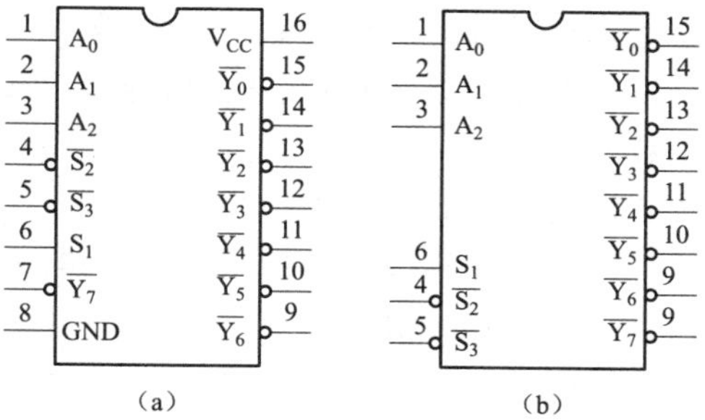

图 5-11　译码器 74LS138 引脚图

（a）引脚排列图；（b）引脚常用画法

译码器 74LS138 的引脚说明：

1）引脚 1～3 为地址选择输入端 A_0、A_1、A_2。

2）引脚 15～9 和引脚 7 为译码输出端$\overline{Y_0}$～$\overline{Y_7}$。

3）引脚 4～6 为控制使能输入端$\overline{S_2}$、$\overline{S_3}$、S_1。

当 $S_1=1$，$\overline{S_2}=\overline{S_3}=0$ 时，译码器控制使能输入端有效，译码器处于工作状态，允许译码，选择输入端所选择的唯一输出端为低电平（为“0”）有效信号，其他所有输出端均为高电平（为“1”）无效信号；当 $S_1=0$，$\overline{S_2}=\overline{S_3}$ 为任意值(×)或 S_1 为任意值(×)，$\overline{S_2}=1$，$\overline{S_3}$ 为任意值(×)或 S_1 为任意值(×)，$\overline{S_2}$ 为任意值(×)，$\overline{S_3}=1$ 时，译码器控制使能输入端无效，译码器处于禁止工作状态，译码器被禁止译码，译码器所有的输出端同时为高电平(为“1”)无效信号，74LS138 逻辑功能如表 5-9 所示。

表 5-9　　74LS138 功　能　表

输入						输出							
使能端			选择端										
$\overline{S_1}$	$\overline{S_2}$	$\overline{S_3}$	A_2	A_1	A_0	$\overline{Y_0}$	$\overline{Y_1}$	$\overline{Y_2}$	$\overline{Y_3}$	$\overline{Y_4}$	$\overline{Y_5}$	$\overline{Y_6}$	$\overline{Y_7}$
×	1	×	×	×	×	1	1	1	1	1	1	1	1
×	×	1	×	×	×	1	1	1	1	1	1	1	1
0	×	×	×	×	×	1	1	1	1	1	1	1	1
1	0	0	0	0	0	0	1	1	1	1	1	1	1
1	0	0	0	0	1	1	0	1	1	1	1	1	1
1	0	0	0	1	0	1	1	0	1	1	1	1	1
1	0	0	0	1	1	1	1	1	0	1	1	1	1
1	0	0	1	0	0	1	1	1	1	0	1	1	1
1	0	0	1	0	1	1	1	1	1	1	0	1	1
1	0	0	1	1	0	1	1	1	1	1	1	0	1
1	0	0	1	1	1	1	1	1	1	1	1	1	0

译码器 74LS138 在允许译码的条件下，根据译码器 74LS138 功能表可以得出：

$$
\begin{cases}
\overline{Y_0}=\overline{\overline{A_2}\,\overline{A_1}\,\overline{A_0}} \\
\overline{Y_1}=\overline{\overline{A_2}\,\overline{A_1}\,A_0} \\
\overline{Y_2}=\overline{\overline{A_2}\,A_1\,\overline{A_0}} \\
\overline{Y_3}=\overline{\overline{A_2}\,A_1\,A_0} \\
\overline{Y_4}=\overline{A_2\,\overline{A_1}\,\overline{A_0}} \\
\overline{Y_5}=\overline{A_2\,\overline{A_1}\,A_0} \\
\overline{Y_6}=\overline{A_2\,A_1\,\overline{A_0}} \\
\overline{Y_7}=\overline{A_2\,A_1\,A_0}
\end{cases}
$$

由上式可以看出，$\overline{Y_0}\sim\overline{Y_7}$同时又是 A_2、A_1、A_0 这 3 个变量的全部最小项的译码输出，所以也将这种译码器称为最小项译码器，所以二进制变量译码器和门电路可以很方便地实现逻辑函数。

（2）译码器 74LS138 的应用。

1）实现逻辑函数。例如，利用译码器 74LS138 和与非门 74LS20 实现逻辑函数 $F=\overline{A}\,\overline{B}\,\overline{C}+\overline{A}\,B\,\overline{C}+A\,\overline{B}\,\overline{C}+ABC$。

具体做法是：

首先，将所用集成芯片的 V_{CC}端接 5V 电源的正极、GND 端接 5V 电源的负极（即“地”）。

其次，将译码器 74LS138 的 3 个控制使能输入端在允许译码的条件下进行连接，即 S_1 端接 5V 电源的正极，$\overline{S_2}$ 和 $\overline{S_3}$ 接 5V 电源的负极；输入变量 A、B、C 分别接到地址选择输入端 A_2、A_1、A_0。

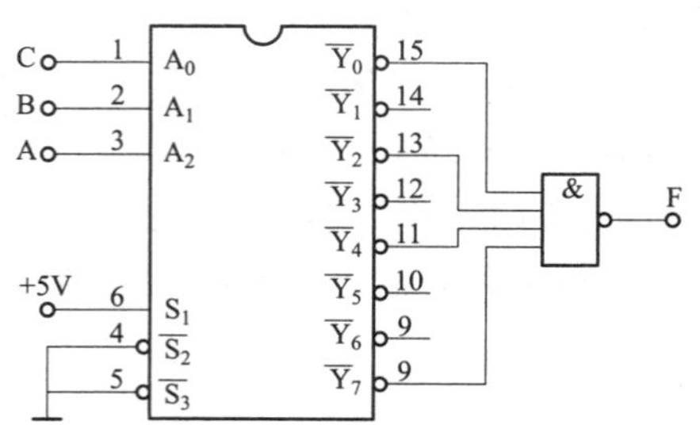

图 5-12 用译码器 74LS138 实现逻辑函数

再次，将译码器 74LS138 的译码输出端$\overline{Y_0}$、$\overline{Y_2}$、$\overline{Y_4}$、$\overline{Y_7}$分别接到四输入与非门的输入端。

最后，使用译码器 74LS138 实现逻辑函数的逻辑图如图 5-12 所示。

2）作为数据分配器。二进制变量译码器实际上也是一个完整的负脉冲输出的数据分配器。若利用控制使能输入端中的一个输入端输入数据信息，译码器就可成为一个负脉冲输出的数据分配器（又称多路分配器）。若在控制使能输入端 S_1 端输入数据信息，$\overline{S_2}=\overline{S_3}=0$，选择输入端所对应的输出信号就是控制使能输入端 S_1 数据信息的反码，具体电路如图 5-13 所示。若输入数据信息是时钟脉冲，则负脉冲输出的数据分配器便成为时钟脉冲分配器。若将译码器 74LS138 接成负脉冲输出的多路分配器，可将一个信号源输出的数据信息传输给不同的逻辑电路，作为不同逻辑电路的输入信号。

2. 数码显示译码器

（1）七段发光二极管（LED）数码管。LED 数码管是目前最常用的数字显示器，图 5-14（a）、（b）为共阴极和共阳极数码管的电路，（c）为两种不同出线形式的符号及引脚功能图。一个 LED 数码管可用来显示一位 0～9 十进制数和一个小数点。

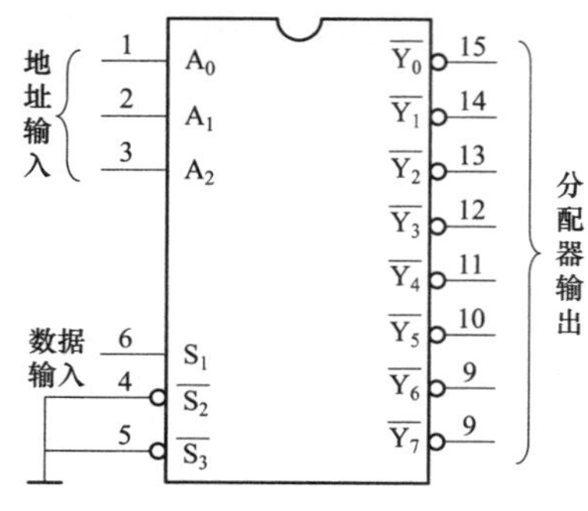

图 5-13 译码器 74LS138 作数据分配器

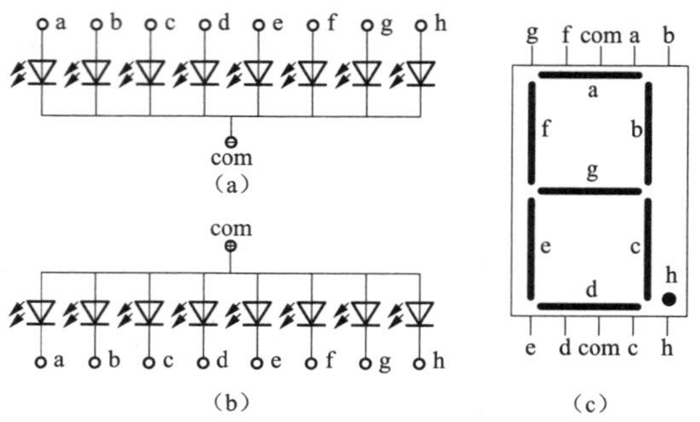

图 5-14 LED 数码管

（a）共阴极数码管电路；（b）共阳极数码管电路；（c）符号及引脚功能

（2）BCD码七段译码驱动器。BCD码七段译码器型号有74LS47（共阳）、74LS48（共阴）、CD4511（共阴）等，本实验系采用BCD码锁存/七段译码/驱动器CD4511驱动共阴极LED数码管，CD4511引脚如图5-15所示，CD4511功能表如表5-10所示。由于CD4511内接有上拉电阻，故只需在输出端与数码管笔段之间串入限流电阻即可工作。译码器还有拒伪码功能，当输入码超过1001时，输出全为“0”，数码管熄灭。

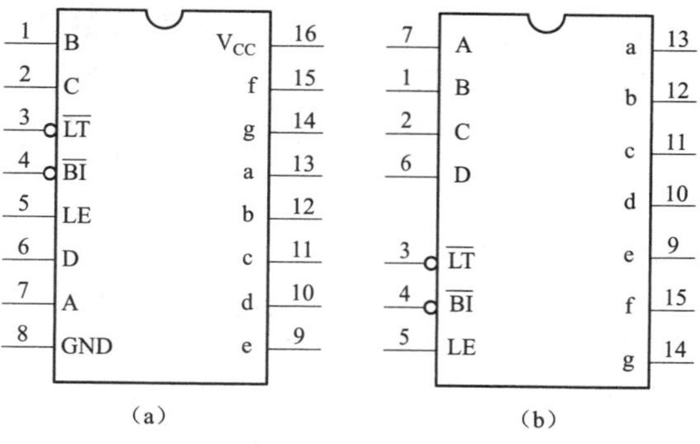

图5-15　CD4511引脚图

（a）引脚排列图；（b）引脚常用画法

表5-10　**CD4511逻辑功能表**

输入							输出							
LE	$\overline{BI}$	$\overline{LT}$	D	C	B	A	a	b	c	d	e	f	g	显示字形
×	×	0	×	×	×	×	1	1	1	1	1	1	1	8
×	0	1	×	×	×	×	0	0	0	0	0	0	0	消隐
0	1	1	0	0	0	0	1	1	1	1	1	1	0	0
0	1	1	0	0	0	1	0	1	1	0	0	0	0	1
0	1	1	0	0	1	0	1	1	0	1	1	0	1	2
0	1	1	0	0	1	1	1	1	1	1	0	0	1	3
0	1	1	0	1	0	0	0	1	1	0	0	1	1	4
0	1	1	0	1	0	1	1	0	1	1	0	1	1	5
0	1	1	0	1	1	0	0	0	1	1	1	1	1	6
0	1	1	0	1	1	1	1	1	1	0	0	0	0	7
0	1	1	1	0	0	0	1	1	1	1	1	1	1	8
0	1	1	1	0	0	1	1	1	1	0	0	1	1	9
0	1	1	1	0	1	0	0	0	0	0	0	0	0	消隐
0	1	1	1	0	1	1	0	0	0	0	0	0	0	消隐
0	1	1	1	1	0	0	0	0	0	0	0	0	0	消隐
0	1	1	1	1	0	1	0	0	0	0	0	0	0	消隐
0	1	1	1	1	1	0	0	0	0	0	0	0	0	消隐
0	1	1	1	1	1	1	0	0	0	0	0	0	0	消隐
1	1	1	×	×	×	×	锁存							锁存

注　A、B、C、D—BCD码输入端；a、b、c、d、e、f、g—译码输出端，输出“1”有效，用来驱动共阴极LED数码管；$\overline{LT}$—测试输入端，$\overline{LT}$=“0”时，译码输出全为“1”；$\overline{BI}$—消隐输入端，$\overline{BI}$=“0”时，译码输出全为“0”；LE—锁定端，LE=“1”时译码器处于锁定（保持）状态，译码输出保持在LE=0时的数值，LE=0为正常译码。

在本数字电路实验装置上已完成了译码器CD4511和数码管之间的连接。实验时，只要接通+5V电源和将十进制数的BCD码接至译码器的相应输入端A、B、C、D即可显示0～9的数字。CD4511与LED数码管的连接如图5-16所示。2位数码管可接受2组BCD码输入。

（3）数据拨码开关。数据拨码开关是一种简单的机械式编码器，其内部为一组一对四的开关，其外引线为公共端C和8端、4端、2端、1端，内部结构示意图如图5-17所示。按动数据拨码开关按钮（“＋”与“－”按钮）选择0～9数字时，公共端C与8端、4端、2端、1端的通断关系如表5-11所示。在使用数据拨码开关时，公共端通常接电源或接地；8端、4端、2端、1端为数据输出端。利用数据拨码开关产生BCD码，具体电路如图5-18所示。

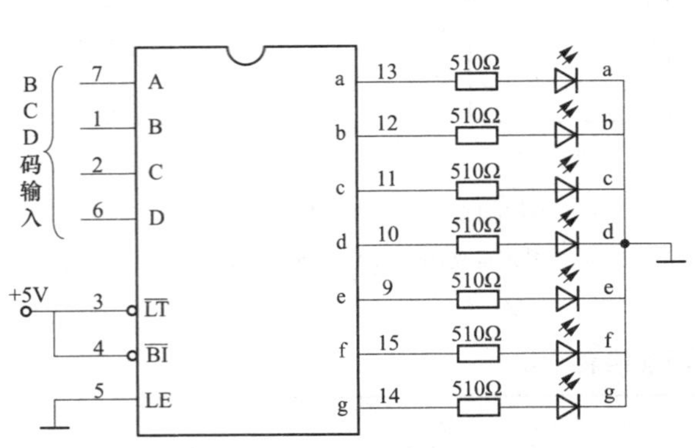

图5-16　CD4511驱动一位LED数码管

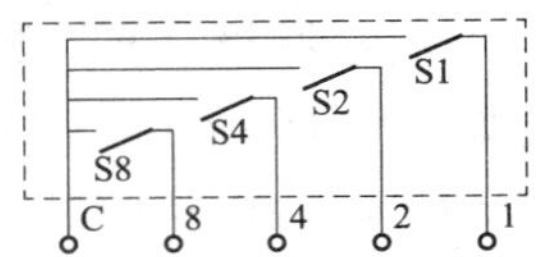

图5-17　数据拨码开关的结构示意图

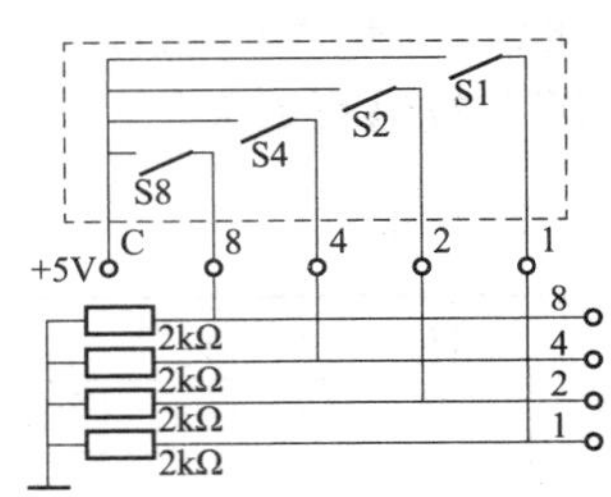

图5-18　数据拨码开关产生BCD码电路

表5-11　　公共端C与8、4、2、1端的通断关系

选择数字	8端	4端	2端	1端
0	断开	断开	断开	断开
1	断开	断开	断开	导通
2	断开	断开	导通	断开
3	断开	断开	导通	导通
4	断开	导通	断开	断开
5	断开	导通	断开	导通
6	断开	导通	导通	断开
7	断开	导通	导通	导通
8	导通	断开	断开	断开
9	导通	断开	断开	导通

三、实验设备

实验设备如表5-12所示。

表5-12　　实　验　设　备

序号	名称	型号与规格	数量	序号	名称	型号与规格	数量
1	+5V直流电源		1	5	拨码开关组		
2	逻辑电平显示器			6	3-8线译码器	74LS138	2
3	逻辑电平开关			7	BCD码锁存/七段译码/驱动器	CD4511	1
4	LED数码管						

四、实验内容

（1）译码器 74LS138 逻辑功能测试。将译码器使能端 S_1、$\overline{S_2}$、$\overline{S_3}$及地址端 A_2、A_1、A_0 分别接至逻辑电平开关输出口，八个输出端 $\overline{Y}_7$、…、$\overline{Y}_0$ 依次连接在逻辑电平显示器的八个输入口上，拨动逻辑电平开关，按表 5-9 逐项测试 74LS138 的逻辑功能。

（2）用 74LS138 构成时序脉冲分配器。实验电路如图 5-13 所示，时钟脉冲 CP 频率为 1Hz，要求时序脉冲分配器输出端 $\overline{Y}_0$、…、$\overline{Y}_7$ 的信号与时钟脉冲 CP 输入的信号同相。

画出时序脉冲分配器的实验电路，用示波器观察和记录在地址端 A_2、A_1、A_0 分别取 000～111 的 8 种不同状态时 $\overline{Y}_0$、…、$\overline{Y}_7$ 端的输出波形，注意输出波形与 CP 输入波形之间的相位关系。

（3）用 74LS138 设计一个一位全加器。

*（4）用两片 74LS138 组合成一个 4-16 线译码器，并进行实验。

（5）数码显示译码器的逻辑功能测试。在实验装置上有 2 组数据拨码开关，一组输出端为 H8、H4、H2、H1，另一组输出端为 L8、L4、L2、L1。将实验装置上的 2 组数据拨码开关的输出端分别接至 2 组显示译码/驱动器 CD4511 的对应数据输入端 D、C、B、A，然后按功能表 5-7输入的要求按动 2 个数据拨码开关的增减按钮（“+”与“−”按钮），观测数据拨码开关上显示的数字与 LED 数码管显示的对应数字是否一致，译码显示是否正常。

五、预习思考题

（1）复习有关译码器和分配器的原理。

（2）根据实验任务，画出所需的实验线路及记录表格。

（3）复习有关数据比码开关的基本知识及其应用场合。

六、实验报告

（1）画出实验线路，把观察到的波形画在坐标纸上，并标上对应的地址码。

（2）画出由 74LS138 构成一位全加器的设计电路。

（3）对实验结果进行分析、讨论。

实验五　触发器逻辑功能转换与测试

一、实验目的

（1）掌握基本 RS 触发器的逻辑功能及其测试方法。

（2）掌握集成 JK 触发器 74LS112 和 D 触发器 74LS74 的逻辑功能的测试方法。

（3）掌握 JK 触发器、D 触发器和 T 触发器之间的相互转换方法。

（4）提高识读触发器功能表的能力。

二、实验原理

触发器具有两个稳定状态，用以表示逻辑状态“1”和“0”。在一定的外界信号作用下，可以从一个稳定状态翻转到另一个稳定状态，它是一个具有记忆功能的二进制信息存贮器件，是构成各种时序电路的最基本逻辑单元。

1. 基本 RS 触发器

基本 RS 触发器是构成各种功能触发器的最基本单元，所以称为基本触发器。由两个与非门构成基本 RS 触发器，逻辑图如图 5-19 所示，它是无时钟控制低电平直接触发的触发器。基本 RS 触发器的逻辑功能如表 5-13 所示，具有复位（$Q^{n+1}=0$）、置位（$Q^{n+1}=1$）和保持（$Q^{n+1}=Q^n$）

三种功能。当$\overline{S_D}=0$，$\overline{R_D}=1$时触发器输出端被置“1”，所以通常称$\overline{S_D}$为置位输入端或置“1”端；同样，当$\overline{R_D}=0$，$\overline{S_D}=1$时触发器输出端被置“0”，所以称$\overline{R_D}$为复位输入端或置“0”端；当$\overline{S_D}=\overline{R_D}=1$时触发器输出状态保持；$\overline{S_D}=\overline{R_D}=0$时，触发器输出状态不定，应该避免此种情况发生。

基本RS触发器也可以用两个“或非门”组成，此时为高电平触发有效，逻辑图如图5-20所示，逻辑功能如表5-14所示。

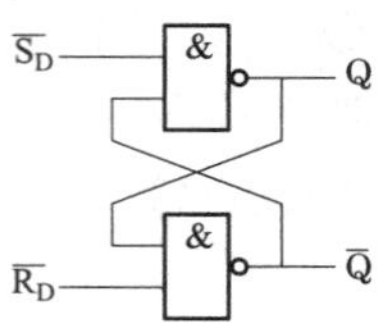

图5-19 由与非门构成的基本RS触发器

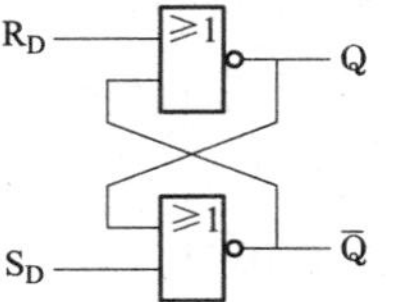

图5-20 由或非门构成的基本RS触发器

表5-13 与非门构成的基本RS触发器的功能表

$\overline{S_D}$	$\overline{R_D}$	Q^n	Q^{n+1}	$\overline{S_D}$	$\overline{R_D}$	Q^n	Q^{n+1}
1	1	0	0	1	0	0	0
1	1	1	1	1	0	1	0
0	1	0	1	0	0	0	1
0	1	1	1	0	0	1	1

表5-14 或非门构成的基本RS触发器的功能表

S_D	R_D	Q^n	Q^{n+1}	S_D	R_D	Q^n	Q^{n+1}
0	0	0	0	1	0	0	0
0	0	1	1	1	0	1	0
0	1	0	1	1	1	0	0
0	1	1	1	1	1	1	0

2. JK触发器

本实验采用74LS112双JK触发器，是下降边沿触发的边沿触发器，74LS112双JK触发器引脚功能及逻辑符号如图5-21所示，74LS112双JK触发器逻辑功能如表5-15所示。

JK触发器的状态方程为

$$Q^{n+1}=J\overline{Q}^n+\overline{K}Q^n$$

J和K是数据输入端，是触发器状态更新的依据，若J、K有两个或两个以上输入端时，组成“与”的关系。Q与$\overline{Q}$为两个互补输出端。通常把Q=0、$\overline{Q}$=1的状态称为触发器置“0”状态；而Q=1、$\overline{Q}$=0的状态称为置“1”状态。

JK触发器常被用作缓冲存储器、移位寄存器和计数器等。

3. D触发器

本实验采用双D触发器74LS74，是上升边沿触发的边沿触发器，引脚及逻辑符号如图5-22所示，逻辑功能如表5-16所示。D触发器有很多种型号可供各种用途的需要而选用。如双D触发器74HC74、四D触发器74LS175、六D触发器74LS174等。

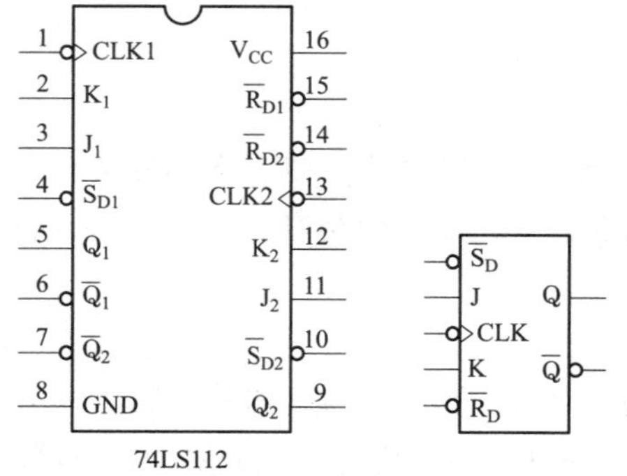

图5-21 74LS112双JK触发器引脚排列及逻辑符号

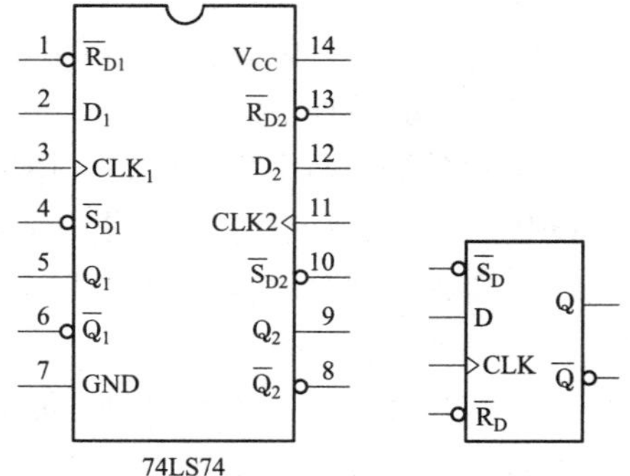

图5-22 74LS74引脚排列及逻辑符号

表 5-15 **74LS112 双 JK 触发器逻辑功能表**

$\overline{S_D}$	$\overline{R_D}$	CLK	J	K	Q^n	Q^{n+1}	说明
0	1	×	×	×	×	1	置“1”
1	0	×	×	×	×	0	置“0”
0	0	×	×	×	×	×	不定态
1	1	↓	0	0	0	0	保持
1	1	↓	0	0	1	1	
1	1	↓	0	1	0	0	置“0”
1	1	↓	0	1	1	0	
1	1	↓	1	0	0	1	置“1”
1	1	↓	1	0	1	1	
1	1	↓	1	1	0	1	翻转
1	1	↓	1	1	1	0	
1	1	1	×	×	0	0	保持
1	1	1	×	×	1	1	

表 5-16 **74LS74 双 D 触发器逻辑功能表**

$\overline{S_D}$	$\overline{R_D}$	CLK	D	Q^n	Q^{n+1}	说明
0	1	×	×	×	1	置“1”
1	0	×	×	×	0	置“0”
0	0	×	×	×	×	不定态
1	1	↑	0	0	0	
1	1	↑	0	1	0	
1	1	↑	1	0	1	
1	1	↑	1	1	1	
1	1	1	×	0	0	保持
1	1	1	×	1	1	

D 触发器的状态方程为

$$Q^{n+1} = D$$

D 是数据输入端，是触发器状态更新的依据，其输出状态的更新发生在 CLK 脉冲的上升沿，故又称为上升沿触发的边沿触发器，触发器的状态只取决于时钟到来前 D 端的状态，D 触发器的应用很广，可用作数字信号的寄存器、移位寄存器、分频器和波形发生器等。

4. T 触发器

在某些实际应用场合下，往往需要这样一种逻辑功能的触发器，当控制信号 T=0 时，每来一个时钟脉冲信号作用后，触发器状态保持不变；当控制信号 T=1 时，每来一个时钟脉冲信号作用后，触发器状态就翻转一次。具备这种逻辑功能的触发器称为 T 触发器。

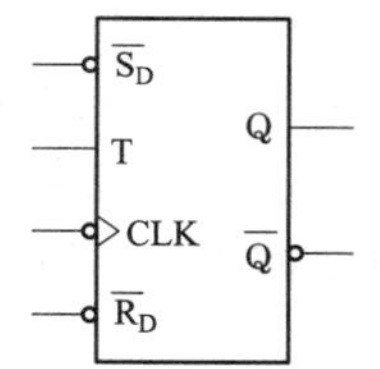

图 5-23 T 触发器逻辑符号

T 触发器的状态方程为 $Q^{n+1} = T\overline{Q^n} + \overline{T}Q^n = T \oplus Q^n$

T 触发器的逻辑符号如图 5-23 所示，逻辑功能如表 5-17 所示。

表 5-17 **T 触发器功能表**

$\overline{S_D}$	$\overline{R_D}$	CLK	T	Q^n	Q^{n+1}	说明
0	1	×	×	×	1	置“1”
1	0	×	×	×	0	置“0”
0	0	×	×	×	×	不定态
1	1	↓	0	0	0	保持
1	1	↓	0	1	1	
1	1	↓	1	0	1	翻转
1	1	↓	1	1	0	
1	1	1	×	0	0	保持
1	1	1	×	1	1	

若将 T 触发器的控制端 T 接至固定的高电平 T=1 时，就得 T′触发器。T′触发器状态

方程为

$$Q^{n+1} = \overline{Q}^n$$

在 T′触发器的 CLK 端每来一个时钟脉冲信号，触发器的状态就翻转一次，故称之为翻转触发器，广泛用于计数电路中。

5. 触发器之间的相互转换

在集成触发器的产品中，每一种触发器都有自己固定的逻辑功能。但根据实际需要，可以将某种逻辑功能的触发器经过改接或附加一些门电路后，获得具有其他功能的触发器。

(1) JK 触发器转换为 T 触发器。将 JK 触发器的 J、K 两端连在一起，称为 T 端，就构成了所需的 T 触发器，如图 5-24 所示，正因为如此，在触发器的定型产品中通常没有专用的集成芯片。若 JK 触发器的 J=K=T=1，就构成了所需的 T′触发器，如图 5-25 所示。

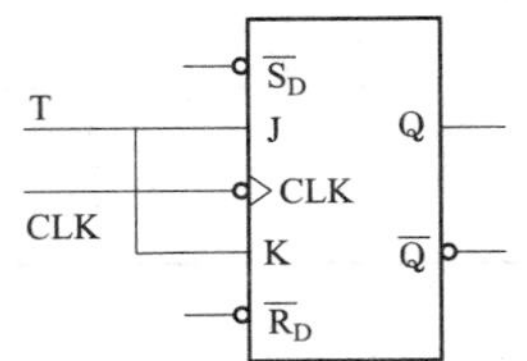

图 5-24 JK 转换为 T 触发器

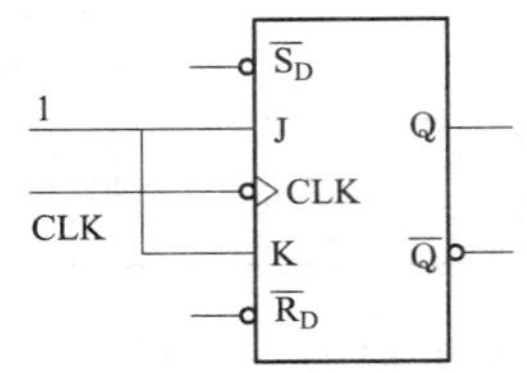

图 5-25 JK 转换为 T′触发器

(2) JK 触发器转换为 D 触发器。

JK 触发器的状态方程为 $Q^{n+1}=J\overline{Q}^n+\overline{K}Q^n$

D 触发器的状态方程为 $Q^{n+1}=D$

由 JK 触发器的状态方程和 D 触发器的状态方程可知，若 $J=D$，$K=\overline{D}$，则将 JK 触发器转换为 D 触发器，电路如图 5-26 所示。

(3) D 触发器转换为 T′触发器。若将 D 触发器端 $\overline{Q}$ 与 D 端相连，便转换成 T′触发器，电路如图 5-27 所示。

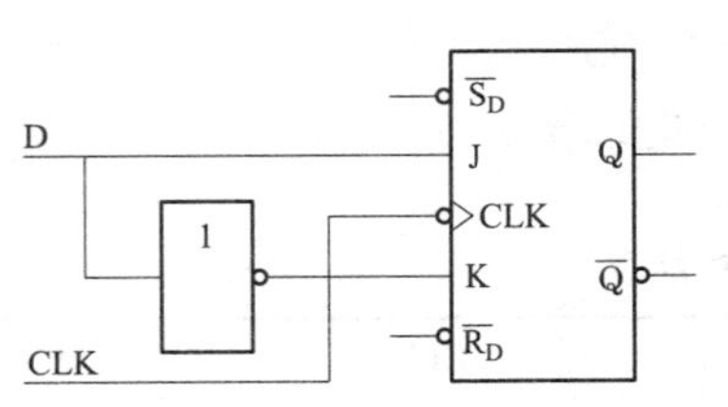

图 5-26 JK 转成 D 触发器

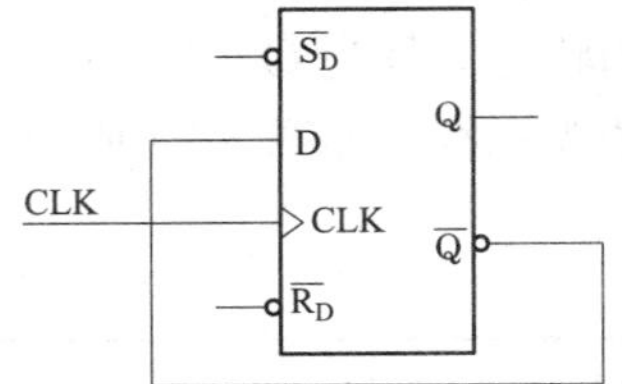

图 5-27 D 转成 T′触发器

三、实验设备

实验设备如表 5-18 所示。

表 5-18　　　　实　验　设　备

序号	名称	型号与规格	数量	序号	名称	型号与规格	数量
1	+5V 直流电源		1	6	双 JK 触发器	74LS112	1
2	逻辑电平显示器			7	双 D 触发器	74LS74	1
3	逻辑电平开关			8	非门	74LS04	1
4	连续脉冲源			9	四 2 输入与非门	74LS00	1
5	单次脉冲源			10	双踪示波器		1

四、实验内容

1. 测试基本 RS 触发器的逻辑功能

用集成芯片 74LS00 中的两个与非门组成基本 RS 触发器，具体按图 5-19 所示电路进行接线，输入端 $\overline{R}_D$、$\overline{S}_D$ 分别接至逻辑开关电平的输出插口，输出端 Q、$\overline{Q}$ 分别接至逻辑电平显示的输入插口，按表 5-19 要求的数据进行测试，测试数据填入表 5-19 中。

表 5-19　　　　基本 RS 触发器测试数据

初始条件	测试条件		Q^{n+1}	$\overline{Q}^{n+1}$
$\overline{R}_D=1$，$\overline{S}_D=1$，$Q^n=0$	改变 $\overline{S}_D$	1→0		
		0→1		
$\overline{R}_D=1$，$\overline{S}_D=1$，$Q^n=1$	改变 $\overline{S}_D$	1→0		
		0→1		
$\overline{R}_D=1$，$\overline{S}_D=1$，$Q^n=0$	改变 $\overline{R}_D$	1→0		
		0→1		
$\overline{R}_D=1$，$\overline{S}_D=1$，$Q^n=1$	改变 $\overline{R}_D$	1→0		
		0→1		
$\overline{R}_D=0$，$\overline{S}_D=0$，$Q^n=\times$	—			

2. 测试双 JK 触发器 74LS112 逻辑功能

任取 74LS112 中的一个 JK 触发器，输入端 $\overline{R}_D$、$\overline{S}_D$、J、K 分别接到逻辑电平开关输出插口，时钟脉冲信号输入端 CLK 接至单次脉冲源，输出端 Q、$\overline{Q}$ 分别接至逻辑电平显示输入插口。按照表 5-20 中的要求改变 $\overline{R}_D$、$\overline{S}_D$ 的逻辑电平，当 $\overline{R}_D=0$、$\overline{S}_D=0$，或 $\overline{R}_D=0$、$\overline{S}_D=1$，或 $\overline{S}_D=0$、$\overline{R}_D=1$ 时，输入端 J、K 和输出端 Q^n 皆为任意状态；当 $\overline{R}_D=1$、$\overline{S}_D=1$ 时，按表 5-20 的要求改变输入端 J、K 的逻辑电平；同时改变时钟脉冲信号输入端 CLK 的状态，观察输出端 Q、$\overline{Q}$ 的逻辑状态，观察触发器状态更新是否发生在 CLK 脉冲的下降沿，并将数据填入表 5-20 中。

表 5-20　　　　74LS112 逻辑功能的测试数据

$\overline{R}_D$	$\overline{S}_D$	J	K	Q^n	CLK	Q^{n+1}	$\overline{Q}^{n+1}$
0	0	1	1	×	↑		
					↓		
0	1	1	1	×	↑		
					↓		
1	0	1	1	×	↑		
					↓		

续表

$\overline{R}_D$	$\overline{S}_D$	J	K	Q^n	CLK	Q^{n+1}	$\overline{Q}^{n+1}$
1	1	0	0	0	↑		
					↓		
1	1	0	0	1	↑		
					↓		
1	1	0	1	0	↑		
					↓		
1	1	0	1	1	↑		
					↓		
1	1	1	0	0	↑		
					↓		
1	1	1	0	1	↑		
					↓		
1	1	1	1	0	↑		
					↓		
1	1	1	1	1	↑		
					↓		

3. 测试双 D 触发器 74LS74 的逻辑功能

任取 74LS74 中的一个 D 触发器，输入端 $\overline{R}_D$、$\overline{S}_D$、D 分别接到逻辑电平开关输出插口，时钟脉冲信号输入端 CLK 接至单次脉冲源，输出端 Q、$\overline{Q}$ 分别接至逻辑电平显示输入插口。按照表 5-21 中的要求改变 $\overline{R}_D$，$\overline{S}_D$ 的逻辑电平，当 $\overline{R}_D=0$、$\overline{S}_D=0$，或 $\overline{R}_D=0$、$\overline{S}_D=1$，或 $\overline{S}_D=0$、$\overline{R}_D=1$时，输入端 D 和输出端 Q^n 皆为任意状态；当 $\overline{R}_D=1$、$\overline{S}_D=1$ 时，按表 5-21 的要求改变输入端 D 的逻辑电平；同时改变时钟脉冲信号输入端 CLK 的状态，观察输出端 Q、$\overline{Q}$ 的逻辑状态，观察触发器状态更新是否发生在 CLK 脉冲的上升沿，并将数据填入表 5-21 中。

表 5-21　　测试 D 触发器的逻辑功能测试数据

$\overline{R}_D$	$\overline{S}_D$	D	Q^n	CLK	Q^{n+1}	$\overline{Q}^{n+1}$
0	0	1	×	↓		
				↑		
0	1	1	×	↓		
				↑		
1	0	0	×	↓		
				↑		
1	1	0	0	↓		
				↑		
1	1	0	1	↓		
				↑		
1	1	1	0	↓		
				↑		
1	1	1	1	↓		
				↑		

4. 测试 T 触发器的逻辑功能

任取 74LS112 中的一个 JK 触发器，将输入端 J、K 连在一起，构成 T 触发器的输入端 T，再分别输入端 T、$\overline{R}_D$、$\overline{S}_D$ 接到逻辑开关输出插口，时钟脉冲信号输入端 CLK 接至单次脉冲源，输出端 Q、$\overline{Q}$ 分别接至逻辑电平显示输入插口。按照表 5-22 中的要求改变 $\overline{R}_D$、$\overline{S}_D$ 的逻辑电平，当 $\overline{R}_D=0$、$\overline{S}_D=0$，或 $\overline{R}_D=0$、$\overline{S}_D=1$，或 $\overline{S}_D=0$、$\overline{R}_D=1$ 时，输入端 T 和输出端 Q^n 皆为任意状态；当 $\overline{R}_D=1$、$\overline{S}_D=1$ 时，按表 5-22 的要求改变输入端 T 的逻辑电平；同时改变时钟脉冲信号输入端 CLK 的状态，观察输出端 Q、$\overline{Q}$ 的逻辑状态，观察触发器状态更新是否发生在 CLK 脉冲的下降沿，并将数据填入表 5-22 中。

表 5-22　　测试 T 触发器的逻辑功能测试数据

$\overline{R}_D$	$\overline{S}_D$	T	Q^n	CLK	Q^{n+1}	$\overline{Q}^{n+1}$
0	0	1	×	↑		
				↓		
0	1	1	×	↑		
				↓		
1	0	0	×	↑		
				↓		
1	1	0	0	↑		
				↓		
1	1	0	1	↑		
				↓		
1	1	1	0	↑		
				↓		
1	1	1	1	↑		
				↓		

5. 触发器之间的相互转换

（1）JK 触发器转换为 D 触发器。任取 74LS112 中的一个 JK 触发器和 74LS04 中的一个非门，按照图 5-26 进行连接，就将 JK 触发器转换为 D 触发器。将输入端 D、$\overline{R}_D$、$\overline{S}_D$ 接到逻辑开关输出插口，时钟脉冲信号输入端 CLK 接至单次脉冲源，输出端 Q、$\overline{Q}$ 分别接至逻辑电平显示输入插口。测试方法同实验内容 3，并记录数据，表格自行设计。

（2）D 触发器转换为 T′触发器。任取 74LS74 中的一个 D 触发器，按照图 5-27 进行连接，就将 D 触发器转换为 T′触发器。将输入端 $\overline{R}_D$、$\overline{S}_D$ 接到逻辑开关输出插口，时钟脉冲信号输入端 CLK 接至单次脉冲源，输出端 Q、$\overline{Q}$ 分别接至逻辑电平显示输入插口。按表 5-23 的要求设置输出端 Q^n 的逻辑电平，即设置了 74LS74 中 D 触发器的输入端信号 D 的逻辑电平（$D=\overline{Q}^n$）；再改变时钟脉冲信号输入端 CLK 的状态，观察输出端 Q^{n+1}、$\overline{Q}^{n+1}$ 的逻辑状态，观察触发器状态更新是否发生在 CLK 脉冲的下降沿，并将数据填入表 5-23 中。

表 5-23 测试 T′触发器的逻辑功能测试数据

$\overline{R}_D$	$\overline{S}_D$	Q^n	CLK	Q^{n+1}	$\overline{Q}^{n+1}$
0	0	×	↓		
			↑		
0	1	×	↓		
			↑		
1	0	×	↓		
			↑		
1	1	0	↓		
			↑		
1	1	1	↓		
			↑		

五、预习思考题

(1) 复习有关触发器的基本知识。

(2) 复习有关触发器之间相互转换的基本知识。

(3) 设计由 D 触发器转换为 JK 触发器、T 触发器的逻辑电路。

(4) 列出各种触发器的逻辑功能测试表格。

六、实验报告

(1) 按照实验内容完成各项任务。

(2) 总结观察到的波形，并说明触发器的触发方式。

(3) 总结 JK 触发器、D 触发器、T 触发器、T′触发器的逻辑功能。

(4) 体会触发器的应用。

实验六 时序逻辑电路的设计

一、实验目的

(1) 掌握用集成触发器的使用方法。

(2) 掌握同步时序逻辑电路的设计与测试方法。

二、实验原理

1. 同步时序逻辑电路设计流程

在设计同步时序逻辑电路时，要求设计者根据给出的具体逻辑问题，求出实现这一逻辑功能的逻辑电路，所得到的设计结果应力求简单。设计同步时序逻辑电路的一般步骤如图 5-28 所示。

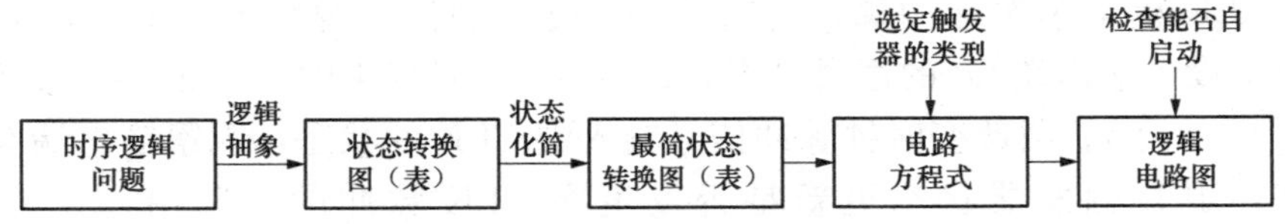

图 5-28 设计同步时序逻辑电路的一般步骤

2. 同步时序逻辑电路设计举例

图 5-29 是用四只 D 触发器构成的四位二进制异步加法计数器，它的连接特点是将每只 D 触发器接成 T′触发器，再由低位触发器的 $\overline{Q}$ 端和高一位的 CP 端相连接。

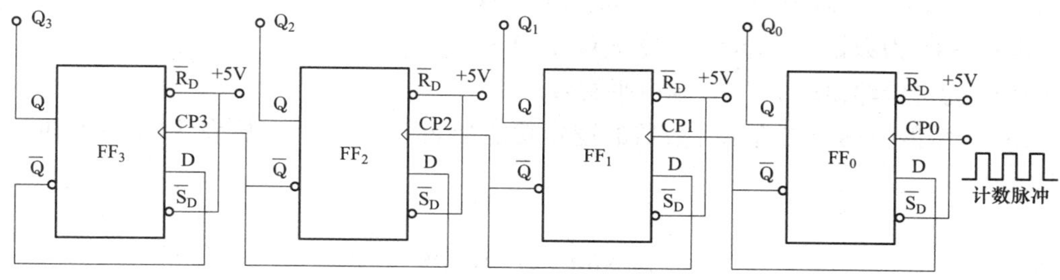

图 5-29 四位二进制异步加法计数器

若将图 5-29 稍加改动，即将低位触发器的 Q 端与高一位的 CP 端相连接，即构成了一个 4 位二进制减法计数器，如图 5-30 所示。

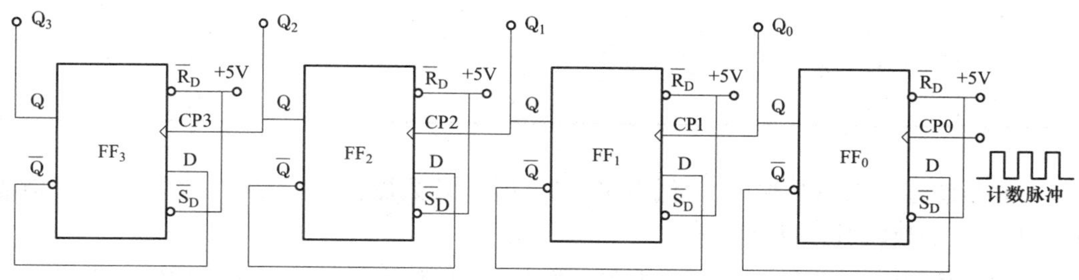

图 5-30 四位二进制异步减法计数器

3. 同步二进制计数器

中规模集成芯片 74LS161 是四位同步二进制计数器，其引脚排列及逻辑符号如图 5-31 所示。各外引脚端的功能是：

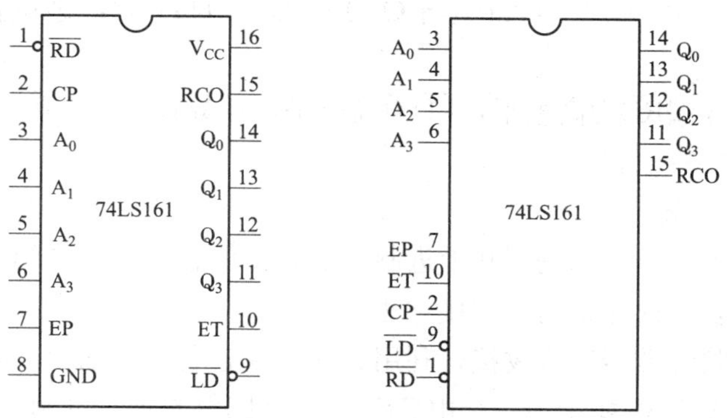

图 5-31 74LS161 引脚排列及逻辑符号

引脚 1 为清零端$\overline{RD}$，低电平有效；

引脚 2 为时钟脉冲输入端 CP，上升沿有效（CP↑）；

引脚 3～6 为数据输入端 A_0、A_1、A_2、A_3，是预置数，可预置任何一个四位二进制数；

引脚 7、10 为计数控制端 EP、ET，当两者或其中之一为低电平时，计数器保持原态，当两者均为高电平时，计数；

引脚 9 为同步并行置数控制端$\overline{LD}$，低电平有效；

引脚 11～14 为数据输出端 Q_3、Q_2、Q_1、Q_0；

引脚 15 为进位输出端 RCO，高电平有效。

74LS161 型四位同步二进制计数器的逻辑功能如表 5-24 所示，从表 5-24 中可知具有如下功能：

表 5-24　　74LS161 功能表

输入									输出			
$\overline{RD}$	CP	$\overline{LD}$	EP	ET	A_3	A_2	A_1	A_0	Q_3	Q_2	Q_1	Q_0
0	×	×	×	×	×				0	0	0	0
1	↑	0	×	×	d_3	d_2	d_1	d_0	d_3	d_2	d_1	d_0
1	↑	1	1	1	×				计数			
1	×	1	0	×	×				保持			
1	×	1	×	0	×				保持			

（1）异步清零。当清零端$\overline{RD}$为低电平“0”时，计数器直接清零，与 CP 无关；清零端$\overline{RD}$置高电平，则执行其他功能。

（2）同步预置。当清零端$\overline{RD}$为高电平，置数端$\overline{LD}$为低电平时，在置数输入端 A_3、A_2、A_1、A_0 预置某个数据，在 CP 上升沿的时刻，才将 A_3、A_2、A_1、A_0 的数据送入计数器。因此预置数是必须在 CP 作用下。

（3）计数。当清零端$\overline{RD}$为高电平，$\overline{LD}$为高电平，计数控制端 EP、ET 为高电平时，电路是模 2^4 同步递增计数器，执行计数功能。在时钟脉冲 CP 送入时，电路按自然二进制数序列转换，即由 0000→0001→…→1111。当 $Q_3Q_2Q_1Q_0=1111$ 时，进位输出端 RCO 输出高电平。

（4）保持。当清零端$\overline{RD}$为高电平，$\overline{LD}$为高电平，计数控制端 EP、ET 两者或其中之一为低电平时，计数器保持原态。

4. 实现任意进制计数

目前常用的计数器主要是二进制和十进制，当需要任意一种进制的计数器时，只能将现有的计数器改接而得。下面介绍两种改接方法。

（1）清零法。如将计数器适当改接，利用其清零端进行反馈置 0，可得出小于原进制的多种进制的计数器。图 5-32 所示为一个由 74LS161 型四位同步二进制计数器接成的 12 进制计数器。

（2）置数法。此法适用于某些有并行预置数的计数器。图 5-33 所示为一个由 74LS161 型四位同步二进制计数器接成的 13 进制计数器。

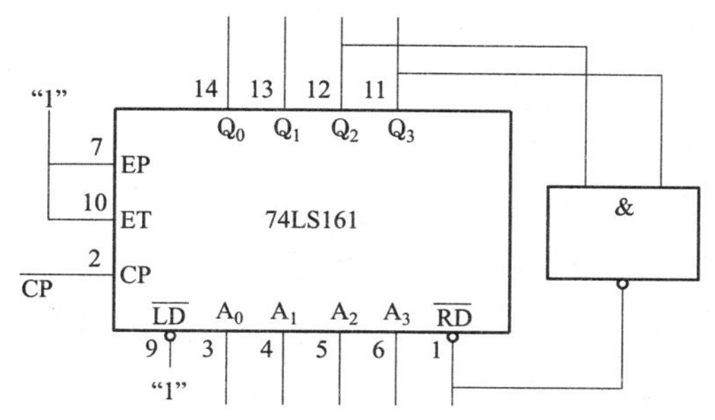

图 5-32　74LS161 计数器接成的 12 进制计数器

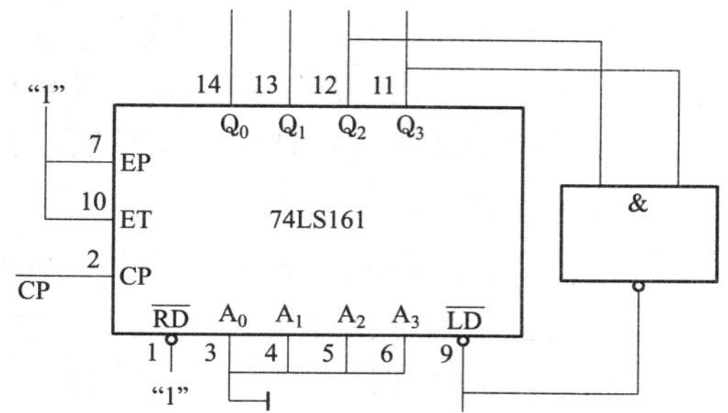

图 5-33　74LS161 计数器接成的 13 进制计数器

三、实验设备

实验设备如表 5-25 所示。

表 5-25　　实　验　设　备

序号	名称	型号与规格	数量	序号	名称	型号与规格	数量
1	+5V 直流电源		1	6	四位同步二进制计数器	74LS161	2
2	逻辑电平显示器			7	双 D 触发器	74LS74	1
3	逻辑电平开关			8	四 2 输入与非门	74LS00	1
4	连续脉冲源			9	双 4 输入与非门	74LS20	1
5	单次脉冲源						

四、实验内容

(1) 设计一个 4 位二进制异步加法/减法计数器。

任务：

1) 用 74LS74D 触发器构成 4 位二进制异步加法计数器。

2) 用 74LS74D 触发器构成 4 位二进制异步减法计数器。

要求：

1) 画出设计电路图，按图进行接线，将 $\overline{S}_D$、$\overline{R}_D$ 接至逻辑开关输出插口，将低位 CP0 端接单次脉冲源，输出端 Q_3、Q_2、Q_1、Q_0 接逻辑电平显示输入插口。$\overline{S}_D$、$\overline{R}_D$ 接高电平"1"。

2) 清零后，逐个送入单次脉冲，观察并列表记录 Q_3～Q_0 状态。

3) 将单次脉冲改为 1Hz 的连续脉冲，观察并列表记录 Q_3～Q_0 的状态。

4) 画出 CP、Q_3、Q_2、Q_1、Q_0 的输出波形。

(2) 设计一个 10 进制加法计数器。

任务：

1) 用清零法实现。

2) 用置数法实现。

要求：

1) 用 74LS161 型四位同步二进制计数器的进行设计。

2) 画出设计电路图，按图所示电路进行实验，并记录实验数据。

*(3) 利用 2 片 74LS161 计数器设计一个 60 进制计数器并进行实验。

五、预习思考题

(1) 复习有关计数器部分内容。

（2）绘出各实验内容的详细线路图。

（3）拟出各实验内容所需的测试记录表格。

（4）学习用计数器进行任意进制计数的设计方法。

六、实验报告

（1）画出实验线路图，记录、整理实验现象及实验所测得的有关波形。

（2）对实验结果进行分析、讨论。

（3）总结使用集成计数器的心得体会。

实验七 计数器测试及其应用

一、实验目的

（1）掌握中规模集成计数器 74LS160 的使用及功能测试方法。

（2）掌握使用集成计数器构成任意进制计数器的基本方法。

二、实验原理

计数器是一个用以实现计数功能的时序部件，它不仅可用来计脉冲数，还常用作数字系统的定时、分频和执行数字运算以及其他特定的逻辑功能。计数器种类很多。按构成计数器中的各触发器是否使用一个时钟脉冲源来分，有同步计数器和异步计数器；根据计数制的不同，分为二进制计数器、十进制计数器和任意进制计数器；根据计数的增减趋势，又分为加法、减法和可逆计数器；还有可预置数和可编程序功能计数器等。

中规模集成芯片 74LS160 是同步十进制计数器，其引脚排列及逻辑符号如图 5-34 所示。各外引脚端的功能是：

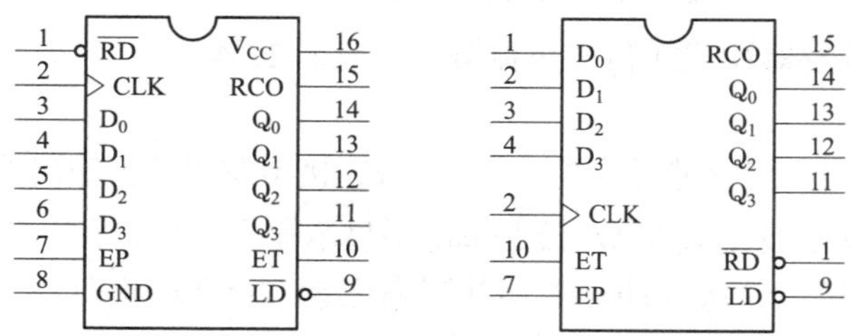

图 5-34 74LS160 引脚排列及逻辑符号

引脚 1 为清零端$\overline{RD}$，低电平有效；

引脚 2 为时钟脉冲输入端 CLK，上升沿有效；

引脚 3～6 为数据输入端 D_0、D_1、D_2、D_3，是预置数，可预置任何一个四位二进制数；

引脚 7、10 为计数控制端 EP、ET，当两者或其中之一为低电平时，计数器保持原态、当两者均为高电平时，计数；

引脚 9 为同步并行置数控制端$\overline{LD}$，低电平有效；

引脚 11～14 为数据输出端 Q_3、Q_2、Q_1、Q_0；

引脚 15 为进位输出端 RCO，高电平有效。

74LS160 型四位同步二进制计数器的逻辑功能如表 5-26 所示。

表 5-26　**74LS160 功能表**

输入									输出			
$\overline{RD}$	CP	$\overline{LD}$	EP	ET	D_3	D_2	D_1	D_0	Q_3	Q_2	Q_1	Q_0
0	×	×	×	×		×			0	0	0	0
1	↑	0	×	×	d_3	d_2	d_1	d_0	d_3	d_2	d_1	d_0
1	↑	1	1	1		×				计数		
1	×	1	0	×		×				保持		
1	×	1	×	0		×				保持		

从表 5-26 中可知具有如下功能：

（1）异步清零。当清零端$\overline{RD}$为低电平“0”时，计数器直接清零，与 CP 无关；清零端$\overline{RD}$置高电平，则执行其他功能。

（2）同步预置。当清零端$\overline{RD}$为高电平，置数端$\overline{LD}$为低电平时，在置数输入端 D_3、D_2、D_1、D_0 预置某个数据，在 CP 上升沿的时刻，才将 D_3、D_2、D_1、D_0 的数据送入计数器。因此预置数是必须在 CP 作用下。

（3）计数。当清零端$\overline{RD}$为高电平，$\overline{LD}$为高电平，计数控制端 EP、ET 为高电平时，电路是模 2^4 同步递增计数器，执行计数功能。在时钟脉冲 CP 送入时，电路按自然二进制数序列转换，即由 0000→0001→…→1001。当 $Q_3Q_2Q_1Q_0=1001$ 时，进位输出端 RCO 输出高电平。

（4）保持。当清零端$\overline{RD}$为高电平，$\overline{LD}$为高电平，计数控制端 EP、ET 两者或其中之一为低电平时，计数器保持原态。

目前常用的计数器主要是二进制和十进制，当需要任意一种进制的计数器时，只能将现有的计数器改接而得。下面介绍两种改接方法。

（1）清零法。如将计数器适当改接，利用其清零端进行反馈置 0，可得出小于原进制的多种进制的计数器。图 5-35 所示为一个由 74LS160 型同步十进制计数器接成的七进制计数器。

（2）置数法。此法适用于某些有并行预置数的计数器。图 5-36 所示为一个由 74LS160 型同步十进制计数器接成的七进制计数器。

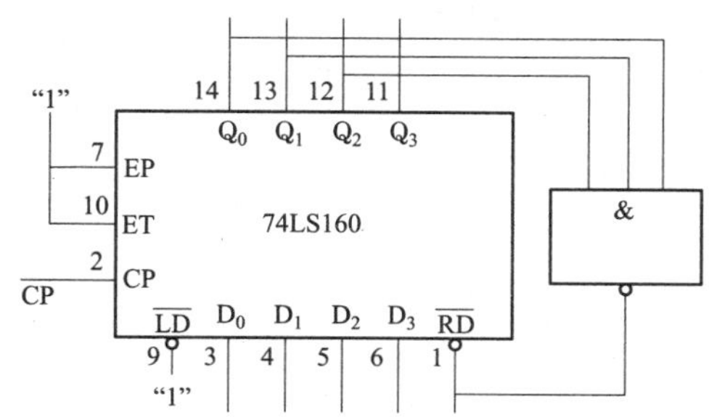

图 5-35　74LS160 计数器接成的七进制计数器

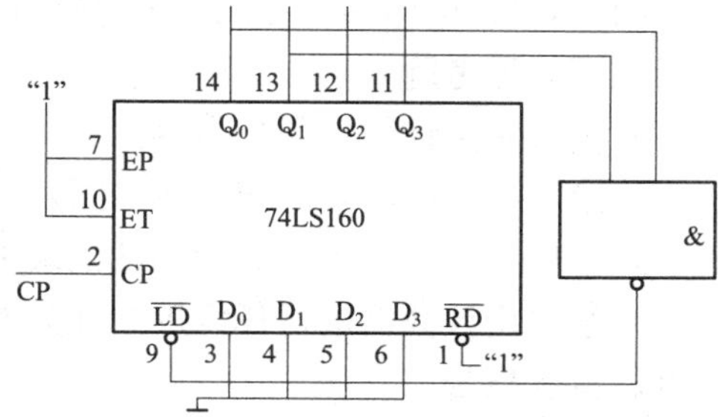

图 5-36　74LS160 计数器接成的七进制计数器

三、实验设备

实验设备如表 5-27 所示。

表 5-27 实验设备

序号	名称	型号与规格	数量	序号	名称	型号与规格	数量
1	+5V 直流电源		1	5	单次脉冲源		
2	逻辑电平显示器			6	同步十进制计数器	74LS161	2
3	逻辑电平开关			7	四 2 输入与非门	74LS00	1
4	连续脉冲源			8	二 4 输入与非门	74LS20	1

四、实验内容

(1) 使用清零法设计一个六进制加法计数器。

要求：

1) 使用 74LS160 型同步十进制计数器进行设计。

2) 画出设计电路图，按图所示电路进行实验，并记录实验数据。

(2) 使用置数法设计一个六进制加法计数器。

要求：

1) 使用 74LS160 型同步十进制计数器进行设计。

2) 预置数据输入端 $D_3D_2D_1D_0=0011$。

3) 画出设计电路图，按图所示电路进行实验，并记录实验数据。

*(3) 设计一个五进制加法计数器。

任务：

1) 用清零法实现。

2) 用置数法实现，预置数据 1000。

要求：

1) 用 74LS160 型同步十进制计数器进行设计。

2) 画出设计电路图，按图所示电路进行实验，并记录实验数据。

(4) 设计一个六十进制加法计数器。

要求：

1) 使用 2 片 74LS160 型同步十进制计数器进行设计；

2) 画出设计电路图，按图所示电路进行实验，并记录实验数据。

五、预习思考题

(1) 复习有关计数器部分内容。

(2) 绘出各实验内容的详细线路图。

(3) 拟出各实验内容所需的测试记录表格。

(4) 学习用计数器进行任意进制计数的设计方法。

六、实验报告

(1) 画出实验线路图，记录、整理实验现象及实验所测得的有关波形。

(2) 对实验结果进行分析、讨论。

(3) 总结使用集成计数器的心得体会。

实验八　集成定时器及其应用

一、实验目的

（1）了解集成定时器的电路结构、工作原理及其特点。

（2）掌握集成定时器电路的基本应用。

二、实验原理

集成定时器又称为集成时基电路或 555 电路（以下简称 555 定时器），是一种数字、模拟混合型的中规模集成电路，应用十分广泛。它是一种产生时间延迟和多种脉冲信号的电路，由于内部电压标准使用了三个 5K 电阻，故取名 555 电路。其电路类型有双极型和 CMOS 型两大类，两者的结构与工作原理类似。几乎所有的双极型产品型号最后的三位数码都是 555 或 556；所有的 CMOS 产品型号最后四位数码都是 7555 或 7556，两者的逻辑功能和引脚排列完全相同，易于互换。555 和 7555 是单定时器。556 和 7556 是双定时器。双极型的电源电压 $V_{CC}=+5\sim+15V$，输出的最大电流可达 200mA，CMOS 型的电源电压为 $+3\sim+18V$。

1. 555 定时器的工作原理

555 定时器的内部电路方框图如图 5-37 所示。它含有两个电压比较器，三个 3kΩ 电阻，一个基本 RS 触发器，一个放电开关管 T 以及功率输出级组成。比较器的参考电压由三只 5kΩ 的电阻器构成的分压器提供。它们分别使高电平比较器 C1 的同相输入端和低电平比较器 C2 的反相输入端的参考电平为 $\frac{2}{3}V_{CC}$ 和 $\frac{1}{3}V_{CC}$。C1 与 C2 的输出端控制 RS 触发器状态和放电管开关状态。当输入信号自 6 脚，即高电平触发输入并超过参考电平 $\frac{2}{3}V_{CC}$ 时，触发器复位，555 的输出端 3 脚输出低电平，同时放电开关管导通；当输入信号自 2 脚输入并低于 $\frac{1}{3}V_{CC}$ 时，触发器置位，555 的 3 脚输出高电平，同时放电开关管截止。

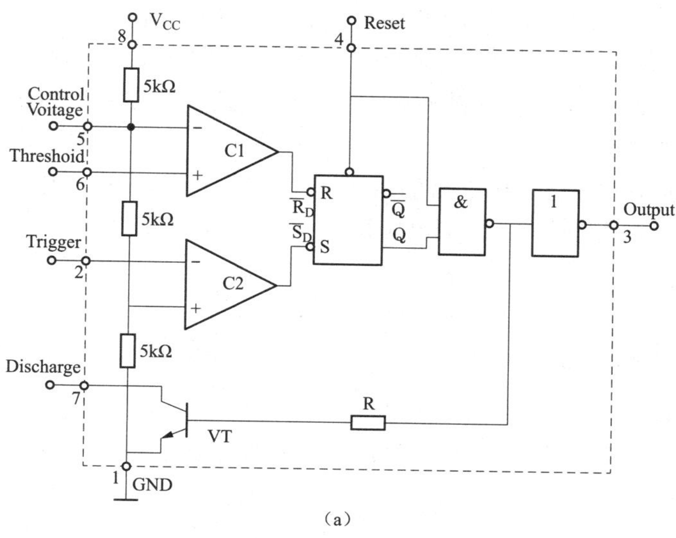

图 5-37　555 定时器内部框图、引脚排列及功能表（一）

（a）555 定时器内部框图

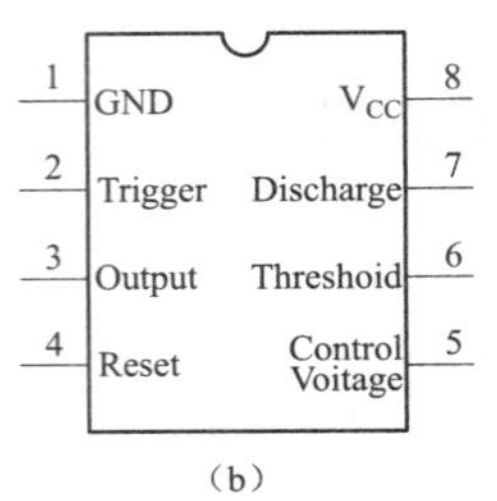

（b）

输入			输出	
阈值输入6	触发输入2	复位4	输出3	发电管T7
X	X	0	0	导通
$<\frac{2}{3}V_{CC}$	$<\frac{1}{3}V_{CC}$	1	1	截止
$>\frac{2}{3}V_{CC}$	$>\frac{1}{3}V_{CC}$	1	0	导通
$<\frac{2}{3}V_{CC}$	$<\frac{1}{3}V_{CC}$	1	不变	不变

（c）

图 5-37 555 定时器内部框图、引脚排列及功能表（二）

（b）555 定时器引脚排列；（c）555 定时器功能表

555 定时器各引脚的功能是：

引脚 1（GND）：接地端。

引脚 2（Trigger）：触发端。

引脚 3（Output）：输出端。

引脚 4（Reset）：复位端。当 Reset=0，555 输出低电平，不受其他输入端状态的影响。正常工作时 Reset 端开路或接 V_{CC}。

引脚 5（Control Voltage）：控制电压端。平时输出$\frac{2}{3}V_{CC}$作为比较器 C1 的参考电平，当引脚 5 外接一个输入电压，即改变了比较器的参考电平，从而实现对输出的另一种控制，在不接外加电压时，通常接一个 0.01μF 的电容器到地，起滤波作用，以消除外来的干扰，以确保参考电平的稳定。

引脚 6（Threshold）：阈值端。

引脚 7（Discharge）：放电端。T 为放电管，当 T 导通时，将给接于脚 7 的电容器提供低阻放电通路。

引脚 8（V_{CC}）：接电源端。

555 定时器主要是与电阻、电容构成充放电电路，并由两个比较器来检测电容器上的电压，以确定输出电平的高低和放电开关管的通断。这就很方便地构成从微秒到数十分钟的延时电路，可方便地构成单稳态触发器，多谐振荡器、施密特触发器等脉冲产生或波形变换电路。

2. 555 定时器的典型应用

（1）单稳态触发器。单稳态触发器的组成如图 5-38（a）所示，由 555 定时器和外接定时元件 R、C 构成的单稳态触发器。当电源接通后，V_{CC}通过电阻 R 向电容 C 充电，待电容上电压 u_C 上升到$\frac{2}{3}V_{CC}$时，RS 触发器置 0，即输出 u_o 为低电平，同时电容 C 通过三极管 T 放电。当触发端（引脚 2）的外界输入信号电压 $u_i<\frac{1}{3}V_{CC}$时，RS 触发器置 1，即输出 u_o 为高电平，同时三极管 T 截止。电源 V_{CC}再次通过电阻 R 向电容 C 充电。输出电压维持高电平的时间取决于 RC 的充电时间，当 $t=t_W$ 时，电容上的充电电压为

$$u_C = V_{CC}\left(1-e^{-\frac{t_{po}}{RC}}\right)=\frac{2}{3}V_{CC}$$

所以输出电压的脉宽

$$t_W = RC\ln 3 \approx 1.1RC$$

一般 R 取 1kΩ～10MΩ，C>1000pF。波形图如图 5-38（b）所示。

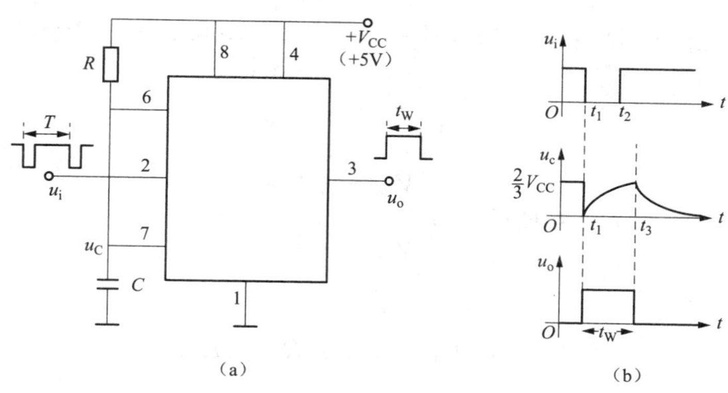

图 5-38 单稳态触发器

（a）电路图；（b）波形图

值得注意的是：u_i 的重复周期必须大于 t_W，才能保证每一个正倒置脉冲起作用。由上式可知，单稳态电路的暂态时间与 V_{CC} 无关。因此用 555 定时器组成的单稳态电路可以作为较精确定时器。

（2）多谐振荡器。多谐振荡器电路如图 5-39（a）所示，由 555 定时器和外接元件 R_1、R_2、C 构成多谐振荡器，脚 2 与脚 6 直接相连。电路没有稳态，仅存在两个暂稳态，电路亦不需要外加触发信号。当电源接通后，利用电源电压 V_{CC} 通过电阻 R_1、R_2 向电容 C 充电。电容上的电压 u_C 按指数规律上升，当 u_C 上升至 $\frac{2}{3}V_{CC}$ 时，因 u_C 与阈值输入端（脚 6）相连，有 $u_C=u_6$，使比较器 C1 输出翻转，输出电压 u_o 变为低电平（$u_o=0$），同样，放电管 T 导通，电容 C 通过 R_2 向放电端放电，使电路产生振荡。当电容上的电压 u_C 下降至 $\frac{1}{3}V_{CC}$ 时，比较器 C2 工作，输出电压 u_o 变为高电平（$u_o=1$），电容 C 放电终止，V_{CC} 通过电阻 R_1、R_2 又开始充电；周而复始，形成振荡。其振荡周期与充放电的时间有关。使电路产生振荡电容 C 在 $\frac{1}{3}V_{CC}$ 和 $\frac{2}{3}V_{CC}$ 之间充电和放电，其波形如图 5-39（b）所示。输出信号的时间参数是

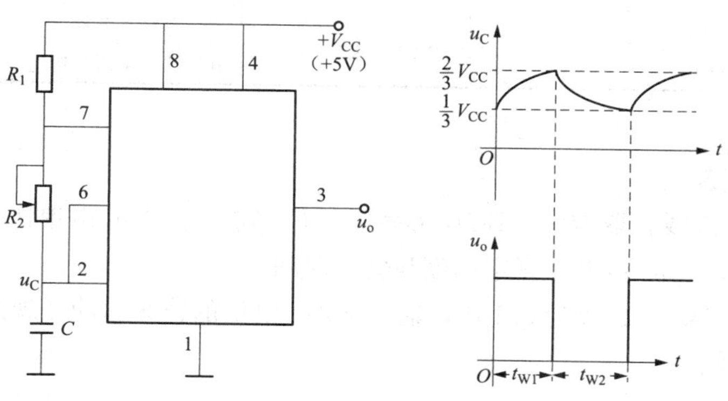

图 5-39 多谐振荡器

充电时间

$$t_{W1}=(R_1+R_2)C\times\ln\left(\frac{V_{CC}-\frac{2}{3}V_{CC}}{V_{CC}-\frac{1}{3}V_{CC}}\right)\approx 0.7(R_1+R_2)C$$

放电时间

$$t_{W2}=R_2C\times\ln\left(\frac{V_{CC}-\frac{2}{3}V_{CC}}{V_{CC}-\frac{1}{3}V_{CC}}\right)\approx 0.7R_2C$$

振荡周期

$$T=t_{W1}+t_{W2}\approx 0.7(R_1+2R_2)C$$

振荡频率

$$f=\frac{1}{T}=\frac{1}{t_{W1}+t_{W2}}\approx\frac{1.44}{(R_1+2R_2)C}$$

占空系数

$$D=\frac{t_{W1}}{T}=\frac{R_1+R_2}{R_1+2R_2}$$ 当 $R_2\gg R_1$ 时，占空系数近似为50%。

由上分析可知：

1）电路的振荡周期 T、占空系数 D 仅与外界元件 R_1、R_2 和 C 有关，不受电源电压变化的影响。

2）改变，即可改变占空系数，其值可在较大范围内调节。

3）改变 C 的值，可单独改变周期，而不影响占空系数。

另外，复位端（脚 4）也可输入一控制信号。复位端（脚 4）为低电平，电路停振。

三、实验设备

实验设备如表 5-28 所示。

表 5-28 实验设备

序号	名称	型号与规格	数量	序号	名称	型号与规格	数量
1	+5V 直流电源		1	5	单次脉冲源		
2	逻辑电平显示器			6	555 定时器		2
3	逻辑电平开关			7	双踪示波器		1
4	连续脉冲源			8	电位器、电阻、电容		若干

四、实验内容

1. 单稳态触发器

（1）按图 5-38 连线，取 $R=5.1\text{k}\Omega$，$C=0.1\mu\text{F}$，输入信号 u_i 由单次脉冲源提供，用双踪示波器观测 u_i、u_C、u_o 波形。测定幅度与暂稳时间。

（2）将 R 改为 $1\text{k}\Omega$，C 改为 $0.1\mu\text{F}$，输入端加 1kHz 的连续脉冲，观测波形 u_i、u_C、u_o，测定幅度及暂稳时间。

2. 多谐振荡器

按图 5-39 接线，用双踪示波器观测 u_C 与 u_o 的波形，测定频率。

五、预习思考题

（1）复习555定时器的工作原理及其应用。

（2）拟定实验中所需的数据、表格等。

六、实验报告

（1）整理实验数据，画出实验内容中所要求的波形。

（2）分析、总结实验结果。

第三篇 EDA 技术实验

第六章 Multisim 9.0 仿真软件介绍

实验一 Multisim 9.0 的特点及安装

一、虚拟电子工作台（Multisim 9.0）简述

在进行电子电路设计时，通常需要制作一块实验板来进行调试，以测试所设计的电路是否达到设计要求。但是，设计的电路往往不能一次性通过，要反复经过许多次调试，才能符合设计要求。这样既费时费力，又增加了产品的成本。另外，因受实验场所、仪器设备等因素的限制，许多实验不能进行。为了解决上述一系列问题，加拿大 Interactive Image Technologies 公司于 20 世纪 80 年代末、90 年代初推出了专门用于电子电路仿真和设计的“虚拟电子工作平台”（Multisim 9.0，即 electronics workbench 的缩写）软件，是一种在电子技术界广为应用的优秀计算机仿真设计软件，被誉为“虚拟电子实验室”。电子产品设计人员利用这个软件对所设计的电路进行仿真和调试。一方面可以验证所设计的电路是否能达到设计要求的技术指标；另一方面，又可以通过改变电路中元器件的参数，使整个电路性能达到最佳。其软件的特点是图形界面操作，易学、易用，快捷、方便，真实、准确，使用 Multisim 9.0 可实现大部分硬件电路实验的功能。

电子工作平台的设计实验工作区好像一块“面包板”，在上面可建立各种电路进行仿真实验。电子工作平台的元器件库可为用户提供 350 多种常用模拟和数字器件，可供设计和实验时任意调用。虚拟器件在仿真时可设定为理想模式和实际模式，有的虚拟器件还可直观显示，如发光二极管可以发出红、绿、蓝光，逻辑探头像逻辑笔那样可直接显示电路结点的高低电平，继电器和开关的触点可以分合动作，熔断器可以烧断，灯泡可以烧坏，蜂鸣器可以发出不同音调的声音，电位器的触点可以按比例移动改变阻值。电子工作平台的虚拟仪器库存放着数字万用表、双通道 1000MHz 数字存储示波器、999MHz 数字函数发生器、可直接显示电路频率响应的波特图仪、16 路数字信号逻辑分析仪、16 位数字信号发生器等，这些虚拟仪器可以随时拖放到工作区对电路进行测试，并直接显示有关数据或波形。电子工作平台还具有强大的分析功能，可进行直流工作点分析、暂态和稳态分析、傅里叶变换分析、噪声及失真度分析、零极点和蒙特卡罗等多项分析。

Multisim 9.0 还是一个非常优秀的电工电子技术实验训练工具，因为电工电子技术类课程是实践性很强的课程，将 Multisim 9.0 作为该类课程的辅助教学和实验训练手段，它不仅可以弥补经费不足带来的实验仪器、元器件缺乏，而且排除了原材料损耗和仪器损坏等因素，可以帮助学生更快更好地掌握课堂讲授的内容，加深对概念和原理的理解，弥补课堂理论教学的不足。通过仿真，可以熟悉常用电子仪器的使用方法和测量方法，进一步培养学生综合分析问题的能力、排除故障的能力和开发创新的能力。只要拥有一台普通配置的计算

机，安装了 Multisim 9.0 之后，就相当于拥有了一个功能强大、设备齐全、器件丰富的小型“电子实验室”。

二、Multisim 9.0 的特点与功能

MULTISIM 9.0 的显著特点是：仿真手段切合实际，选用元器件和仪器与实际情况非常接近，绘制电路图所需的元器件、仿真所需的仪器仪表均可在相应库中直接选取。

Multisim 9.0 的元器件库不仅提供了数千种电路元器件供选用，而且还提供了各种元器件的理想值，因此，仿真的结果就是该电路的理论值，这对于验证电路原理、自学电路内容、开发设计新的电路极为方便。同时，根据需要也可以新建或扩充已有的元器件库，因此极大地方便了使用者。

Multisim 9.0 提供了非常丰富的电路分析功能，包括电路的瞬态分析和稳态分析、时域分析和频域分析、线性和非线性分析、噪声和失真分析等常规分析方法，还提供了离散傅里叶分析、电路零—极点分析和交直流灵敏度分析等多种高级分析方法，以帮助设计人员研究电路性能。另外，它还可以对被仿真电路中的元器件人为设置故障，如开路、短路和不同程度的漏电等，针对不同故障可以观察电路的各种状态，从而加深对概念原理的理解，而这在实际实验中不易做到，这正是电子工作台完成虚拟实验的突出特色。在进行仿真的同时，它还可以存储测试点的所有数据、测试仪器的工作状态、显示波形和具体数据，列出被仿真电路的所有元器件清单等。电子工作台所提供的元器件与目前较常用的电子电路分析软件 PSPICE 的元器件库是完全兼容的，换句话说，两者之间可以相互转换。同时，在该软件下完成的电路文件可以直接输出至常见的印刷电路板排版软件，如 PROTEL 和 ORCAD 等软件，自动排出印刷电路板图，从而大大加快了产品的开发速度，提高了设计人员的工作效率。

Multisim 9.0 还提供了大量的常用实例电路库，而且伴有电路描述、实验建议等说明，供使用者参考和教学演示用。使用者可以对这些电路进行仿真、修改等，进一步发挥各自的创造能力。使用者也可以将自己设计的电路存储到该电路库中，以丰富电路库中的内容。

三、Multisim 9.0 的安装

Multisim 9.0 版的安装是基于 Windows 操作界面的，至于安装盘是软盘还是 CD 光盘，根据操作系统的不同，其安装情况略有差异，但基本步骤大致相同。下面介绍的是以安装盘为光盘，在 Windows XP 操作系统下的安装步骤。

Multisim 9.0 版的安装步骤如下：

(1) 点击光盘驱动器，找到安装盘的启动文件 setup. exe，并双击运行该文件。

(2) 根据屏幕提示信息进行安装，确定程序的安装位置、工作目录，输入用户信息和序列号。

(3) 选择安装硬盘位置时，应考虑磁盘空间是否能满足程序运行时临时性文件所要求的磁盘空间大小。

安装完毕后，启动桌面上出现图 6-1 所示的 Multisim 9.0 图标，点击该图标就会出现相应的工作界面。

Multisim 9.0

图 6-1 Multisim 9.0 图标

实验二　Multisim 9.0 的工作界面

一、Multisim 9.0 的主窗口

Multisim 9.0 与其他 Windows 应用程序一样，有一个标准的工作界面，其工作界面由标题栏、菜单兰、标准工具栏、主工具栏、元器件工具栏、仪表工具栏、设计管理器、标签栏、状态栏等部分组成，如图 6-2 所示。

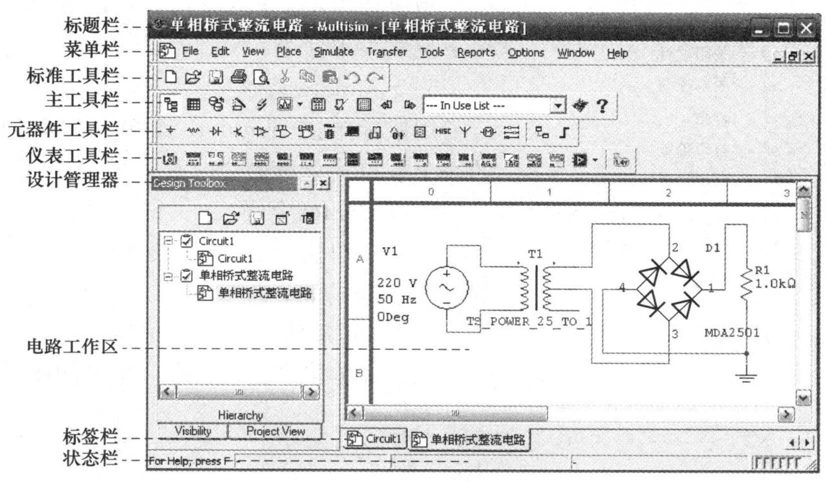

图 6-2　工作界面

标题栏中，显示出当前的 Multisim 9.0 应用程序名，即单相桥式整流电路。标题栏左端有一个控制菜单框，右边是最小化、最大化（还原）和关闭三个按钮。菜单栏位于标题栏的下方，如图 6-2 所示，共有十一组菜单，在每组菜单里，包含有一些命令和选项，建立电路、实验分析和结果输出均可在这个菜单栏系统中完成。

启动 Multisim 9.0 后，可以看到如图 6-2 所示的工作界面。工作界面中最大的区域是电路工作区，在该区域可以创建电路和测试电路。在菜单栏中可以选择电路连接和实验所需的各种命令。主工具栏包含了常用的操作命令按钮。元器件工具栏与仪表工具栏包含了电路实验所需的各种模拟和数字元器件以及测试仪器仪表。通过操作鼠标即可方便地使用各种元器件和实验仪表设备，此时元器件丰富、仪器设备齐全、电路连接方便的虚拟电子实验台就展现在使用者面前。

二、Multisim 9.0 的菜单栏

Multisim 9.0 的菜单栏在图 6-2 所示工作界面标题栏的下方，共有十一个菜单项组成，分别是 File 菜单、Edie 菜单、View 菜单、Place 菜单、Simulate 菜单、Transfer 菜单、Tools 菜单、Reports 菜单、Options 菜单、Window 菜单和 Help 菜单等，每个菜单项的下拉菜单中又包括若干条命令。菜单栏主要是用于提供电路文件的存取、电路图的编辑、电路的仿真与分析以及在线帮助等。

1. File 菜单

用鼠标单击 File 菜单，弹出如图 6-3 所示的一个下拉式菜单命令。

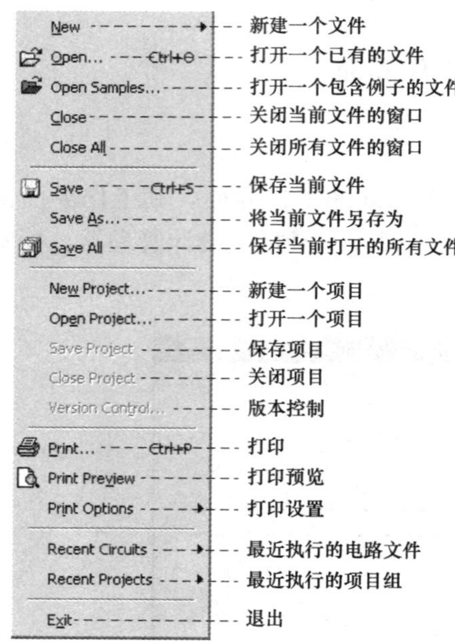

图 6-3 File 菜单

2. Edit 菜单

用鼠标单击 Edit 菜单，弹出如图 6-4 所示的一个下拉式菜单命令。

3. View 菜单

用鼠标单击 View 菜单，弹出如图 6-5 所示的一个下拉式菜单命令。

4. Place 菜单

用鼠标单击 Place 菜单，弹出如图 6-6 所示的一个下拉式菜单命令。

5. Simulate 菜单

用鼠标单击 Simulate 菜单，弹出如图 6-7 所示的一个下拉式菜单命令。

6. Transfer 菜单

用鼠标单击 Transfer 菜单，弹出如图 6-8 所示的一个下拉式菜单命令。

7. Tool 菜单

用鼠标单击 Tool 菜单，弹出如图 6-9 所示的一

图 6-4 Edit 菜单

个下拉式菜单命令。

8. Reports 菜单

用鼠标单击 Reports 菜单，弹出如图 6-10 所示的一个下拉式菜单命令。

图 6-5 View 菜单

图 6-6 Place 菜单

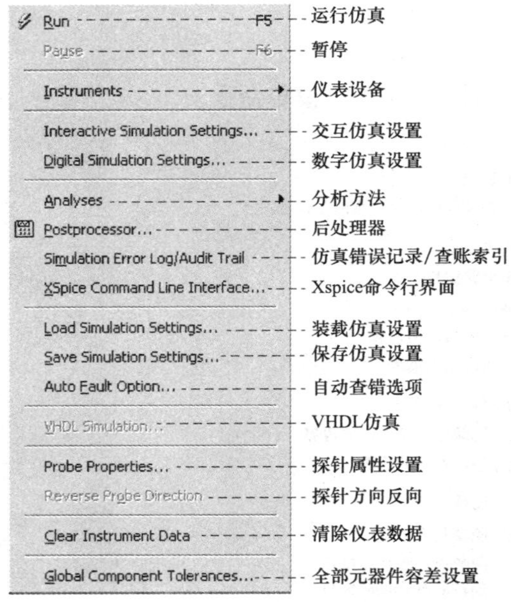

图 6-7 Simulate 菜单

图 6-9 Tool 菜单

图 6-8 Transfer 菜单

9. Options 菜单

用鼠标单击 Options 菜单，弹出如图 6-11 所示的一个下拉式菜单命令。

10. Window 菜单

用鼠标单击 Window 菜单，弹出如图 6-12 所示的一个下拉式菜单命令。

11. Help 菜单

用鼠标单击 Help 菜单，弹出如图 6-13 所示的一个下拉式菜单命令。

图 6-10 Reports 菜单

图 6-11 Options 菜单

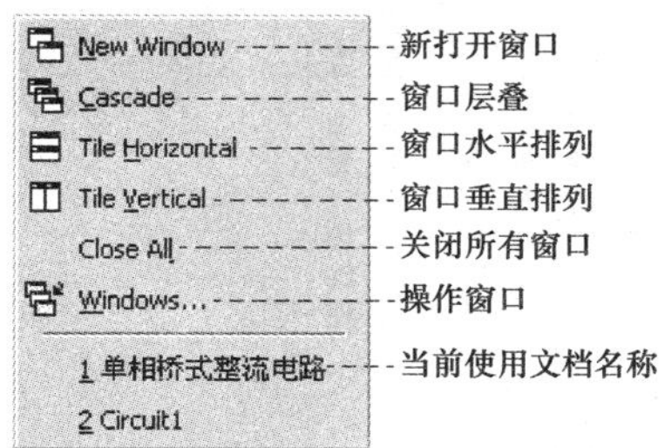

图 6-12 Window 菜单

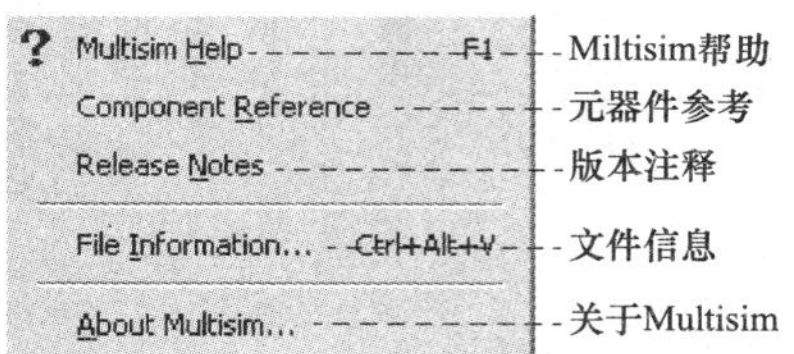

图 6-13 Help 菜单

三、Multisim 9.0 的工具栏

单击 View 菜单下的 Toolbars 选项，打开 Multisim 9.0 的工具栏，如图 6-14 所示，点击工具栏的选项，对应的工具栏就显示在屏幕上。工具栏提供了编辑电路所需要的一系列工具，使用工具栏目下的工具按钮可以更加方便的完成操作。

Multisim 9.0 常用的工具栏主要有标准工具栏、主工具栏、元器件库工具栏和仪表库工具栏。标准工具栏包括一些 Windows 常用的快捷工具按钮，如新建、打开、保存、打印、打印预览、剪切、复制、粘贴、撤销和恢复等按钮，如图 6-15 所示；主工具栏列出了仿真环境中的主要操作选项，包括设计工具箱的打开和关闭、仿真运行和停止、仿真后处理、仿真分析选择以及 Mulitisim 帮助等，如图 6-16 所示；元器件库工具栏列出了元器件库的分类图标按钮，如图 6-17 所示；仪表库工具栏主要列出了虚拟仪器仪表的图标按钮，如图 6-18 所示。

图 6-14 Multisim 9.0 的工具栏

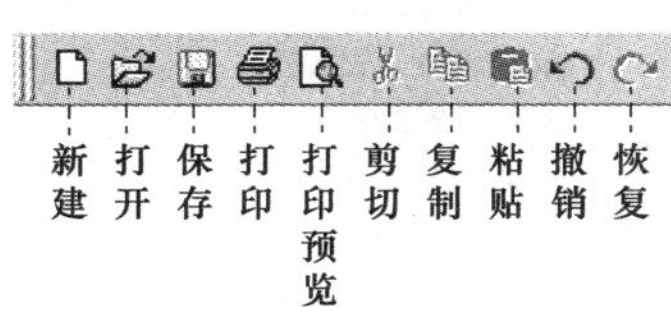

图 6-15 标准工具栏

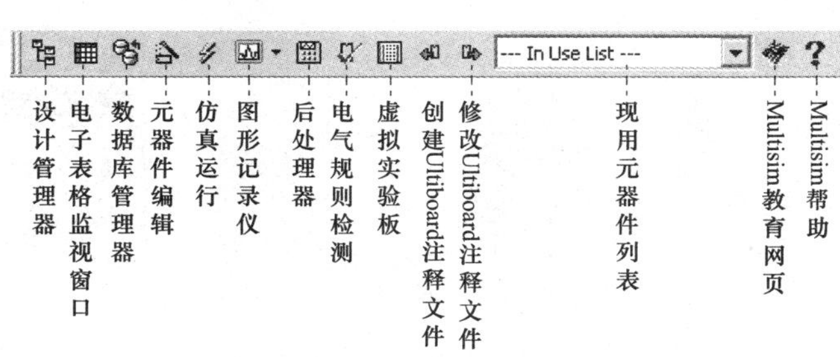

图 6-16 主工具栏

图 6-17　元器件库工具栏

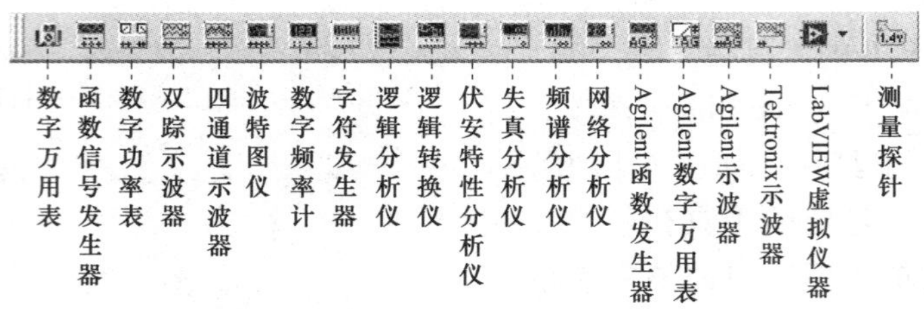

图 6-18　仪表库工具栏

实验三　Multisim 9.0 仪表的使用

单击仪表库的图标，调出仪表库下拉菜单，如图 6-18 所示。仪表库包括各种输入输出信号产生和检测仪表，分别是数字万用表、函数信号发生器、数字功率表、双踪示波器、四通道示波器、波特图仪、数字频率计、字符发生器、逻辑分析仪、逻辑转换仪、伏安特性分析仪、失真分析仪、频谱分析仪、网络分析仪、Agilent 函数发生器、Agilent 数字万用表、Agilent 示波器、Tektronix 示波器、LabVIEW 虚拟仪器、测量探针二十种仪表。

下面介绍仪器仪表的使用方法：

1. 数字万用表（Multimeter）

Multisim 9.0 提供的是一种具有自动量程转换功能的 4 位数字万用表，可以用来测量交、直流电压、电流和电阻，也可以用来测量电路中两点之间的分贝损失。

将数字万用表从仪表库上拖到电路工作区时，只显示数字万用表图标，如图 6-19 所示。双击数字万用表图标，弹出数字万用表的控制面板，如图 6-20 所示。

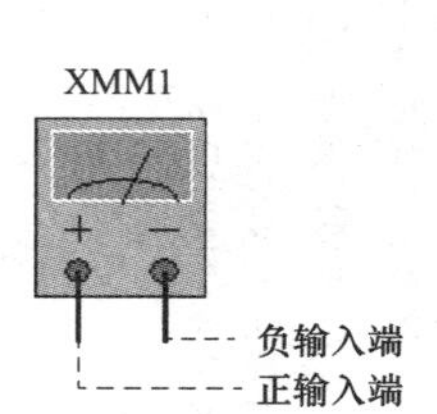

图 6-19　数字万用表的图标

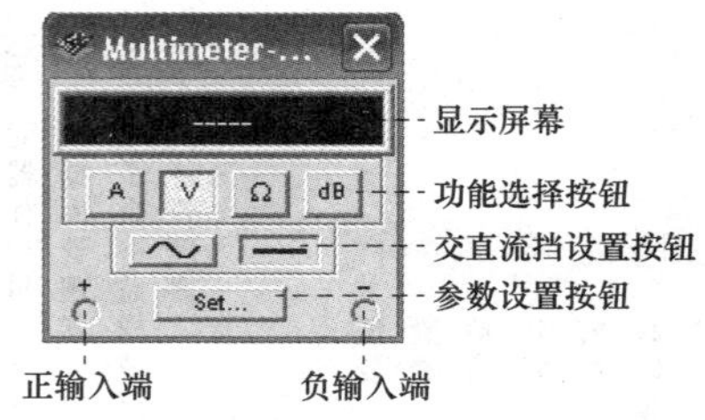

图 6-20　数字万用表的控制面板

数字万用表控制面板上有 1 个数字显示屏幕和 7 个按钮，如图 6-20 所示。按钮 A（电流）、按钮 V（电压）、按钮 Ω（电阻）、按钮 dB（分贝）是功能选择按钮，分别用来测量电压、电流、电阻和电路中两点之间的分贝损失（分贝损失定义为 dB=20lg［（V_1-V_2）/分贝标准］，其中 V_1 表示接到高电位端的电位，V_2 表示接到低电位端的电位，计算 dB 的分贝标准预设为 1V，如果需要调整，可以通过单击 Setting 按钮来改变此值）；按钮～（交流）、按钮—（直流）是交流挡和直流挡，在测量电压和电流时进行选择；按钮 Settings（设置）是用来设置数字万用表的参数，单击 Settings 按钮，弹出数字万用表参数设置对话框，如图 6-21 所示。

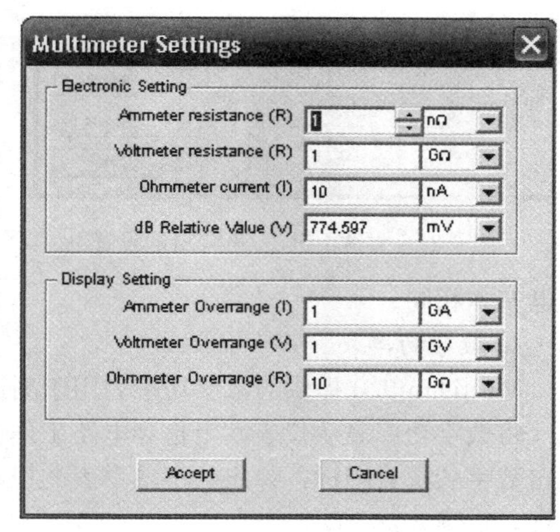

图 6-21 数字万用表参数设置对话框

Ammeter resistance（R）：用于设置与电流表串联时的内阻，其大小将影响电流的测量精度；

Voltmeter resistance（R）：用于设置与电压表并联时的内阻，其大小将影响电压的测量精度；

Ohmmeter current（I）：用于设置测量电阻时，流过数字万用表的电流。

Multisim 9.0 平台上的数字万用表具有自动量程转换功能，因此使用数字万用表时不用设定测量范围。

2. 函数信号发生器（Function Generator）

Multisim 9.0 提供的函数信号发生器是用来产生正弦波、三角波、方波信号的仪器。

将函数信号发生器从仪表库上拖到电路工作区时，只显示函数信号发生器图标，如图 6-22 所示。双击函数信号发生器图标，弹出函数信号发生器的控制面板，如图 6-23 所示。控制面板上有输出波形选择按钮和波形参数设置：

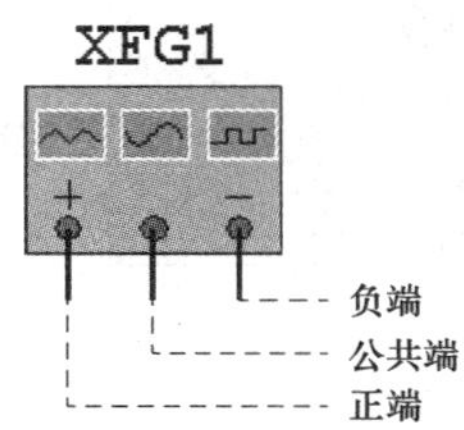

图 6-22 函数信号发生器的图标

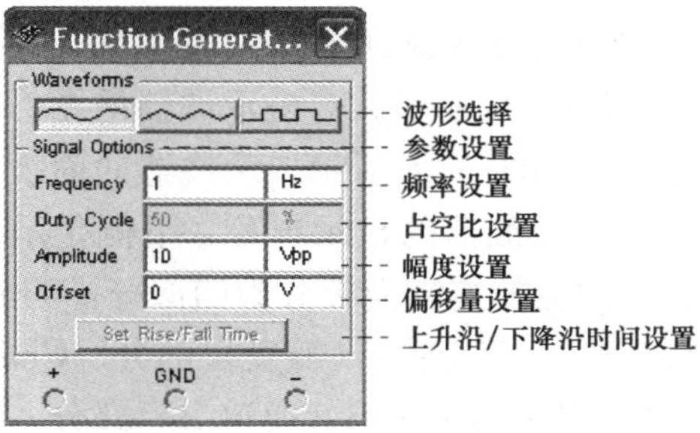

图 6-23 函数信号发生器的控制面板

按钮：表示选择正弦波波形；

按钮：表示选择三角波波形；

按钮：表示选择方波波形；

Frequency：设置输出信号的频率；

Duty Cycle：设置输出方波和三角波电压信号的占空比；

Amplitude：设置输出信号的幅度；

Offset：设置输出信号的偏移量；

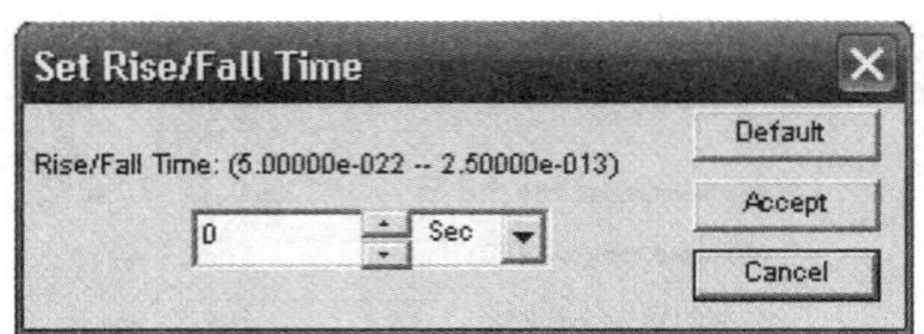

图 6-24　方波上升沿/下降沿的设置

Set Rise/Fall Time：设置上升沿/下降沿的时间，仅适用于方波信号，如图 6-24 所示。

函数信号发生器可以方便地为电路提供信号。根据测试的需要，可以选择适当的波形，同时对波形的参数可以进行设置。

函数信号发生器使用方法与实际函数信号发生器基本相同。

3. 数字功率表（Wattmeter）

Multisim 9.0 提供的数字功率表用于测量电路的交流和直流的有用功功率和功率因数。

将数字功率表从仪表库上拖到电路工作区时，只显示数字功率表图标，如图 6-25 所示。双击数字功率表图标，弹出数字功率表的控制面板，控制面板上有有功功率和功率因数的显示屏，如图 6-26 所示。

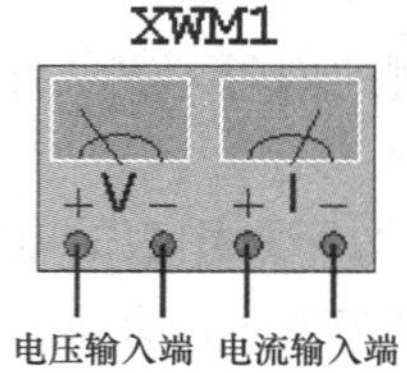

图 6-25　功率表的图标

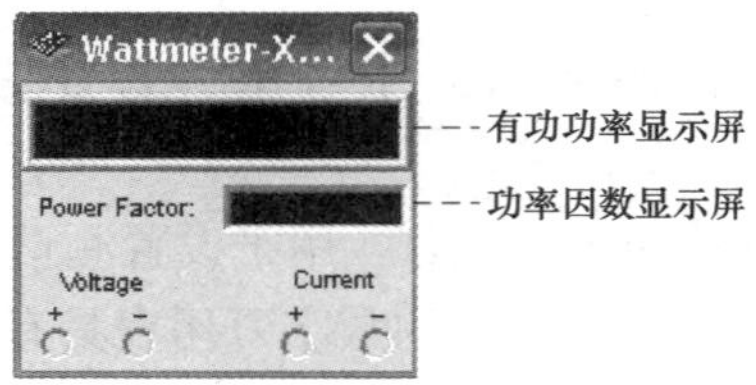

图 6-26　功率表的控制面板

在使用数字功率表时应当注意，数字功率表的电压输入端应与测量电路并联，电流输入端应与测量电路串联。

4. 双踪示波器（Oscilloscope）

示波器是用来观察信号波形并测量信号幅度、频率、周期等参数的仪器。Multisim 9.0 软件提供的双踪示波器是一种可用不同颜色显示波形的示波器。

将示波器从仪表库拖到电路工作区时，只显示示波器图标，如图 6-27 所示。双击示波器的图标，弹出示波器的面板，如图 6-28 所示。示波器的面板有两部分组成，上侧是示波器的显示屏幕，下侧是示波器的控制面板。示波器的控制面板分为四部分：Time base（时间基准）部分、Trigger（触发）部分、Channel A（通道 A）部分和 Channel B（通道 B）部分。单击示波器控制面板上的各种功能按钮就可以设置示波器的各项参数。

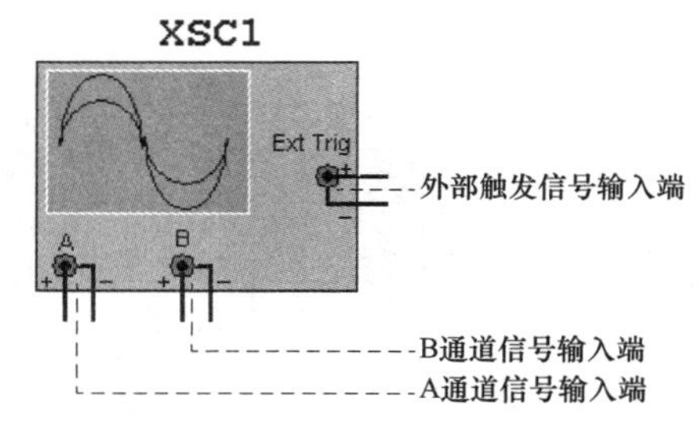

图 6-27　示波器的图标

(1) 示波器 Time base（时间基准）的设置：示波器控制面板上 Time base（时间基准）部分的设置如图 6-29 所示。Time base 用于设置示波器 X 轴刻度的数值。“×× s/div”表示 X 轴上每一个刻度代表的时间。为了获得易观察的波形，时间基准的调整应与输入信号的频率成反比，即输入信号频率越高，时间基准就应越小些；反之，时间基准就应越大些。X position 用于设置信号在 X 轴上的起始位置。当该值为 0 时，信号将从屏幕的左边开始显示，正值从起点往右移动；反之，负值从起点往左移动。Y/T 工作方式用于显示以时间（T）为

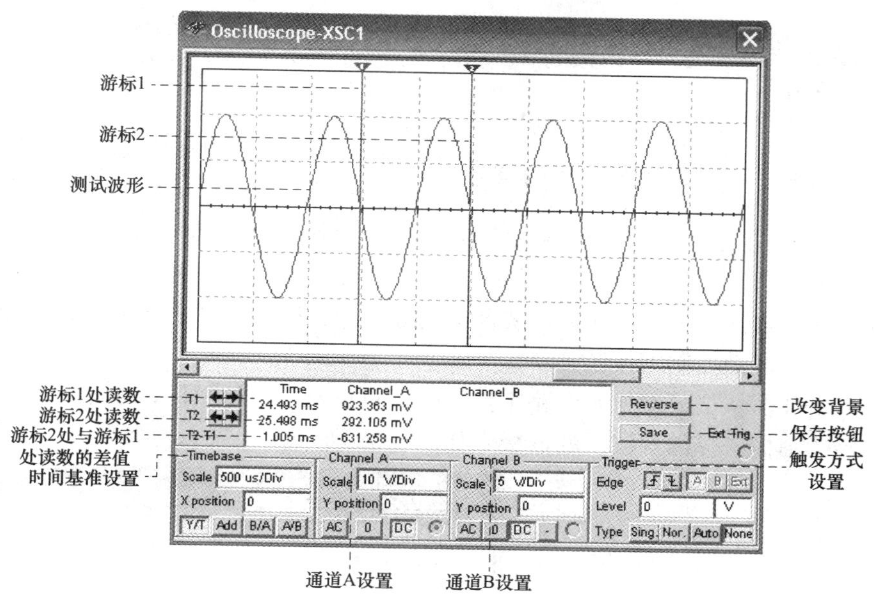

图 6-28　示波器的面板

横坐标的波形；A/B 工作方式用于将 B 通道信号作为 X 轴扫描信号，将 B 通道信号施加在 Y 轴上的波形。B/A 与上述相反。

（2）示波器 Trigger（触发）部分的设置：示波器控制面板上 Trigger（触发）部分的设置如图 6-30 所示。Edge 表示将输入信号的上升沿或下降沿作为触发信号；A 或 B 表示用 A 通道或 B 通道输入信号作为同步 X 轴时间基准线扫描的触发信号；Exit 表示用示波器图标上外触发输入信号端接入的信号作为触发信号来同步 X 轴时间基准线扫描。Level 用于设置触发电平；Sing 表示单次扫描方式按钮，按下该按钮后示波器处于单次扫描等待状态，触发信号来到后开始一次扫描；Nor 表示常态扫描方式按钮，这种扫描方式是没有触发信号就没有扫描线；Auto 表示自动扫描方式按钮，这种扫描方式不管有无触发信号均有扫描线，一般情况下，使用 Auto 触发方式。

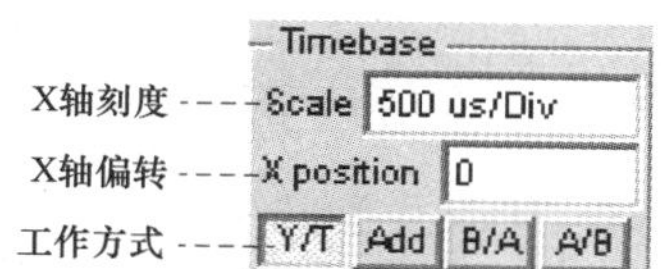

图 6-29　Time base（时间基准）的设置

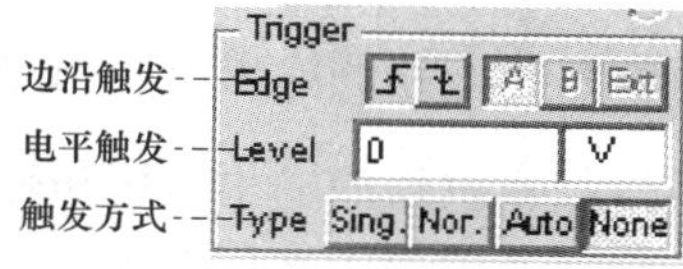

图 6-30　Trigger（触发）的设置

（3）示波器 Channel A（通道 A）和 Channel B（通道 B）部分的设置：示波器控制面板上 Channel A（通道 A）和 Channel B（通道 B）部分的设置如图 6-31 所示。示波器有两个完全相同的输入通道 Channel A 和 Channel B，可以同时观察和测量两个信号。“××V/Div”为放大、衰减量，表示屏幕的 Y 轴方向上每格刻度的电压值。输入信号较小时，屏幕上显示的信号波形幅度也会较小，这时可使用“××V/Div”挡，并适当设置其数值，使屏幕上显示的信号波形幅度大一些。Y Position 表示时间基准线在显示屏幕上的上下位置。当其值大于零时，时间基准线在 X 轴的上方，反之在 X 轴下方。当显示两个信号时，可分别设置 Y Position 值，使信号波形分别显示在屏幕的上半部分和下半部分，易观察测量。示波器输入

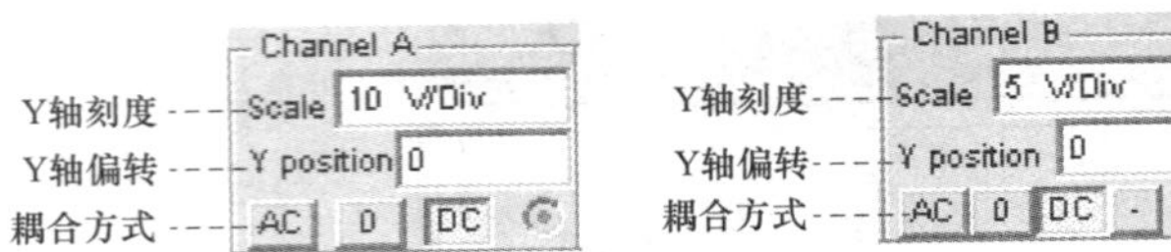

图 6-31　Channel（通道）的设置

通道设置中的触发耦合方式有三种：AC（交流耦合）、0（接地）和 DC（直流耦合）。AC 表示屏幕仅显示输入信号的交流分量；0 表示屏幕上显示示波器 Y 轴的原点位置，即无信号输入；DC 表示屏幕中不仅显示输入信号的交流分量，还显示输入信号中的直流分量。

5. 四通道示波器（4 Channel Oscilloscope）

Multisim 9.0 软件提供的四通道示波器使用方法和参数调整方式与双踪示波器的完全一样，只是多了一个通道控制器按钮。

将四通道示波器从仪表库拖到电路工作区时，只显示示波器图标，如图 6-32 所示。双击四通道示波器的图标，弹出示波器的面板，如图 6-33 所示。

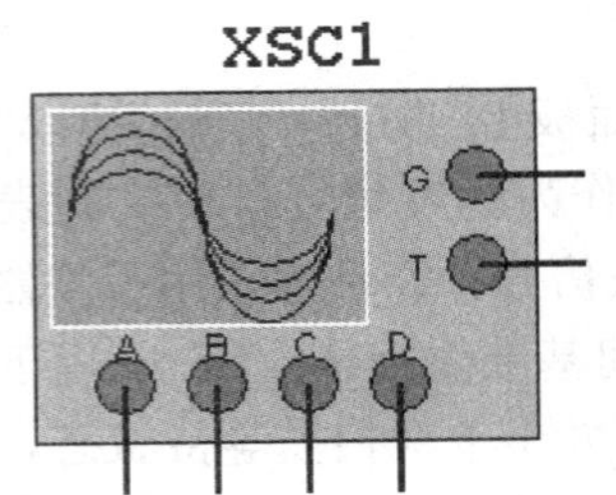

图 6-32　四通道示波器图标

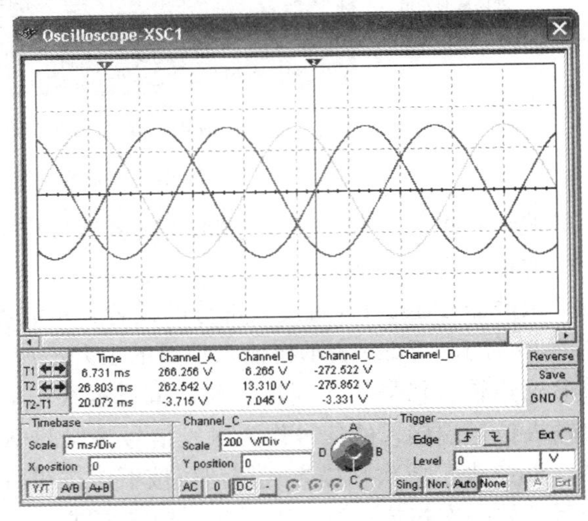

图 6-33　四通道示波器控制面板

6. 波特图仪（Bode Plotter）

波特图仪是用来测量和显示电路幅频特性与相频特性的一种仪器。

幅频特性是指电路的输出电压与输入电压的增益，即 $A_V(f)=\dfrac{U_o(f)}{U_i(f)}$；

相频特性是指电路的输出电压与输入电压的相位差，即 $\phi(f)=\phi_o(f)-\phi_i(f)$。

将波特图仪从仪表库拖到电路工作区时，只显示波特图仪图标，如图 6-34 所示。波特图仪有 IN（输入端）和 OUT（输出端）两对端口，其中 IN 端口的 V+端和 V−端分别接电路输入端的正端和负端；OUT 端口的 V+端和 V−端分别接电路输出端的正端和负端。

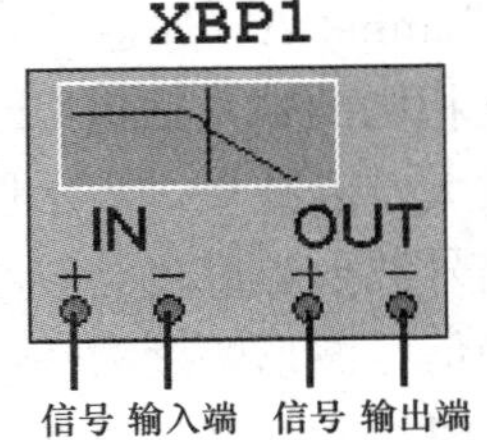

图 6-34　波特图仪的图标

双击波特图仪的图标，弹出波特图仪的面板，如图 6-35 所示，左侧是波特图仪的显示屏幕，右侧是波特图仪的控制面板。波特图仪面板上可设置的主要参数有：

（1）幅频特性和相频特性的设置：单击 Magnitude 按钮，波特图仪将在显示屏幕上显示输出/输入的幅频特性；单击 Phase 按钮，波特图仪将在显示屏幕上显示输出/输入的相频特性。

（2）Horizontal（横轴）与 Vertical（纵轴）的设置：

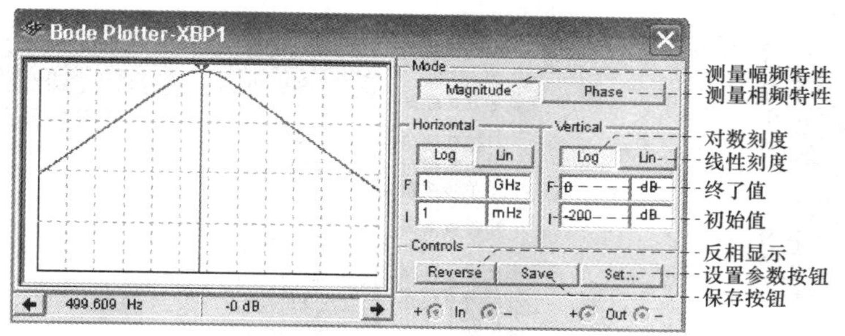

图 6-35　波特图仪的面板

Horizontal（横轴）表示测量信号的频率，也称为频率轴。可以选择 Log（对数）刻度，也可以选择 Lin（线性）刻度。一般的，当测量信号的频率范围比较宽时，采用 Log（对数）刻度；当测量信号的频率范围适中时，采用 Lin（线性）刻度。面板中的 F 和 I 分别表示终了值和初始值，是 Final 和 Initial 的缩写。

Vertical（纵轴）表示测量信号的幅值和相位。当测量幅频特性时，纵轴表示电路的输出电压与输入电压的增益，单击 Log（对数）按钮，单位是分贝（dB）；单击 Lin（线性）按钮，只是一个比值，没有单位。当测量相频特性时，纵轴表示电路的输出电压与输入电压的相位差，无论单击 Log（对数）按钮还是 Lin（线性）按钮，单位都是度。

7. 数字频率计（Frequency Counter）

数字频率计主要用来测量信号的频率、周期、脉冲宽度、上升沿/下降沿时间的一种仪表。

将数字频率计从仪表库拖到电路工作区时，只显示数字频率计图标，如图 6-36 所示。数字频率计只有一个输入端子，只要将其连接到电路测量点即可使用。双击数字频率计的图标，弹出数字频率计的面板如图 6-37 所示。

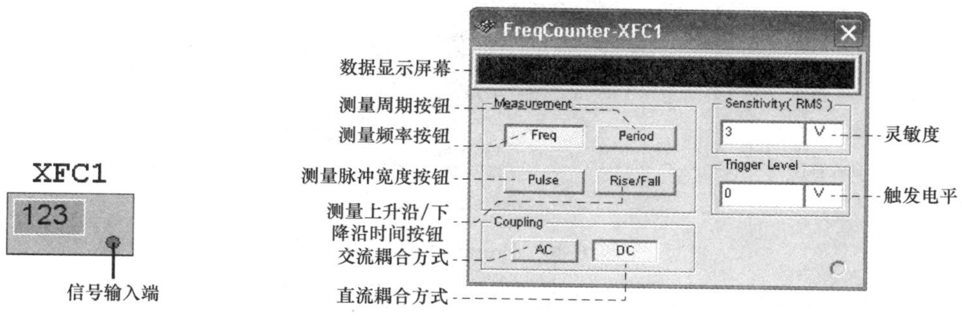

图 6-36　数字频率计图标　　图 6-37　数字频率计的面板

8. 字符信号发生器（Word Generator）

字符信号发生器（Word Generator）是一个能够产生 32 路（位）同步逻辑信号的仪器，又称为数字逻辑信号源，可用于对数字逻辑电路的测试。

将字符信号发生器从仪表库拖到电路工作区时，只显示字符信号发生器图标，如图 6-38 所示。双击字符信号发生器的图标，弹出字符信号发生器的控制面板如图 6-39 所示。

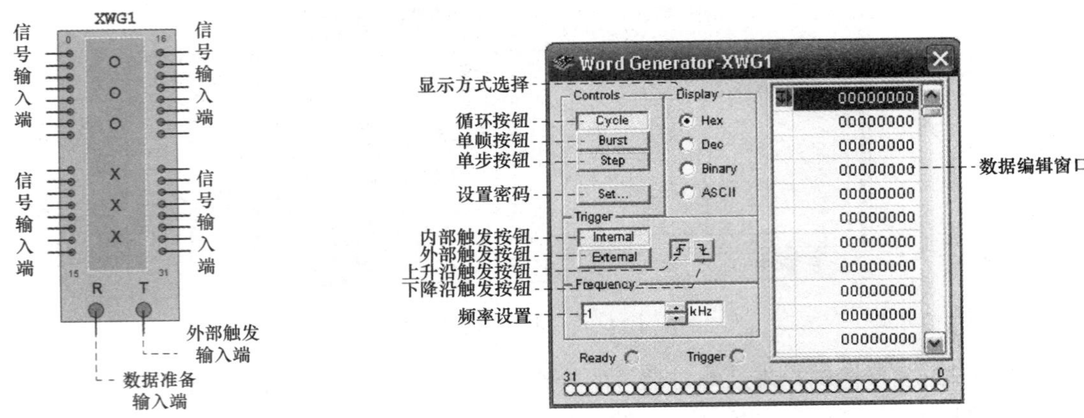

图6-38　字符信号发生器图标　　　　图6-39　字符信号发生器的控制面板

字符信号发生器的控制面板有两部分组成：右侧是字符发生器的32位字符发生器编辑窗口；左侧是字符信号发生器的控制面板，包括Controls（控制）、Trigger（触发）、Frequency（频率）、字符输入方式和字符输出控制方式。

字符信号发生器的控制面板的简单说明。

(1) Controls（控制）方式：

Cycle（循环）表示初始地址与终了地址之间的字符信号循环输出；

Burst（单帧）表示初始地址与终了地址之间的字符信号只输出一次；

Step（单步）表示鼠标每单击一次，输出一条字符信号；

Set（设置）设置信号产生的内容与方式，单击该按钮，弹出Setting对话框，如图6-40所示。

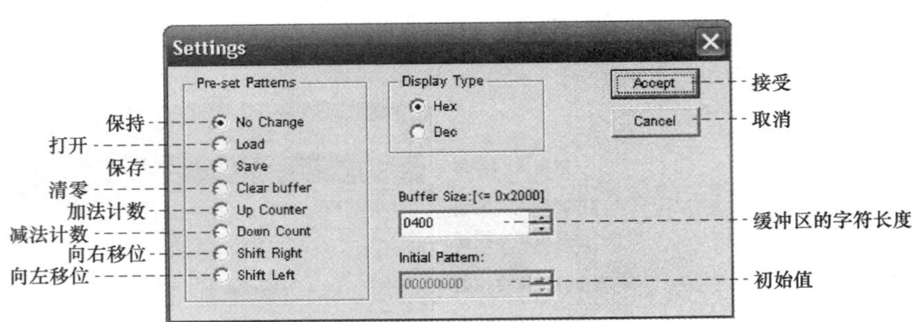

图6-40　Presaved patterns对话框

(2) Trigger（触发）方式：可以设置的触发信号有Internal（内部触发）和External（外部触发）两种。当单击Internal按钮时，字符信号的输出直接受输出方式按钮Cycle（循环）、Burst（单帧）和Step（单步）的控制；当单击External按钮时，必须接入外部触发脉冲信号，而且还要选择 （上升沿触发）按钮或者 （下降沿触发）按钮，然后再单击输出方式按钮。注意只有当外部触发脉冲信号到来时才启动信号输出。

(3) Frequency（频率）的设置：Frequency（频率）只是用于设置输出字符信号的频率，频率单位设置为Hz、kHz或MHz，根据需要而定。

9. 逻辑分析仪（Logic Analyzer）

Multisim 9.0软件提供的逻辑分析仪可以同步记录和显示16位数字信号，可用于对数字信号的高速采集和时序分析。

将逻辑分析仪从仪表库上拖到电路工作区时，只显示逻辑分析仪的图标，如图 6-41 所示。双击逻辑分析仪的图标，弹出逻辑分析仪的面板，如图 6-42 所示。单击 Clock（时钟）框的 Set 按钮，将会弹出 Clock setup（时钟设置）对话框，如图 6-43 所示。单击 Trigger（触发）框的 Set 按钮，将会弹出 Trigger patterns（触发模式设置）对话框，如图 6-44 所示。

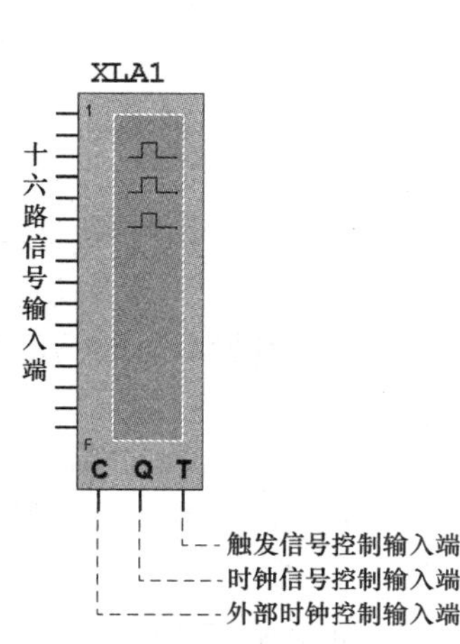

图 6-41　逻辑分析仪的图标

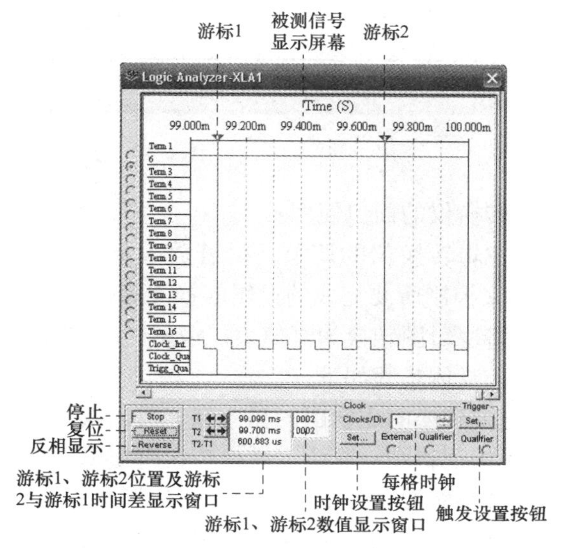

图 6-42　逻辑分析仪的面板

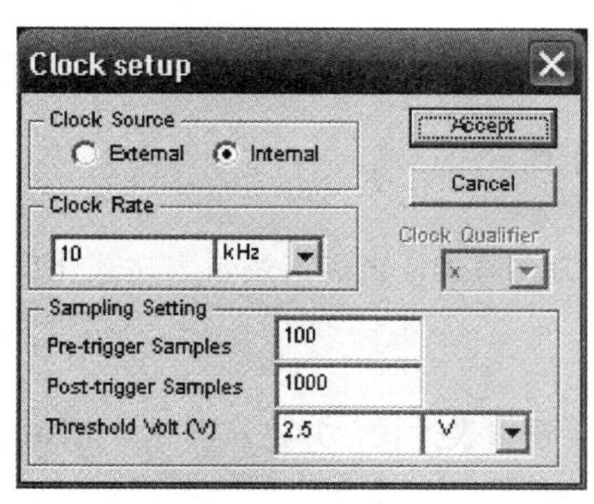

图 6-43　Clock setup 对话框

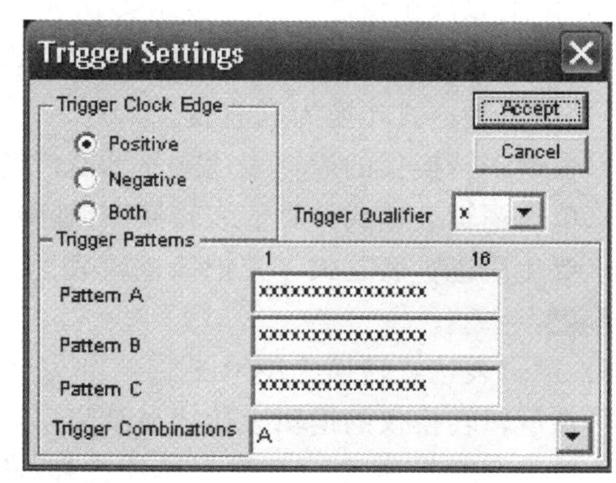

图 6-44　Trigger patterns 对话框

10. *逻辑转换仪*（Logic Converter）

逻辑转换仪是一种实际中不存在的虚拟仪器。逻辑转换仪的功能是可以在逻辑图、真值表、逻辑表达式之间进行转换。

将逻辑转换仪从仪表库拖到电路工作区时，只显示逻辑转换仪图标，如图 6-45 所示。双击逻辑转换仪的图标，弹出逻辑转换仪的面板如图 6-46 所示。

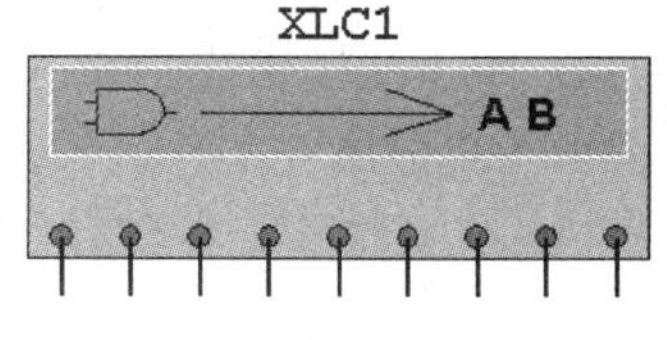

图 6-45　逻辑转换仪的图标

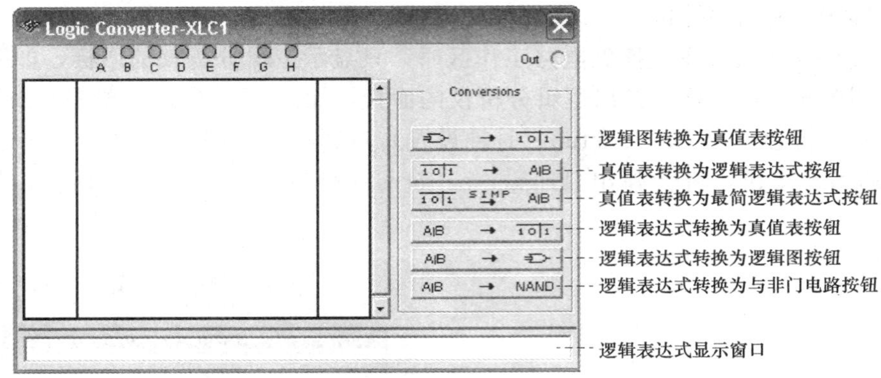

图 6-46　逻辑转换仪的面板

逻辑转换仪的简单使用：

（1）逻辑转换仪的调节。沿着放大显示后的逻辑转换仪右边排列着一组按钮 Conversions，用来控制所要完成的逻辑转换类型。

（2）将逻辑图转换为真值表。逻辑转换仪能将 8 个输入、1 个输出的逻辑图的真值表产生出来的，具体步骤如下：

1）把要转换的逻辑图的输入端、输出端分别接到逻辑转换仪图标的输入端与输出端。

2）单击逻辑图→真值表转换按钮 ，则逻辑图的真值表将显示在逻辑转换仪的左边。然后，可把它转换成其他形式。

（3）真值表转换为逻辑表达式。单击真值表→逻辑表达式转换按钮 ，将把显示在左边的真值表对应逻辑表达式显示在底部。然后，可以对其进一步化简。

（4）逻辑表达式化简。单击逻辑表达式化简按钮 ，将把显示在左边的真值表对应的最简逻辑表达式显示在逻辑表达式显示窗口。

（5）逻辑表达式转换为真值表。

1）在逻辑转换仪的逻辑表达式显示窗口输入一个逻辑表达式。

2）单击逻辑表达式→真值表转换按钮 。

3）要化简逻辑表达式，先把该逻辑表达式转换为真值表，再点击逻辑表达式化简按钮 。

（6）逻辑表达式转换为逻辑图。

1）在逻辑转换仪的逻辑表达式显示窗口输入一个逻辑表达式，并将其进一步化简。

2）单击逻辑表达式→逻辑图转换按钮 ，则相应逻辑图将显示在工作区中。

（7）与非门逻辑图。

1）在逻辑转换仪的逻辑表达式显示窗口输入一个逻辑表达式，并将其进一步化简。

2）单击从逻辑表达式→与非门逻辑图转换按钮 ，则相应的由与非门组成的逻辑图将显示在工作区中。

11. 伏安特性分析仪（IV Analyzer）

伏安特性分析仪是一种专门用来分析晶体管的伏安特性曲线的仪表，如分析二极管、NPN 型晶体管、PNP 型晶体管、NMOS 管和 PMOS 管等器件的伏安特性曲线。伏安特性分析仪相当于实验室的晶体管图示仪，测量伏安特性曲线时需要将晶体管与连接电路完全断开，才能进行伏安特性分析仪的连接和测试。

将伏安特性分析仪从仪表库拖到电路工作区时，只显示伏安特性分析仪图标，如图 6-47 所示。伏安特性分析仪有 3 个连接点实现与晶体管的连接。双击伏安特性分析仪的图标，弹出伏安特性分析仪的面板如图 6-48 所示。面板分为两个部分：左侧是伏安特性曲线显示屏幕；右侧是伏安特性分析仪的参数设置。

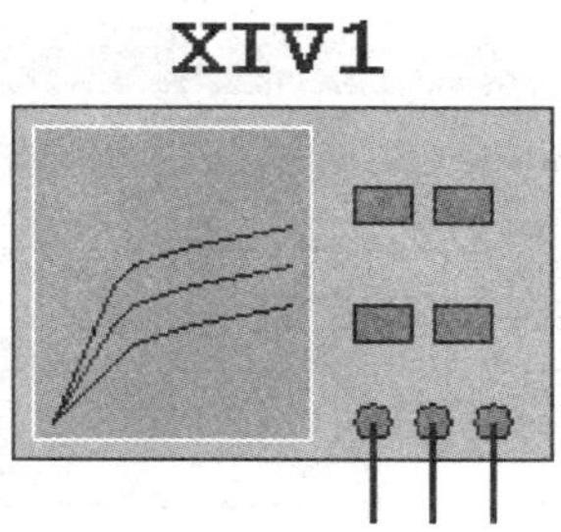

图 6-47　伏安特性分析仪的图标

伏安特性分析仪的参数设置具体说明如下：

(1) Components 选项组：元器件类别选择，可选择 Diode、BJT PNP、BJT NPN、PMOS 或 NMOS，一旦选定器件类别，其端子连接方式就会出现在下部的端子定义框中。

(2) Current Range (A) 选项组：显示的电流范围，即曲线显示屏幕的 Y 坐标范围，I 为初始电流值，F 为终了电流值，选择 Lin 或 Log，即选择 Y 坐标是线性刻度或对数刻度。

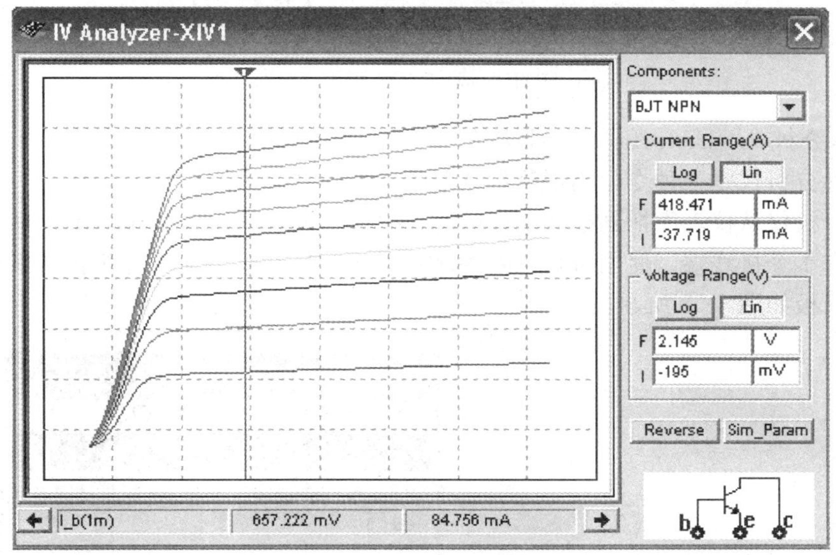

图 6-48　伏安特性分析仪的面板

(3) Voltage Range (V) 选项组：显示的电压范围，即曲线显示屏幕的 X 坐标范围，I 为初始电压值，F 为终了电压值，选择 Lin 或 Log，即选择 X 坐标是线性刻度或对数刻度。

(4) Reverse 按钮：曲线显示屏幕背景色为黑色还是为白色的选择按钮。

(5) Sim _ Param 按钮：仿真参数设置，根据所选类别，分别设置各参数。

二极管类：选择 Diode 后，点击 Sim _ Param 按钮，弹出 Diode 参数设置对话框，如图 6-49 所示。

BJT 管类：选择 BJT PNP 或 BJT NPN 后，点击 Sim _ Param 按钮，弹出 BJT PNP 或 BJT NPN 参数设置对话框，如图 6-50 所示。

MOS 管类：选择 PMOS 或 NMOS 后，点击 Sim _ Param 按钮，弹出 PMOS 或 NMOS

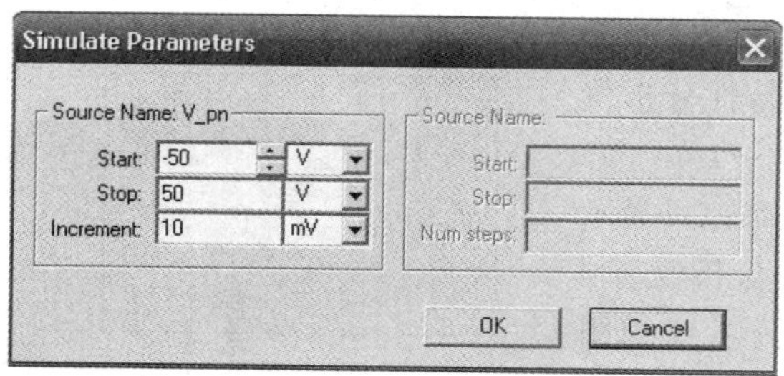

图 6-49　Diode 参数设置对话框

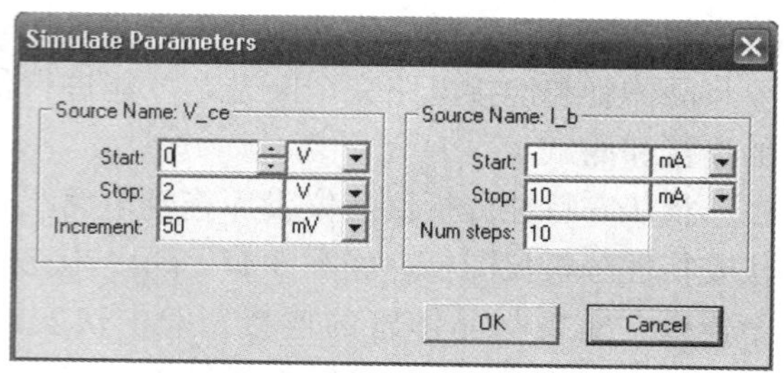

图 6-50　BJT PNP 或 BJT NPN 参数设置对话框

参数设置对话框，如图 6-51 所示。

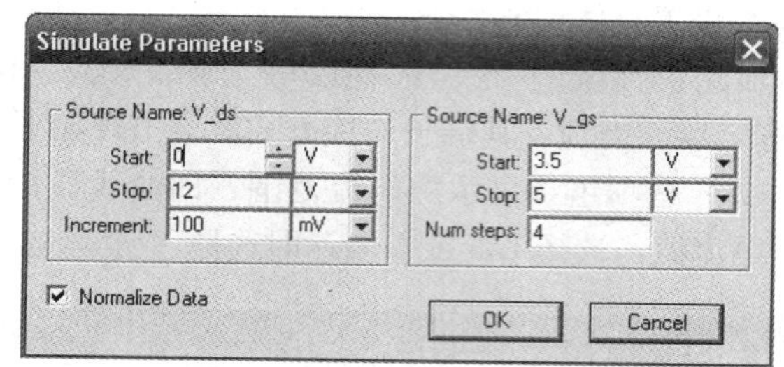

图 6-51　PMOS 或 NMOS 参数设置对话框

12. 失真分析仪（Distortion Analyzer）

失真特性分析仪是一种专门用来测量电路的信号失真度的仪表。

将失真分析仪从仪表库拖到电路工作区时，只显示失真分析仪图标，如图 6-52 所示。失真分析仪只有 1 个接线端，使用时与电路的测量端相连接。双击失真分析仪的图标，弹出失真分析仪的面板如图 6-53 所示。

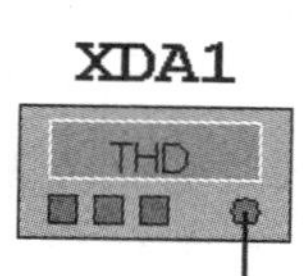

图 6-52　失真分析仪的图标

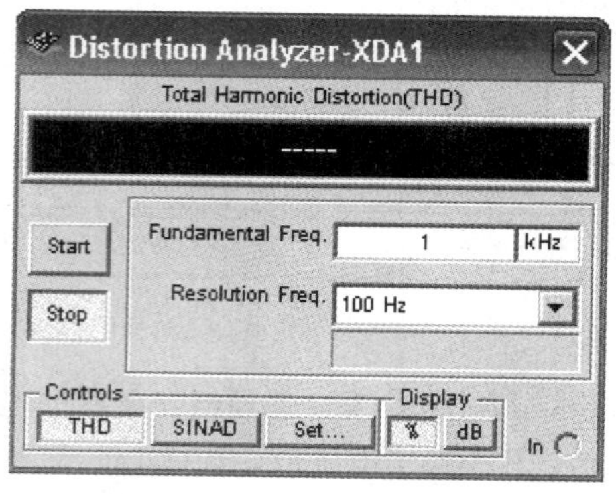

图 6-53　失真分析仪的面板

失真分析仪面板的参数及设置具体说明如下：

（1）Total Harmonic Distortion（THD）文本框的功能是显示总谐波失真的值，其值可以用百分数表示，也可以用分贝数表示，可通过点击 Display 选项组中的%按钮或 dB 按钮选择。

（2）Fundamental Frequency．文本框的功能是设置基频。

（3）Resolution Frequency．文本框的功能是设置频率分辨率。

(4) 在 Control 选项组中，有 3 个按钮。

THD 按钮：测试总谐波失真，即 THD。

SINAD 按钮：测试信号的信噪比，即 S/N。

Set 按钮：设置测试的参数，点击该按钮后，弹出如图 6-54 所示的设置对话框。THD Definition 选项组用来选择总谐波失真的定义方式，包括 IEEE 及 ANSI/IEC 两种定义方式。Harmonic Num. 文本框用来设置谐波次数，FFT Points 下拉列表框用来设置进行谐波分析的取样点数。

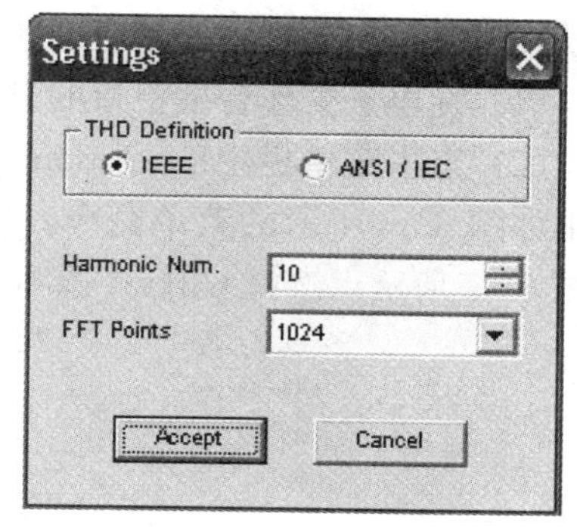

图 6-54　设置测试的参数对话框

总之，在 Multisim 9.0 平台上使用虚拟仪器仪表的方法是：将仪表的图标拖到平台的工作区；把仪表的接线端与相应的电路连接起来；双击图标调出仪器面板，设置有关参数；点击仿真按钮即可。

电路工作区是进行仿真实验使用的最基本的窗口，可以放置元件、仪表，连接电路以及对电路进行及时的修改。此外，在 Multisim 9.0 的工作界面中还有启动/停止开关、暂停/恢复按钮、状态栏等工具栏，在此不再详述。

实验四　Multisim 9.0 的主要分析功能

Multisim 9.0 可以对模拟、数字和混合电路进行电路的性能仿真和分析。其分析方法和元器件库的模型均都是以 SPICE 程序为基础，当使用者创建一个电路图，并点击仿真运行按钮后，就可以从示波器等测试仪表上得到电路的被测数据或波形。实际上，这个过程是 Multisim 9.0 软件通过计算电路的数学表达式而求得的数值解，然后根据该数值绘制波形。电路中的每个元器件，都有其设定的数学模型，因此，这些元器件模型的精度，就决定了电路仿真结果的精度。采用 Multisim 9.0 软件进行仿真实验，即通过计算机软件对电子电路进行模拟运行，其整个运行过程可分为四个步骤：

(1) 创建电路：输入用户所要创建的电路图、元器件数据，选择分析方法。

(2) 参数设置：程序检查输入数据的结构和性质以及电路中的描述内容，对参数进行设置。

(3) 电路分析：对输入信号进行分析，它将占据 CPU 工作的大部分时间，是电路进行仿真和分析的关键。它将形成电路的数值解，并将所得数据送至输出级。

(4) 数据输出：从测试仪器如示波器等上获得仿真结果。也可以从 Analysis/Display Graph（分析栏中的分析显示图）中看到测量、分析的波形图。

Multisim 9.0 有十几种分析功能，下面介绍几种常用的分析操作过程。

一、直流工作点分析 (DC Operating Point Analysis)

直流工作点分析也称为静态工作点分析，电路的直流分析是在电路中的电容开路、电感短路的情况下计算电路的直流工作点，即在恒定激励条件下求电路的稳态值。在电路工作时，无论是大信号还是小信号，都必须给半导体器件以正确的偏置，分析电路中的电压和电流。了解电路的直流工作点，才能进一步分析电路在交流信号作用下电路能否正常工作，求解电路的直流工作点在电路分析过程中至关重要。

直流工作点分析主要是对创建电路的直流通路进行分析。分析步骤如下：

（1）在电子工作台主窗口的电路工作区创建仿真电路，如图 6-55 所示。

（2）点击菜单栏中的 Options/Sheet Properties 菜单命令，或者在电路工作区点击右键弹出如图 6-56 所示的菜单命令，选择 Properties 命令，显示 Sheet Properties 属性对话框，如图 6-57 所示。选择 Circuit 选项卡，可以对所创建的电路进行设置。

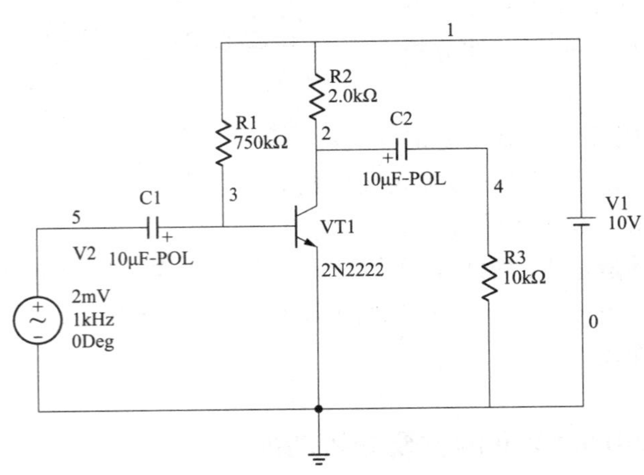

图 6-55　直流工作点分析仿真电路

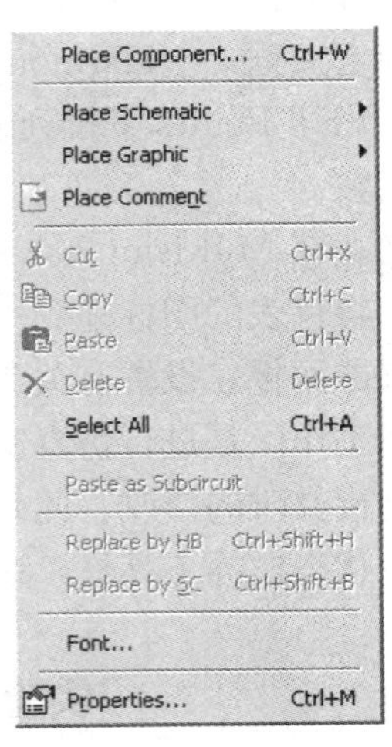

图 6-56　快捷菜单命令

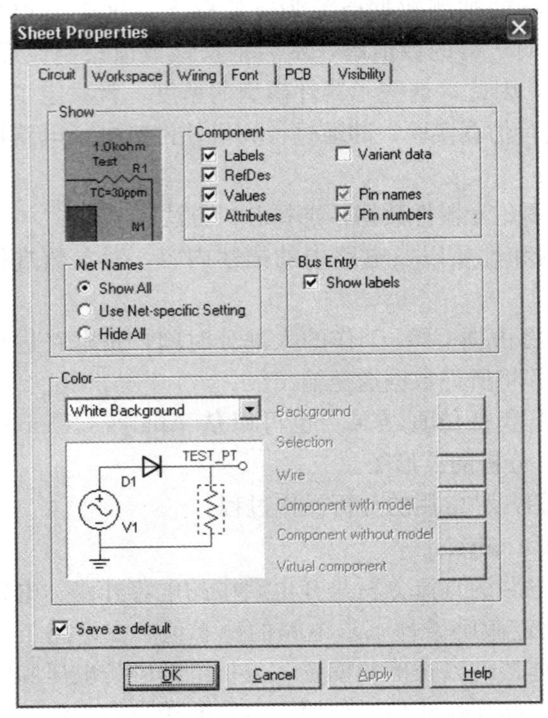

图 6-57　Sheet Properties 属性对话框

（3）单击菜单栏中的 Simulate/Analysis/DC Operating Point 菜单命令，或者单击主工具栏中的 Grapher/Analysis List 按钮中的下三角按钮，在下拉菜单中选择 DC Operating Point 菜单命令，弹出 DC Operating Point Analysis 对话框，如图 6-58 所示，使用 Add 按钮，从 Variables in circuit 列表框中，将需要分析的电路节点添加到 Selected Variables for 列表框中，进行分析，如图 6-59 所示。测试结果如图 6-60 所示。

二、交流分析（AC Analysis）

交流频率分析是在正弦小信号工作条件下的一种频域分析，它计算电路的幅频特性和相频特性，是一种线性分析方法。MULTISIM 9.0 在进行交流频率分析时，首先分析电路的直流工作点，并在直流工作点处对各个非线性元件做线性化处理，得到线性化的交流小信号等效电路计算电路输出交流信号的变化。在进行交流频率分析时，电路中的直流电源将自动置零，交流信号源、电容、电感等元器件均设置为交流模式；同时，电路工作区中自行设置的输入信号将被忽略，也就是说，无论给电路的信号源设置的是三角波信号还是方波信号，进行交流频率分析时，MULTISIM 9.0 都将自动设置为正弦波信号，分析电路随正弦波信号频率变化的频率响应曲线。

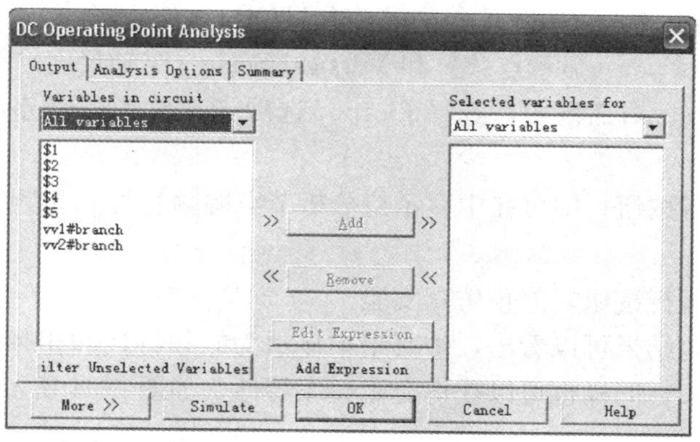

图 6-58 DC Operating Point Analysis 对话框

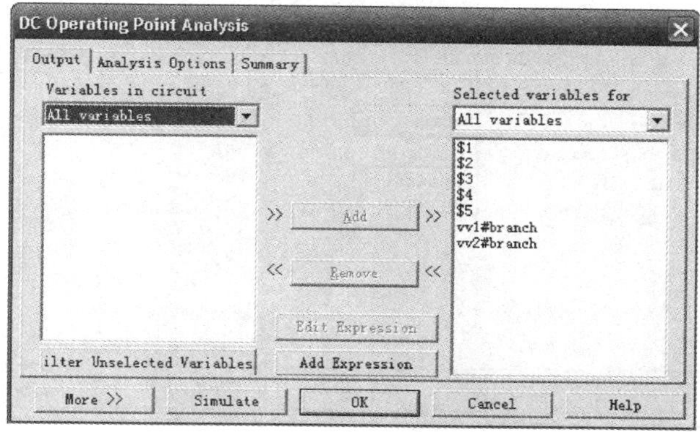

图 6-59 添加节点的 DC Operating Point Analysis 对话框

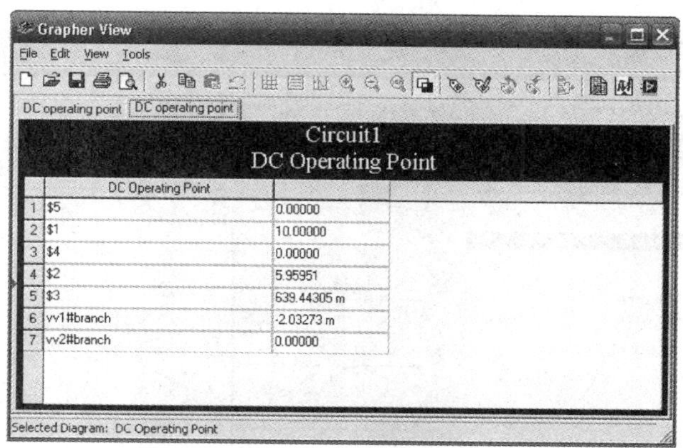

	DC Operating Point	
1	$5	0.00000
2	$1	10.00000
3	$4	0.00000
4	$2	5.95951
5	$3	639.44305 m
6	vv1#branch	-2.03273 m
7	vv2#branch	0.00000

图 6-60 直流工作点分析仿真结果

交流频率分析的步骤：

(1) 在电子工作台主窗口上的电子工作区创建需进行分析的电路，如图 6-55 所示。

（2）单击菜单栏中的 Simulate/Analysis/AC Analysis 菜单命令，或者单击主工具栏中的 Grapher/Analysis List 按钮中的下三角按钮，在下拉菜单中选择 AC Analysis 菜单命令，弹出 AC Analysis 对话框，如图 6-61 所示。

（3）在 AC Analysis 对话框中，选择 Frequency Parameters 选项卡，设置 Start frequency（FSTART）（起始频率）、Stop frequency（FSTOP）（终点频率）、Sweep type（扫描形式）、Number of points per（显示点数）和 Vertical Scale（纵轴尺度）等参数。

（4）在 AC Analysis 对话框中，选择 Output 选项卡，设置需要分析的节点，如图 6-62 所示。

（5）单击仿真运行按钮，即可在中显示待分析节点幅频特性和相频特性曲线，如图 6-63 所示。

（6）再单击仿真运行按钮，停止仿真实验。

从交流频率分析的结果可以看出，仿真结果显示为幅频特性和相频特性两条曲线。如果用波特图仪连至电路中，同样也可以获得交流频率特性，如图 6-64 所示。

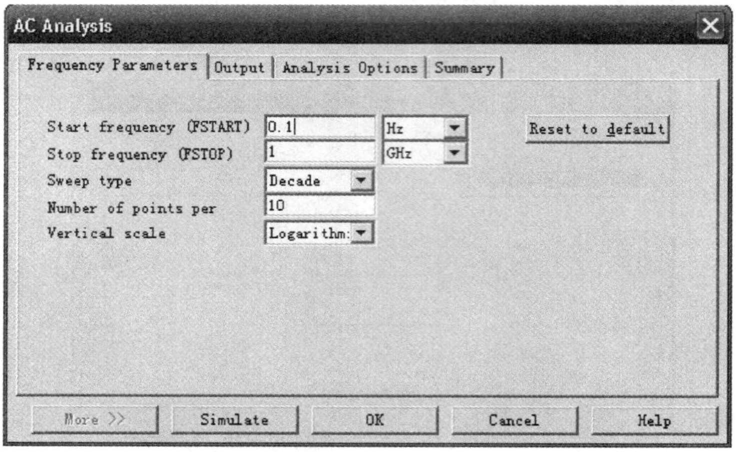

图 6-61　Ac Analysis 对话框中 Frequency Parameters 选项卡

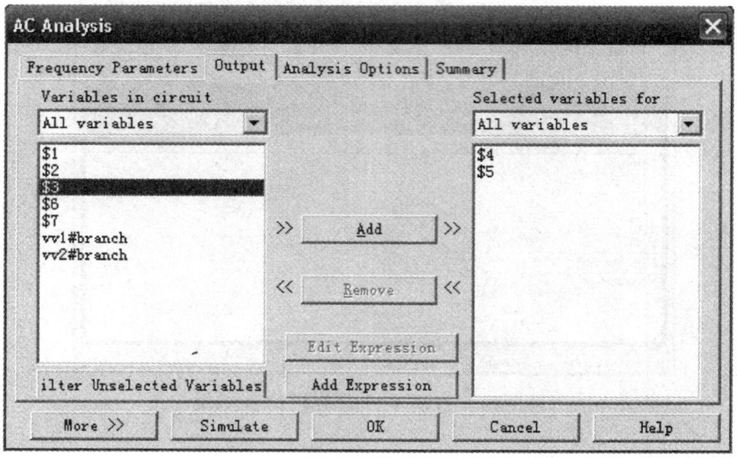

图 6-62　Ac Analysis 对话框中 Output 选项卡

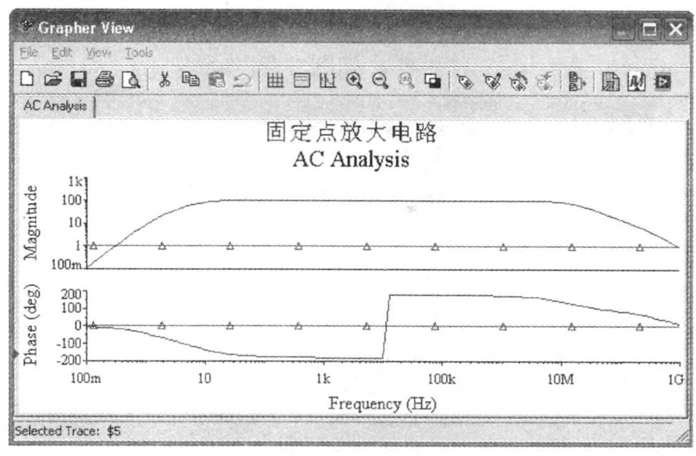

图 6-63 幅频特性和频率特性曲线

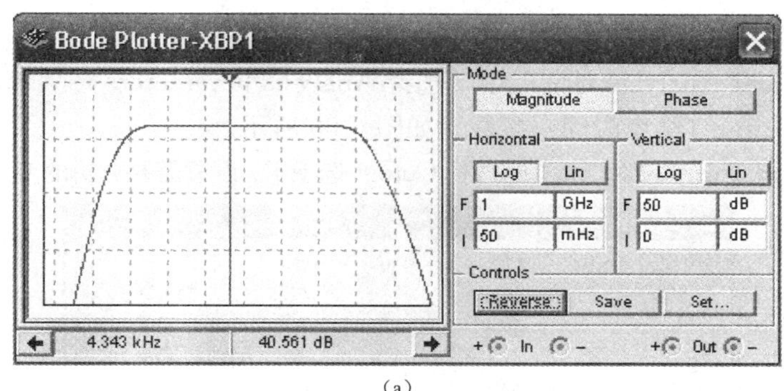

(a)

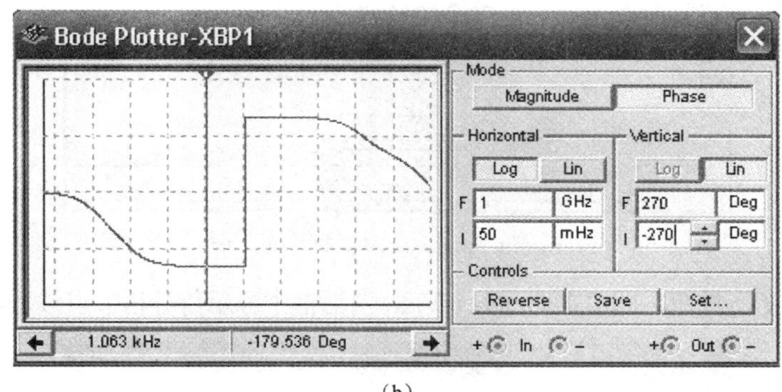

(b)

图 6-64 波特图仪测试结果

(a) 幅频特性曲线；(b) 相频特性曲线

三、暂态分析（Transient Analysis）

暂态分析是一种非线性时域分析方法，是在给定输入激励信号时，分析电路输出端的暂态响应。在进行暂态分析时，首先计算电路的初始状态，然后从初始时刻起，到某个给定的时间范围内，选择合理的时间步长，计算输出端在每个时间点的输出电压。

暂态分析的步骤：

（1）在电子工作台主窗口上的电子工作区创建需进行分析的电路，如图 6-55 所示。

（2）单击菜单栏中的 Simulate/Analysis/Transient Analysis 菜单命令，或者单击主工具

栏中的 Grapher/Analysis List 按钮中的下三角按钮，在下拉菜单中选择 Transient Analysis 菜单命令，弹出 Transient Analysis 对话框，如图 6-65 所示。

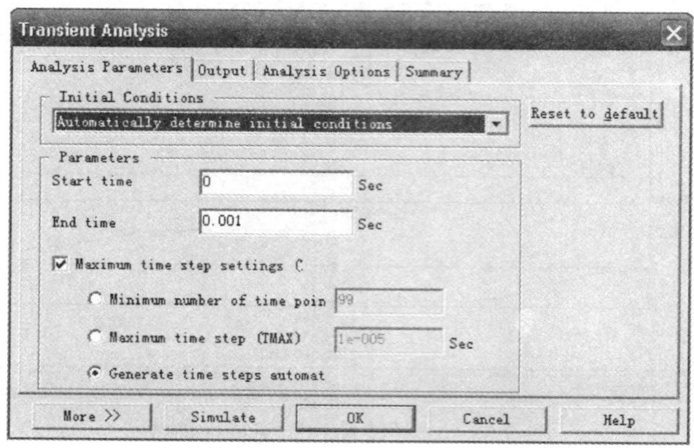

图 6-65 Transient Analysis 对话框

（3）在 Transient Analysis 对话框中，选择 Analysis Parameters 选项卡，设置 Start time（起始时间）、End time（结束时间）参数，如图 6-65 所示。

（4）在 Transient Analysis 对话框中，选择 Output 选项卡，设置需要分析的节点，如图 6-66 所示。

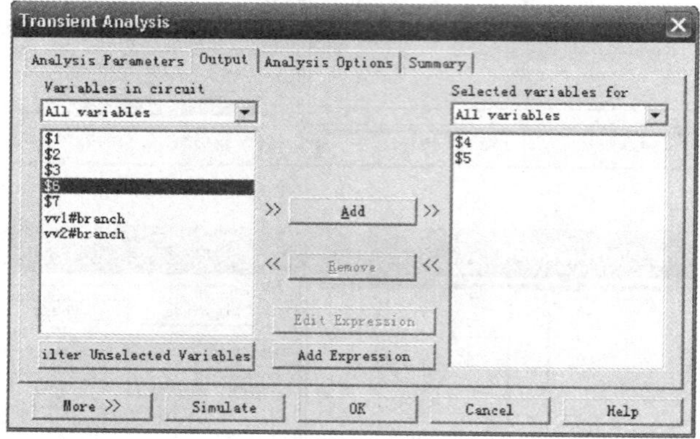

图 6-66 Transient Analysis 对话框中的 Output 选项卡

（5）单击仿真运行按钮，即可在 Grapher View 对话框中显示待分析节点波形，如图 6-67 所示。

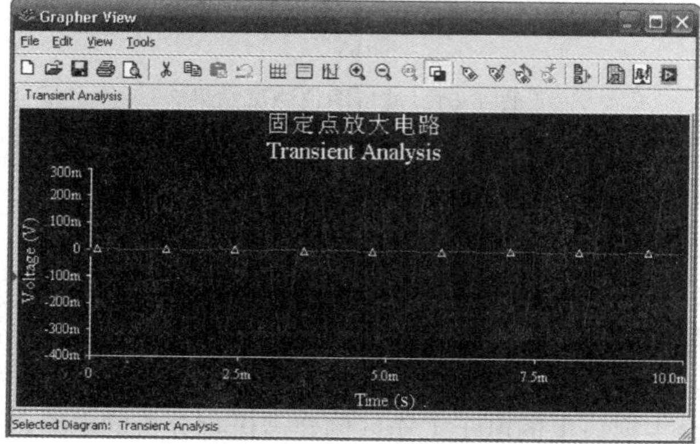

图 6-67 待分析节点的波形

（6）再单击仿真运行按钮，停止仿真实验。

瞬态分析的结果与用示波器观察的结果是一样的。但采用暂态分析方法，可以通过设置，更仔细地观察到波形起始部分的变化情况。

实验五　Multisim 9.0 的具体操作

一、电路的创建

电路是由元器件与导线组成的，要创建一个电路，必须掌握元器件的操作和导线的连接方法。

（一）元器件的操作

1. 元器件的选用

选用元器件时，首先在元器件库栏中单击包含该元器件的图标，打开该元器件库。然后从元器件库中选择所需要的元器件，单击 OK 按钮，将所选择的元器件放到了电路工作区。在电路工作区放置 1kΩ 的电阻，如图 6-68 所示。

2. 选中元器件

在连接电路时，常常要对元器件进行必要的操作：移动、旋转、删除、设置参数等。这就需要选中该元器件。要选中某个元器件，可使用鼠标器左键单击该元器件。如果要一次选中多个元器件，可反复使用“Shift＋鼠标左键单击”选中这些元件。被选中的这些元器件用矩形框标注，便于识别。此外，拖动某个元器件也同时选中了该元器件。如果要同时选中一组相邻的元器件，可在电路工作区的适当位置按住鼠标左键，移动鼠标，画出一个矩形区域，包围在该矩形区域内的元器件同时被选中。

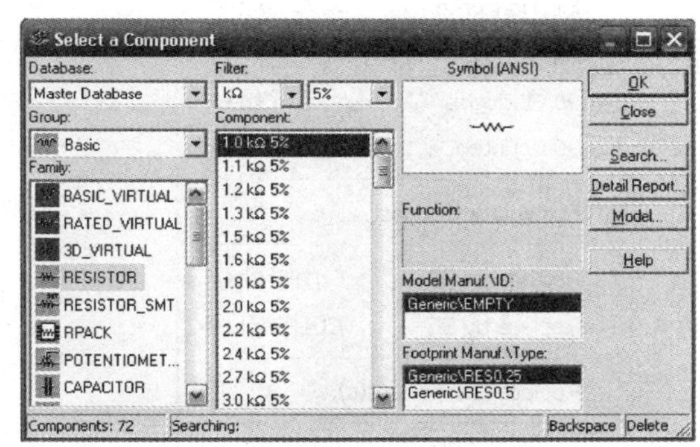

图 6-68　选择元器件对话框

要取消某一个元器件的选中状态，可以使用“Shift＋鼠标左键单击”。要取消所有被选中元器件的选中状态，只需单击电路工作区的空白部分即可。

3. 元器件的移动

要移动一个元器件，先选中该元器件，然后拖动该元器件即可。要移动一组元器件，先选中这些元器件，然后用鼠标左键拖曳其中任意一个元器件，所有选中的部分就会一起移动。元器件一起移动后，与其相连的导线就会自动重新排列。选中元器件后，也可以使用方向键使之做微小的移动。

图 6-69　Edit/Orientation 命令对话框

4. 元器件的方向调整

为了使电路便于连接，布局合理，常常需要对元器件进行调整操作。先选中该元器件，然后单击菜单栏 Edit/Orientation 命令，弹出命令对话框，如图 6-69 所示，或者直接用鼠标右键单击该元器件弹出快捷菜单，如图 6-70 所示，对元器件进行放置方向调整。

5. 元器件的剪切、复制、粘贴、删除

对选中的元器件，使用 Edit/Cut（编辑/剪切）、Edit/Copy（编辑/复制）和 Edit/Paste（编辑/粘贴）、Edit/Delete（编辑/删除）等菜单命令，可以分别实现元器件的剪切、复制、粘贴、删除等操作。另外，也可以使用工具栏上的按钮进行元器件的剪切、复制、粘贴等操作，或者用鼠标右键单击该元器件弹出快捷菜单，如图 6-70 所示，对元器件进行剪切、复制、粘贴、删除等操作。

6. 元器件参数的设置

在选中元器件后，单击菜单命令 Edit/Properties，或者双击该元器件，就会弹出该元器件的属性对话框，如图 6-71 所示，可对该元器件进行参数设置。

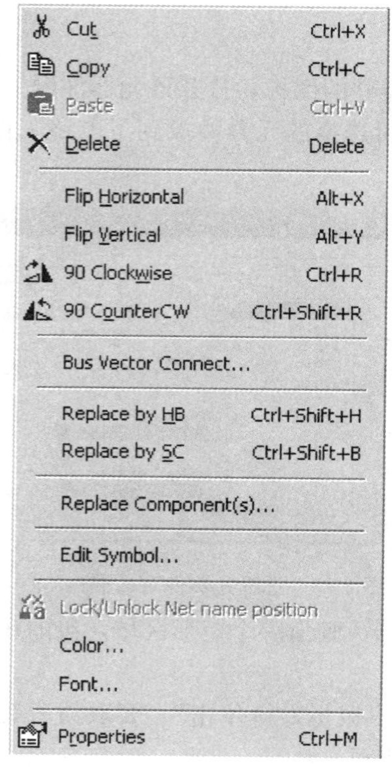

图 6-70 快捷菜单

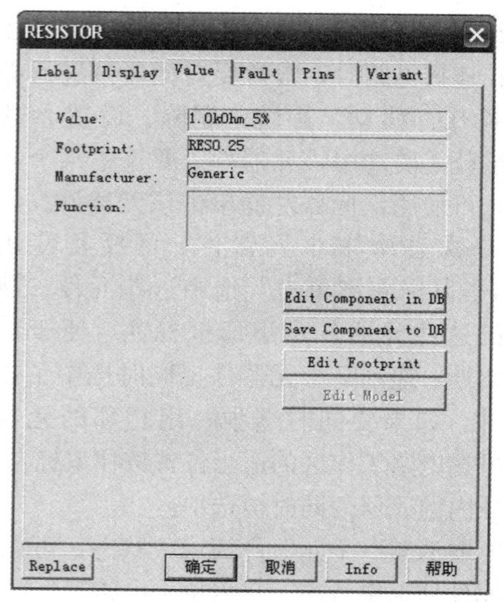

图 6-71 电阻元件属性对话框

7. 电路图选项的设置

在电路工作区单击鼠标右键，调出如图 6-72 所示的快捷菜单，选择 Properties 命令，或者选择 Options/Sheet Properties 菜单命令，弹出电路图选项对话框，如图 6-73 所示，对电路图进行参数设置。

（二）导线的操作

1. 导线的连接

首先将鼠标指向元器件的端点使其出现一个小黑圆点，单击鼠标左键并拖出一根导线，向另一个元器件的端点进行连接，当出现小黑圆点时，再单击鼠标左键，则导线连接完成。

2. 导线的删除与改动

实现导线删除的方法是先选中要删除的导线，然后单击 delete 键即可，或者选中要删除

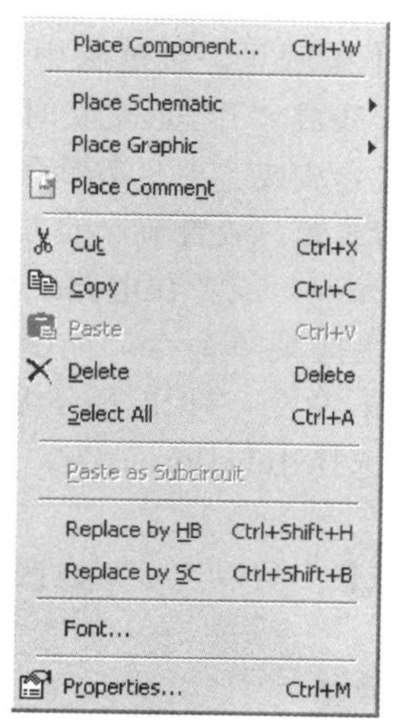

图 6-72 快捷菜单

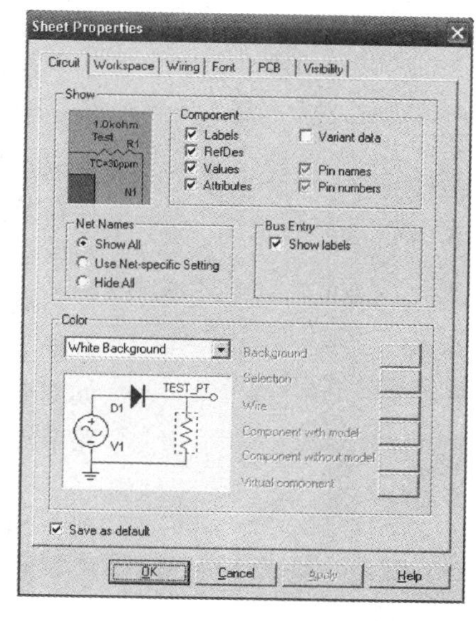

图 6-73 Sheet Properties 属性对话框

的导线，单击鼠标右键弹出快捷菜单，如图 6-74 所示，选择 Delete 命令，也可以删除导线。

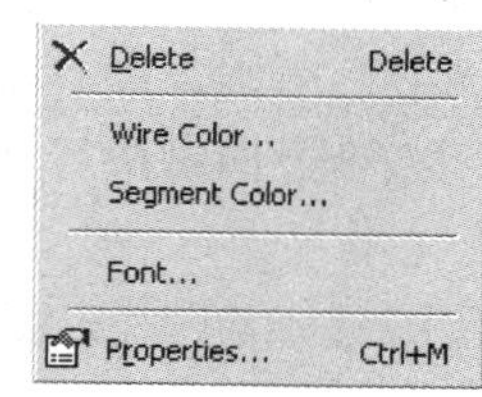

图 6-74 快捷菜单

3. 导线颜色的设置

在复杂电路中，可以将导线设置成不同颜色，有助于对电路图的识别。要改变导线颜色，选中需要改变颜色的导线，单击鼠标右键，弹出快捷菜单命令，如图 6-74 所示，选择 Wire Color 命令，弹出 Colors 属性对话框，如图 6-75 所示，选择一种颜色，然后单击 OK 按钮，即可完成导线颜色的设置。

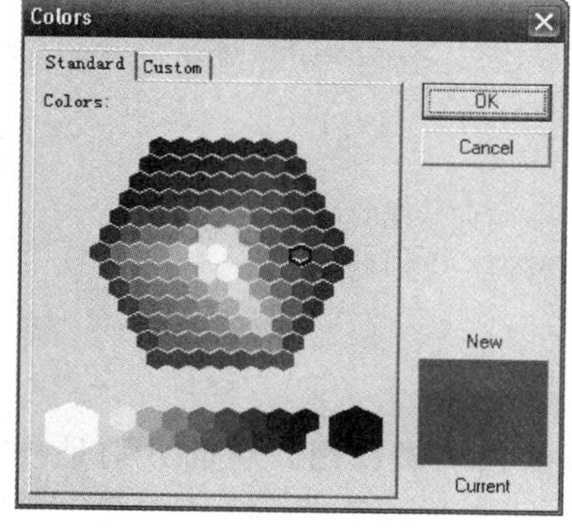

图 6-75 Color 属性对话框

4. 电路中插入元器件

将元器件直接拖到要放置的导线上，然后释放该元器件，即可插入电路中。例如在电路中插入电容，如图 6-76 所示。

5. 电路中删除元器件

电路中删除元器件的方法有：

(1) 选中元器件，按下 Delete 键盘。

(2) 选中元器件，单击鼠标右键，弹出下拉菜单，选择 Delete 命令。

(3) 选中元器件，使用菜单栏中的 Edit/Delete 命令。

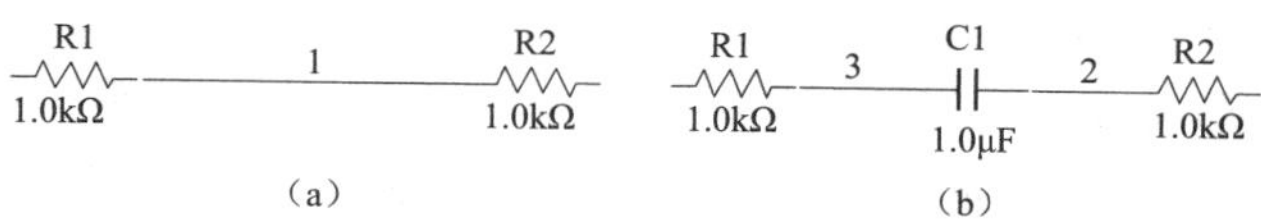

图 6-76 电路中插入元器件

(a) 原图；(b) 插入电容

Component... Ctrl+W
Junction Ctrl+J
Wire
Bus Ctrl+U
HB/SC Connector Ctrl+I
Off-Page Connector
Bus HB/SC Connector Ctrl+Shift+I
Bus Off-Page Connector
Hierarchical Block From File... Ctrl+H
New Hierarchical Block
Replace by Hierarchical Block Ctrl+Shift+H
New Subcircuit Ctrl+B
Replace by Subcircuit Ctrl+Shift+B
Multi-Page
Merge Bus...
Bus Vector Connect...

图 6-77 快捷菜单

6. 节点的使用

节点就是一个小黑圆点，是电路中的一个连接点。当电路的连接导线成“T”形交叉时，节点自动生成；当电路的连接导线成“十”字形交叉时，是否存在节点，需要进行放置。放置节点的方法是：单击菜单命令 Place/Junction，或者在电路工作区单击鼠标右键，就会弹出快捷菜单命令，如图 6-72 所示，选择 Place Schematic 命令，弹出下一级菜单命令，如图 6-77 所示，在选择 Junction 命令，即可完成电路节点的放置。

一个导线的节点最多可以连接来自四个方向的导线，如图 6-78 所示。

7. 弯曲导线的调整

如图 6-79 所示电路的情况，元器件位置与导线不在一条直线上就会产生导线弯曲。为了绘制电路图的整齐、美观，需要对导线进行调整。调整的方法是：选中电路元器件，然后用鼠标拖动或利用四个方向键进行微调元器件的位置，使导线变直。

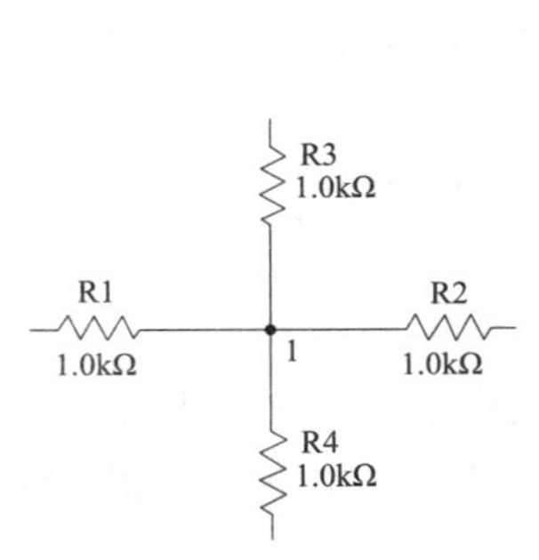

图 6-78 节点的操作

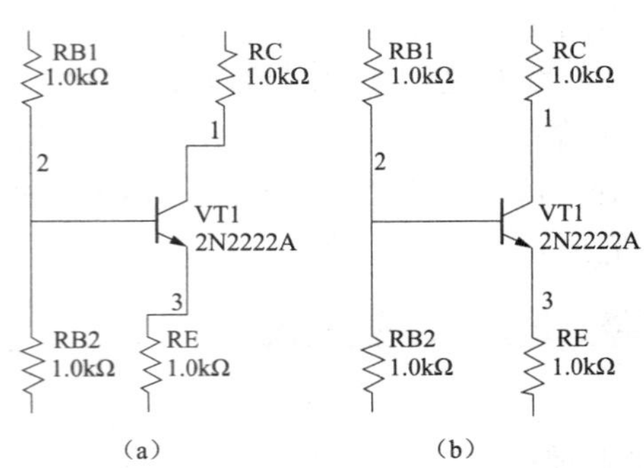

图 6-79 弯曲导线的调整

(a) 调整前；(b) 调整后

二、仪表的操作

Multisim 9.0 的仪表库存放有二十种具有虚拟面板的仪表供使用。它们分别是数字万用表、函数信号发生器、数字功率表、双踪示波器、四通道示波器、波特图仪、数字频率计、字符发生器、逻辑分析仪、逻辑转换仪、伏安特性分析仪、失真分析仪、频谱分析仪、网络分析仪、Agilent 函数发生器、Agilent 数字万用表、Agilent 示波器、Tektonix 示波器、LabVIEW 虚拟仪器、测量探针等。在连接电路时，仪表以图标方式存在。需要观察测试数据与波形或者需要设置仪器参数时，可以双击仪表图标，弹出仪表面板。

这些虚拟仪表，用起来几乎和真的仪表一样。可以完成对电路的电压、电流、电阻及波形等物理量的测量，使用灵活方便，不用维护。虚拟仪表还有许多实际仪表所不具备的功能。双击仪表图标，弹出仪表面板就可以进行设置仪表参数。

此外 Multisim 9.0 软件在指示器件库中提供了电压表和电流表。选择的方法是单击元器件库工具栏中的按钮，弹出 Select a Component 对话框，如图 6-80 所示，选择电压表或电流表，然后在 Component 栏选择适合电路连接的电压表或电流表，单击 OK 按钮就放置到电路工作区了。

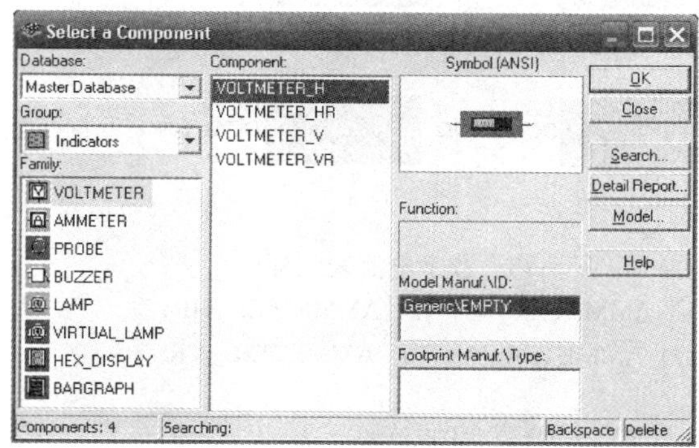

图 6-80　Select a Component 对话框

电压表是一种自动转换量程、直交流两用的数字电压表，图标如图 6-81 所示。双击数字电压表图标，弹出 Voltmete 对话框，如图 6-82 所示，然后单击测量模式（Mode）下拉框按钮，选择直流（DC）模式或交流（AC）模式。当设置为交流（AC）模式时，数字电压表显示交流电压有效值。数字电压表内阻默认值设为 10MΩ。参数设置完成后单击确定按钮。

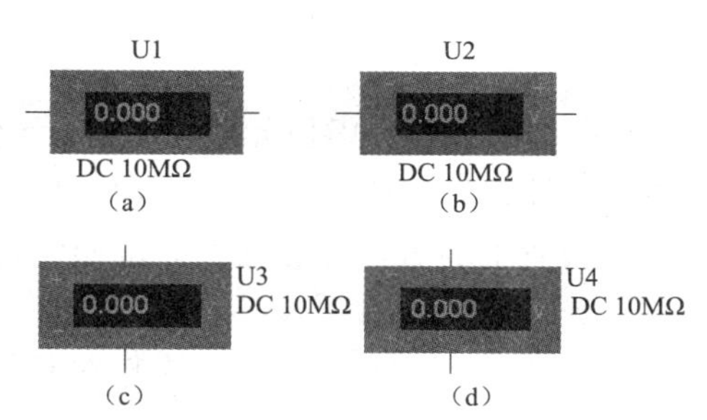

图 6-81　数字电压表图标

(a) VOLTMETER_H；(b) VOLTMETER_HR；(c) VOLTMETER_V；(d) VOLTMETER_VR

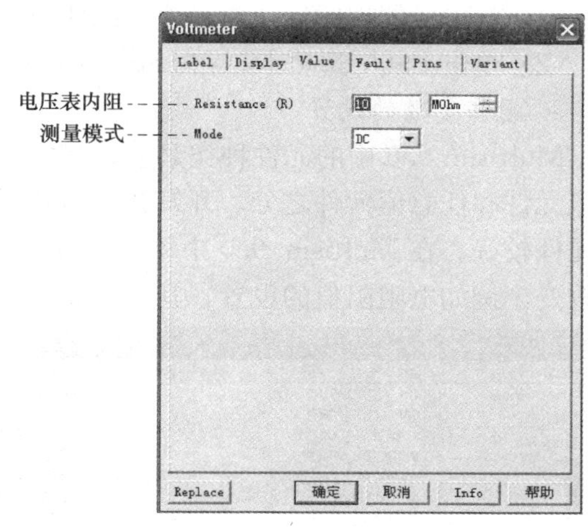

图 6-82　Voltmeter 对话框

电流表也是一种自动转换量程、直交流两用的数字流表，图标如图 6-83 所示。双击数字电流表的图标，弹出 Ammeter 对话框，如图 6-84 所示。根据 Ammeter 对话框可对数字电流表进行工作模式的设置，设置方法与数字电压表的相同。

三、电子电路的仿真操作过程

电子电路的仿真通常可按下列步骤进行：

1. 电路图的创建

（1）元器件的选用。单击元器件所在的工具栏，将所需的电路元器件拖入到电路工作区。

（2）元器件的旋转。由于连线的需要，元器件的方向需要进行旋转，使绘制出的电路图整齐、美观。

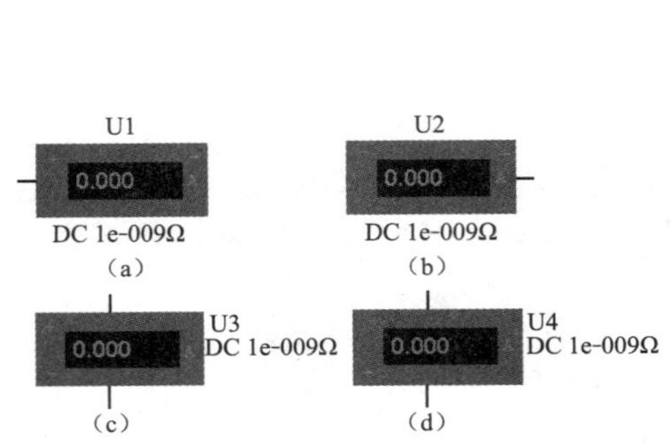

图 6-83 数字电流表图标

(a) AMMETER _ H；(b) AMMETER _ HR；

(c) AMMETER _ V；(d) AMMETER _ VR

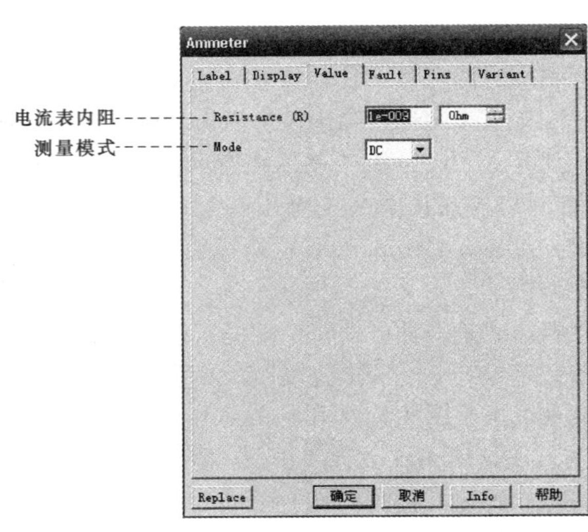

图 6-84 Ammeter Properies 对话框

(3) 元器件间的连线。

2. 元器件的名称标识

电路中的每一元器件均可进行 Lable（标识），其做法如下：

(1) 双击元器件图标，弹出该元器件的属性对话框。

(2) 单击 Lable 选项卡，在 Lable 文本框中键入元器件标识，并单击确定按钮。

3. 元件参数的设置

Multisim 9.0 中的元件种类繁多，有现实元件，也有虚拟元件。虚拟元件又有 3D 元件、定值元件和任意值元件之分。开发新产品必须使用现实元件；设计验证新电路原理，采用虚拟元件较好。在 Multisim 9.0 中每一虚拟元件都有其预设置的参数，此参数可以按照实际需要改变。例如电阻阻值的设置，其过程如下：

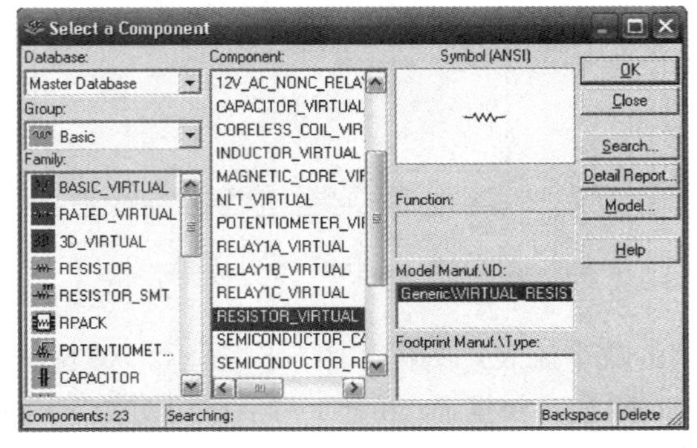

图 6-85 Select a Component 对话框

(1) 单击元器件工具栏中的基本元器件库按钮，弹出 Select a Component 对话框，如图 6-85 所示，选择 BASIC _ ViRTUAL，然后在 Component 栏选择 RESISTOR _ VIRTUAL，单击 OK 按钮 1kΩ 的电阻就放置到电路工作区了。

(2) 双击电阻符号，弹出 BASIC _ ViRTUAL 对话框，如图 6-86 所示。

(3) 选择 Value 选项卡，将对话框中的数值部分改为 10，该电阻的阻值为 10kΩ。

(4) 单击确定按钮，就完成了 1kΩ 电阻阻值的修改。

4. 连接仪器仪表

在元器件工具栏中打开指示器件库和仪表库，从中选择测试电路所需要的仪器仪表。

5. 电路文件的保存与打开

电路创建完成后，要将其进行保存，以备调用。方法是选择菜单栏中 File/Save 菜单命令，弹出对话框后，选择合适的路径并输入电路文件名，再单击“确定”按钮，即完成电路文件的保存。Multisim 9.0 会自动为电路文件添加后缀“.sm9”。若需打开电路文件，可选择菜单栏中的 File/Open 命令，弹出对话框后，选择所需电路文件，按“打开”按钮，即可将选择的电路调入电路工作区。保存与打开也可以使用工具栏中的相关按钮。

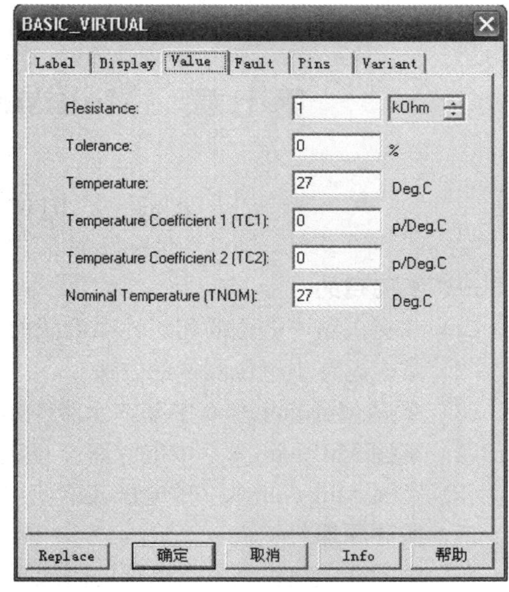

图 6-86　BASIC _ ViRTUAL 对话框

6. 电路的仿真实验

仿真实验开始前可双击有关仪器仪表的图标打开其面板，准备观察其波形或数据。单击主工具栏中的运行按钮，或者选择菜单命令 Simulate/Run（F5 键），仿真实验开始。若再次单击运行按钮，或者选择菜单命令 Simulate/Run，仿真实验结束。如果使实验过程暂停，可选择菜单命令 Simulate/Pause（F6 键），再次单击菜单命令 Simulate/Pause，实验恢复运行。

7. 实验结果的输出

输出实验结果的方法有许多种，可以存储电路文件，也可以用 Windows 的剪贴板输出电路图或仪表面板显示的波形，还可以打印输出。

第七章　Multisim 9.0 仿真软件应用

实验一　电位与电压的仿真测试

一、实验目的

（1）掌握电路中电位的相对性、电压的绝对性。

（2）掌握电路中电位测量的方法。

（3）掌握 Multisim 9.0 中基本元器件库中电阻的使用方法。

（4）掌握 Multisim 9.0 中电源库中直流电压源、直流电流源以及接地点的使用方法。

（5）掌握 Multisim 9.0 中电压表的使用方法。

二、实验原理

在一个闭合电路中，各点电位的高低视所选的电位参考点的不同而变，但任意两点间的电位差（即电压）则是绝对的，它不因参考点的变动而改变。

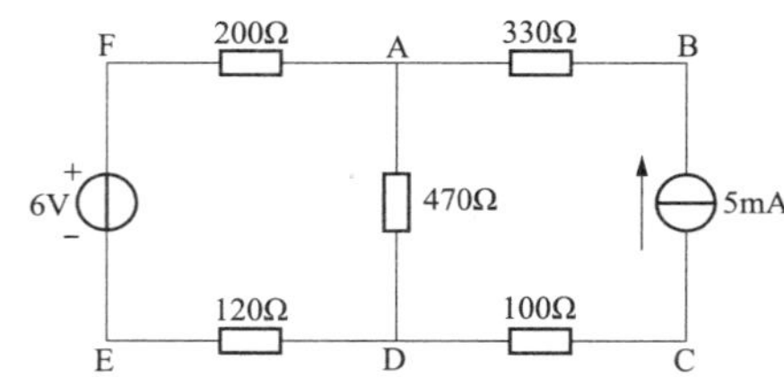

图 7-1　电压、电位的测量电路

电位图是一种平面坐标一、四两象限内的折线图。其纵坐标为电位值，横坐标为各被测点。要制作某一电路的电位图，先以一定的顺序对电路中各被测点编号。以图 7-1 的电路为例，如图 7-1 中的 A～F，并在坐标横轴上按顺序、均匀间隔标上 A、B、C、D、E、F、A。再根据测得的各点电位值，在各点所在的垂直线上描点。用直线依次连接相邻两个电位点，即得该电路的电位图。

在电位图中，任意两个被测点的纵坐标值之差即为该两点之间的电压值。

在电路中电位参考点可任意选定。对于不同的参考点，所绘出的电位图形是不同的，但其各点电位变化的规律却是一样的。

三、实验设备

实验设备如表 7-1 所示。

表 7-1　　实　验　设　备

序号	名称	型号与规格	数量	序号	名称	型号与规格	数量
1	直流电压源	6V	1	4	电阻	120Ω	1
	直流电流源	5mA	1	5	电阻	200Ω	1
2	直流数字电压表		1	6	电阻	330Ω	1
3	电阻	100Ω	1	7	电阻	470Ω	1

四、实验内容

启动 Multisim 9.0 仿真软件，对实验电路进行仿真测试。

1. 工作区放置电路元件

（1）放置直流电压源。单击菜单栏上 Place/Component，弹出 Select a Component 对话

框，在 Group 下拉菜单中选择 Sources，在 Family 中选择 POWER _ SOURCES，在 Component 中选择 DC _ POWER，具体对话框如图 7-2 所示；或者单击元器件工具栏按钮 ，同样也可以得到图 7-2 所示的对话框。在图 7-2 所示的对话框单击 OK 按钮，就可将直流电压源放置在电路工作区，系统默认为 12V，双击直流电压源的图标，设置直流电压源的电压值为 6V，如图 7-3 所示。

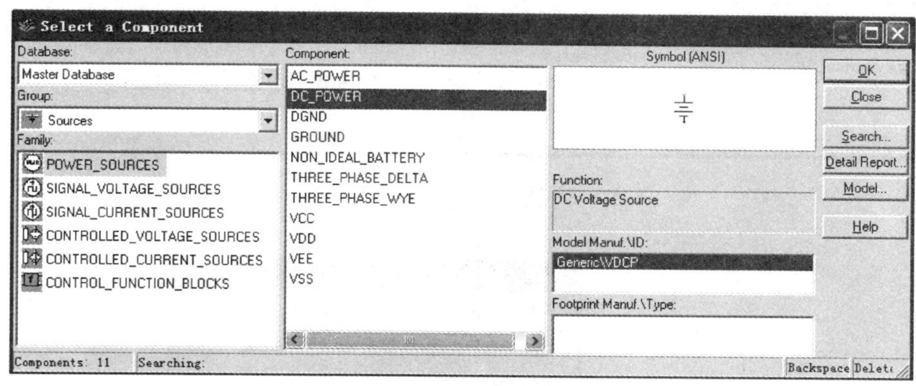

图 7-2　选择直流电压源对话框

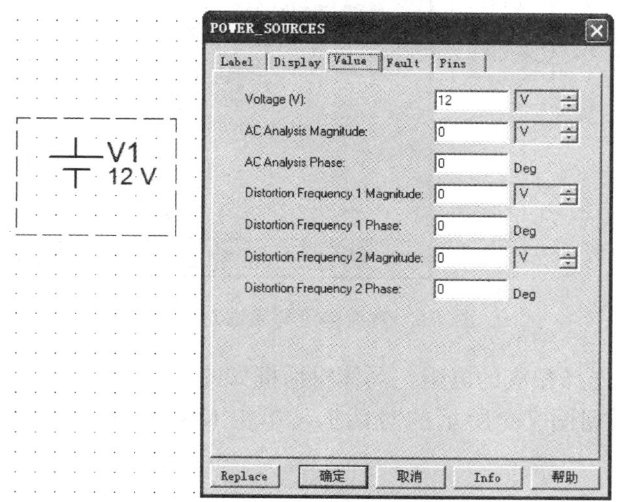

图 7-3　直流电压源属性对话框

（2）放置直流电流源。单击菜单栏上 Place/Component，弹出 Select a Component 对话框，在 Group 下拉菜单中选择 Sources，在 Family 中选择 SIGNAL _ CURRENT _ SOURCES，在 Component 中选择 DC _ CURRENT，具体对话框如图 7-4 所示；或者单击元器件工具栏按钮 ，同样也可以得到图 7-4 所示的对话框。在图 7-4 所示的对话框单击 OK 按钮，就可将直流电流源放置在电路工作区，系统默认为 1A，双击直流电流源的图标，设置直流电流源的电流值为 5mA，如图 7-5 所示。

（3）放置电阻元件。单击菜单栏上 Place/Component，弹出 Select a Component 对话框，在 Group 下拉菜单中选择 Basic，在 Family 中选择 RESISTOR，在 Filter 中选择单位与精

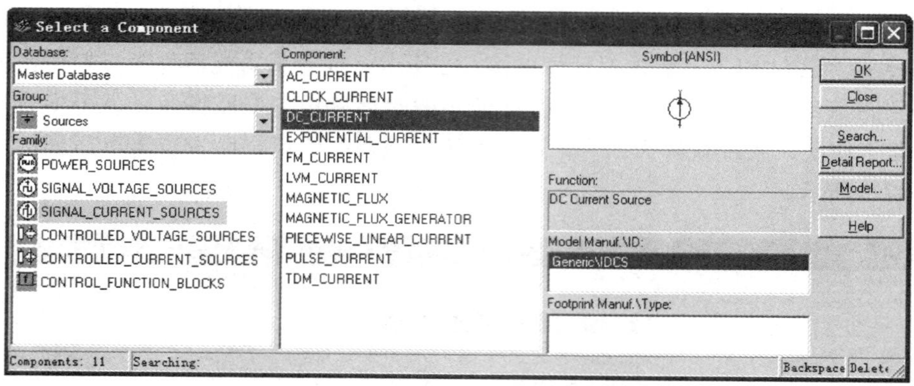

图 7-4 选择直流电流源对话框

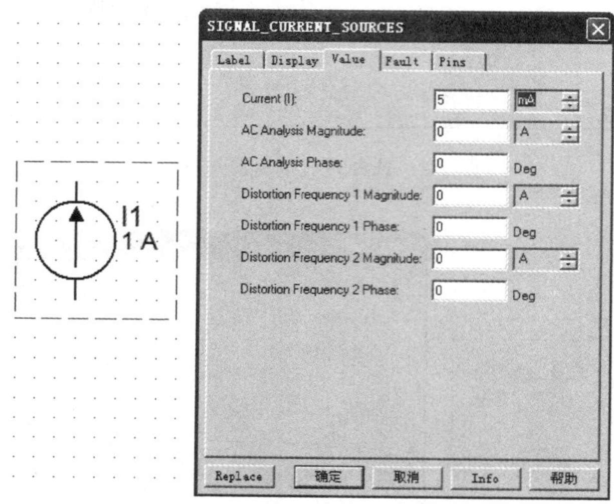

图 7-5 直流电流源属性对话框

度，在 Component 中选择相应的电阻，具体对话框如图 7-6 所示；或者单击元器件工具栏按钮，同样也可以得到图 7-6 所示的对话框，单击 OK 按钮，就可将电阻放置在电路工作区。

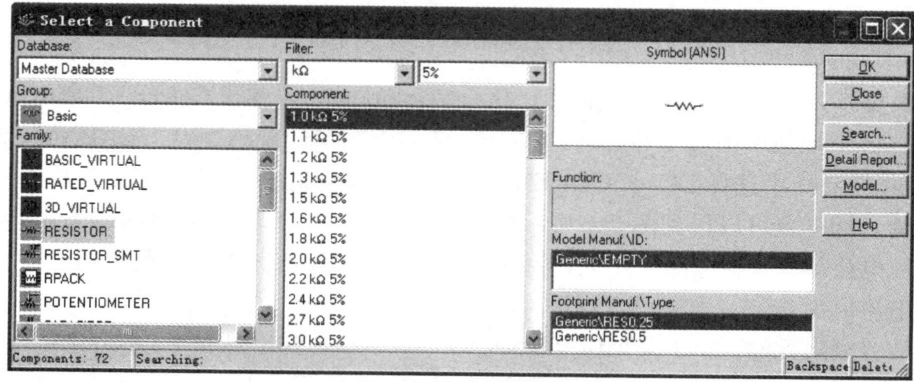

图 7-6 选择电阻对话框

对直流电压源、直流电流源、电阻元件进行调整与布局，如图 7-7 所示。

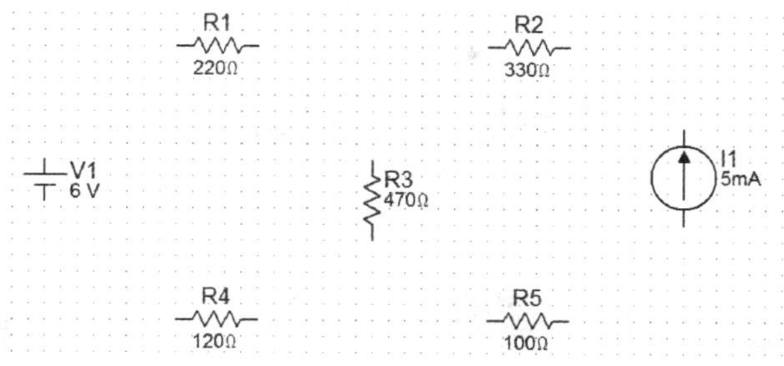

图 7-7　工作区放置电路元件

2. 连接导线

把鼠标移动到元器件的管脚，出现黑色小圆点单击鼠标左键，移到鼠标到导线的另一个连接点，当出现红色小圆点时，再单击鼠标左键，这样一条导线就完成了。采用同样的方法完成其他导线的连接，如图 7-8 所示。

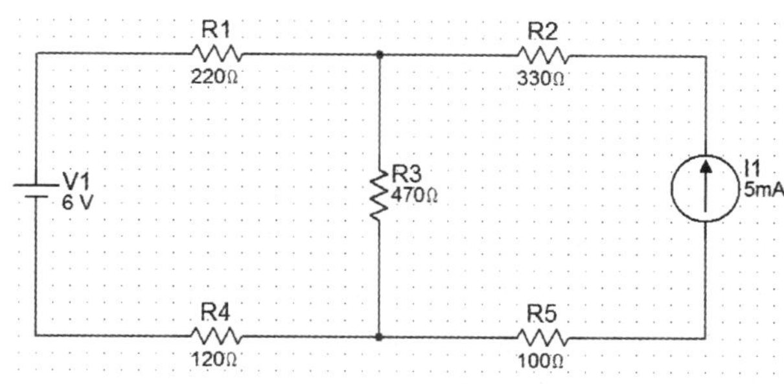

图 7-8　连接导线

3. 仿真测试

（1）放置电压表。单击菜单栏上 Place/Component，弹出 Select a Component 对话框，在 Group 下拉菜单中选择 Indicators，在 Family 选项中选择 VOLTMETER，在 Component 中选择相应的形式的电压表；或者单击元器件工具栏中按钮▣，弹出如图 7-9 所示的对话框，单击 OK 按钮，为电路添加测量电压表，并进行连线。

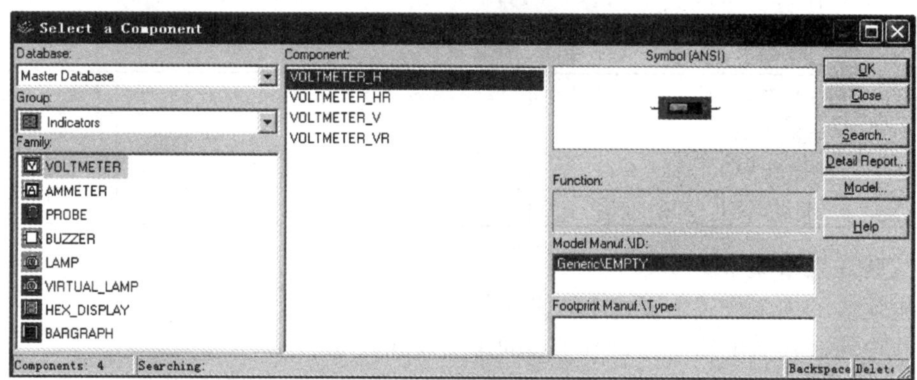

图 7-9　放置电压表

(2) 放置 GROUND。在图 7-2 所示的对话框中的 Component 选项中选择 GROUND，单击 OK 按钮，为仿真电路添加 GROUND，电路如图 7-10 所示。

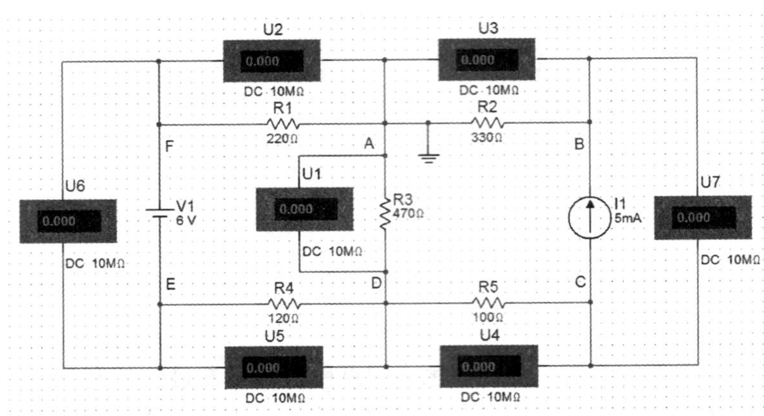

图 7-10 A 为参考点的仿真实验电路

(3) 实验数据测量。单击菜单栏 Simulate/Run 命令，或者单击主工具栏中的仿真运行按钮，实验进行仿真。当再次单击菜单栏 Simulate/Run 命令或者主工具栏中的仿真运行按钮实验停止仿真。

以图 7-1 中的 A 点作为电位的参考点，分别使用电压表测量 B、C、D、E、F 各点的电位值 V，如图 7-10 所示，电路连接后，打开 MULTISIM 9.0 界面的仿真运行按钮，系统开始仿真，仿真结果就显示在电压表上，将测得的数据填入表 7-2 中。注意：在用 MULTISIM 9.0 软件分析电路时，必须有接地点。同理可测量相邻两点之间的电压值 U_{AB}、U_{BC}、U_{CD}、U_{DE}、U_{EF} 及 U_{FA}，将数据填入表 7-2 中。注意：每个连接点只能连接来自四个方向的导线。

表 7-2　　电压、电位的测量数据

电位参考点	电位 V 与电压 U	V_A	V_B	V_C	V_E	V_F	U_{AB}	U_{BC}	U_{CD}	U_{DE}	U_{EF}	U_{FA}
A	计算值 (V)											
	测量值 (V)											
	相对误差											

(4) 以 D 点作为参考点，重复实验内容 (2) 的测量，测得数据列于表 7-3 中。

表 7-3　　电压、电位的测量数据

电位参考点	电位 V 与电压 U	V_A	V_B	V_C	V_E	V_F	U_{AB}	U_{BC}	U_{CD}	U_{DE}	U_{EF}	U_{FA}
D	计算值 (V)											
	测量值 (V)											
	相对误差											

五、实验注意事项

(1) 电压表的内阻设置不要过小，默认值为 10MΩ。

(2) 将电压表接入电路时注意电压表的正负极性。

(3) 测量电位时，应将电压表的负极接参考电位点，正极接被测点。若电压表显示正值，则表明该点电位高于参考点电位；若电压表显示负值，则表明该点电位低于参考点电位，注意此时不可调换电压表的极性，直接读出负值即可。

（4）测量电压时，应将电压表的正极接被测电压参考方向的高电位点，负极接被测电压参考方向的低电位点。若电压表显示正值，则表明实际方向与参考方向相同；若电压表显示负值，则表明实际方向与参考方向相反，注意此时不可调换电压表的极性，直接读出负值即可。

六、预习思考题

（1）若以 A 点为参考点，按实验步骤测量各点的电位值；若以 D 点作为参考点，则此时各点的电位值应有何变化？

（2）在使用电压表测量电压和电位时，为何数据前面会出现正负号，其物理意义是什么？

七、实验报告

（1）根据测量实验数据，分别绘制出两个电位图形，并对照观察各对应两点间的电压情况。两个电位图形的参考点不同，但各点的相对顺序应一致，以便对照。

（2）完成数据表格中的计算，对误差做必要的分析。

（3）总结电位相对性和电压绝对性的结论。

实验二　基尔霍夫定律的仿真测试

一、实验目的

（1）验证基尔霍夫定律的正确性，加深对基尔霍夫定律的理解。

（2）掌握 Multisim 9.0 中电压表测量元件电压的方法。

（3）掌握 Multisim 9.0 中电流表的使用方法。

（4）掌握 Multisim 9.0 中电流表测量支路电流的方法。

二、实验原理

基尔霍夫定律是集总电路的基本定律，它包括电流定律和电压定律。

基尔霍夫电流定律（KCL）指出：“在集总参数电路中，任何时刻，对任一节点，所有流出节点的支路电流的代数和恒等于零”。此处，电流的“代数和”是根据电流是流出节点还是流入节点判断的。若流出节点的电流前面取“+”号，则流入节点的电流前面取“−”号；电流是流出节点还是流入节点，均根据电流的参考方向判断，所以对任意节点都有 $\sum i = 0$，取和是对连接于该节点的所有支路电流进行的。

基尔霍夫电压定律（KVL）指出：“在集总参数电路中，任何时刻，沿任一回路，所有支路电压的代数和恒等于零”。所以，沿任一回路有 $\sum u = 0$，取和时，需要任意指定一个回路的绕行方向，凡支路电压的参考方向与回路的绕行方向一致者，该电压前面取“+”号，支路电压的参考方向与回路的绕行方向相反者，前面取“−”号。

基尔霍夫定律实验电路如图 7-11 所示。

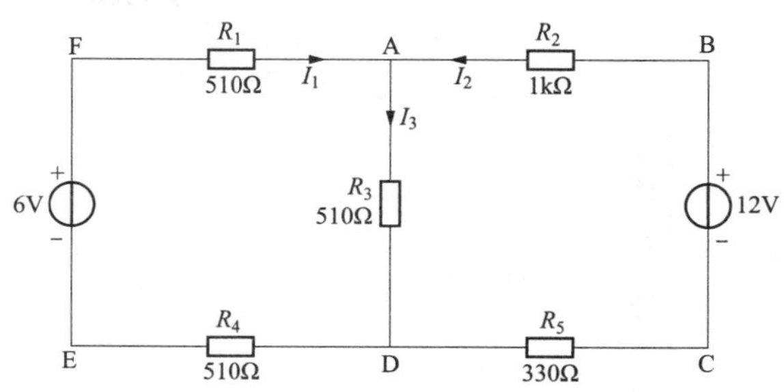

图 7-11　基尔霍夫定律实验电路

三、实验设备

实验设备如表 7-4 所示。

表 7-4 实验设备

序号	名称	型号与规格	数量	序号	名称	型号与规格	数量
1	直流电压源	6V	1	5	电阻	510Ω	3
2	直流电压源	12V	1	6	电阻	330Ω	1
3	直流数字电压表		1	7	电阻	1kΩ	1
4	直流数字电流表		1				

四、实验内容

(1) 启动 Multisim 9.0 仿真软件，在电路工作区绘制基尔霍夫定律仿真实验电路，如图 7-12 所示。

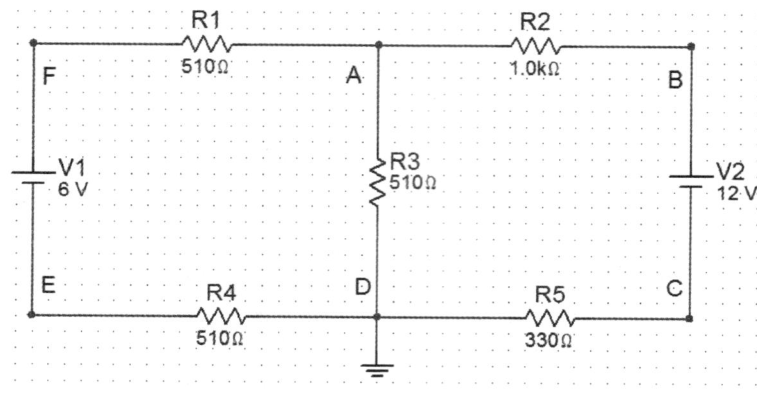

图 7-12 基尔霍夫定律仿真实验电路

(2) 基尔霍夫电流定律的测试。

1) 放置电流表。单击菜单栏上 Place/Component，弹出 Select a Component 对话框，在 Group 下拉菜单中选择 Indicators，在 Family 选项中选择 AMMETER，在 Component 中选择相应的形式的电流表；或者单击元器件工具栏中按钮▣，弹出如图 7-13 所示的对话框，单击 OK 按钮，为电路添加测量电流表，并进行连线。

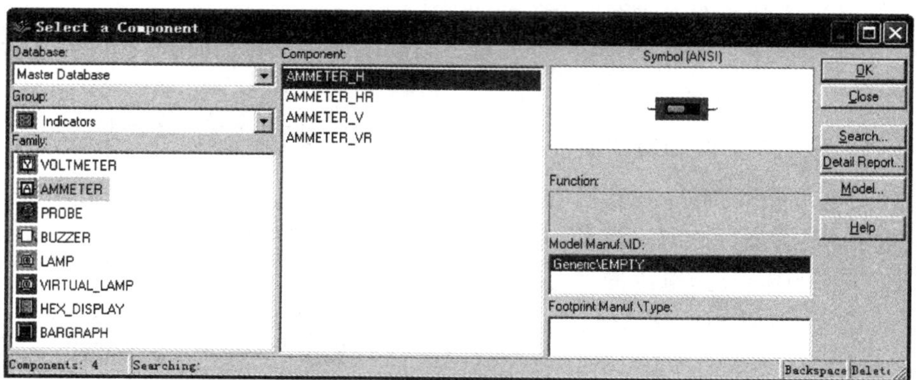

图 7-13 放置电流表

2）实验数据测量。将电流表连接到电路中，将电流表两端的接线与串联电路的连线重合，即可以将电流表串入到相应的支路中，电路如图 7-14 所示。连接时注意电流表的极性。打开 Multisim 9.0 的仿真运行开关，系统开始仿真，仿真结果就显示在电流表上，将测得的数据填入表 7-5 中。

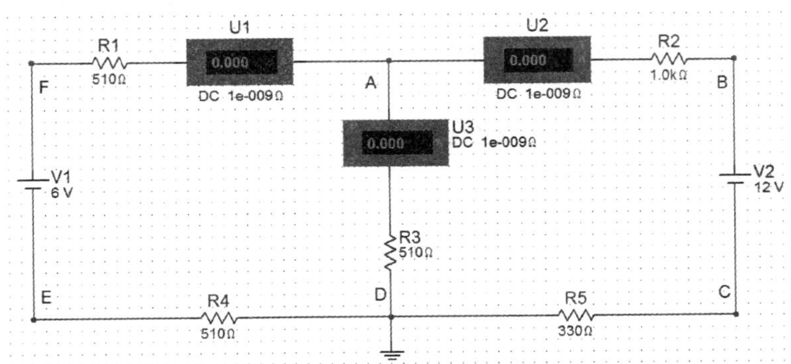

图 7-14 基尔霍夫电流定律的测量电路

表 7-5 实验数据记录表格

被测量	I_1	I_2	I_3	U_{EF}	U_{BC}	U_{FA}	U_{AB}	U_{AD}	U_{CD}	U_{DE}
计算值										
测量值										

五、实验注意事项

（1）所有需要测量的电压值，均以电压表测量的读数为准。电压源的电压也需测量，不应取电压源本身的电压值。

（2）用电压表测量时，则可直接读出电压值。

（3）用电流表测量时，则可直接读出电流值。

（4）连接电压表和电流表时，注意电压表和电流表的极性。

（5）在用 Multisim 9.0 软件分析电路时，必须有接地点。

六、预习思考题

根据图 7-11 的电路参数，计算出待测的电流 I_1、I_2、I_3 和各电阻上的电压值，记入预习报告理论计算中，以便实验测量时，可验证测量数据的正确性。

七、实验报告

（1）根据实验数据，选定节点 A，验证 KCL 的正确性。

（2）根据实验数据，选定实验电路中的任一闭合回路，验证 KVL 的正确性。

实验三 叠加定理的仿真测试

一、实验目的

（1）验证线性电路叠加定理的正确性。

（2）加深对线性电路的叠加性和齐次性的认识和理解。

（3）理解线性电路的叠加性和齐次性。

（4）进一步熟悉 Multisim 9.0 中直流电压源和直流电流源的使用方法。

（5）进一步掌握 Multisim 9.0 中电压表、电流表的使用方法。

二、实验原理

叠加定理描述了线性电路的可加性或叠加性，其内容是：在有多个独立源共同作用下的线性电路中，任一电压或电流都是电路中各个独立电源单独作用时，在该处产生的电压或电流的叠加。通过每一个元件的电流或其两端的电压，可以看成是由每一个独立源单独作用时在该元件上所产生的电流或电压的代数和。

齐次性定理的内容是：在线性电路中，当所有激励（电压源和电流源）都同时增大或缩小 K 倍（K 为实常数）时，响应（电压或电流）也将同时增大或缩小 K 倍。这是线性电路的齐次性定理。这里所说的激励指的是独立电源，并且必须全部激励同时增加或缩小 K 倍，否则将导致错误的结果。显然，当电路中只有一个激励时，响应必与激励成正比。

使用叠加定理时应注意以下几点：

（1）叠加定理适用于线性电路，不适用于非线性电路。

（2）在叠加的各分电路中，不作用的电压源置零，在电压源处用短路代替；不作用的电流源置零，在电流源处用开路代替。电路中的所有电阻都不予更动，受控源则保留在分电路中。

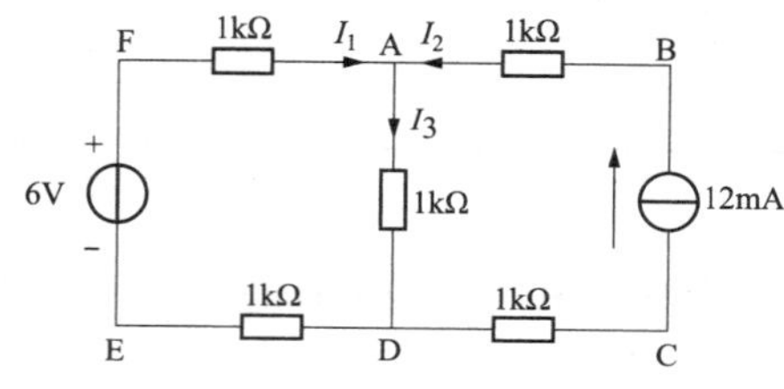

图 7-15 叠加定理实验电路

（3）叠加时各分电路中的电压和电流的参考方向可以取为与原电路中的相同。取和时，应注意各分量前的“+”“-”号。

（4）原电路的功率不等于按各分电路计算所得功率的叠加，这是因为功率是电压和电流的乘积。

实验电路如图 7-15 所示。

三、实验设备

实验设备如表 7-6 所示。

表 7-6 实验设备

序号	名称	型号与规格	数量	序号	名称	型号与规格	数量
1	直流电压源	6V	1	4	直流电压表		1
2	直流电流源	12mA	1	5	直流电流表		1
3	电阻	1kΩ	5				

四、实验内容

1. 电压源单独作用时的测量

（1）启动 Multisim 9.0 仿真软件，在电路工作区绘制仿真实验电路，如图 7-16 所示。

（2）接入电流表，测量支路电流 I_1、I_2、I_3，然后将数据填入表 7-7 中。

（3）接入电压表，按照表 7-4 测量各元件两端的电压，然后将数据填入表 7-7 中。

2. 电流源单独作用时的测量

（1）在电路工作区绘制仿真实验电路，如图 7-17 所示。

（2）接入电流表，测量支路电流 I_1、I_2、I_3，然后将数据填入表 7-7 中。

（3）接入电压表，按照表 7-4 测量各元件两端的电压，然后将数据填入表 7-7 中。

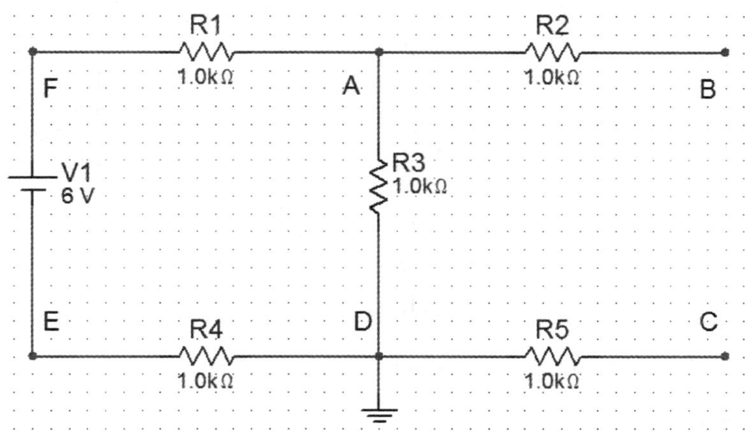

图 7-16　电压源单独作用的电路

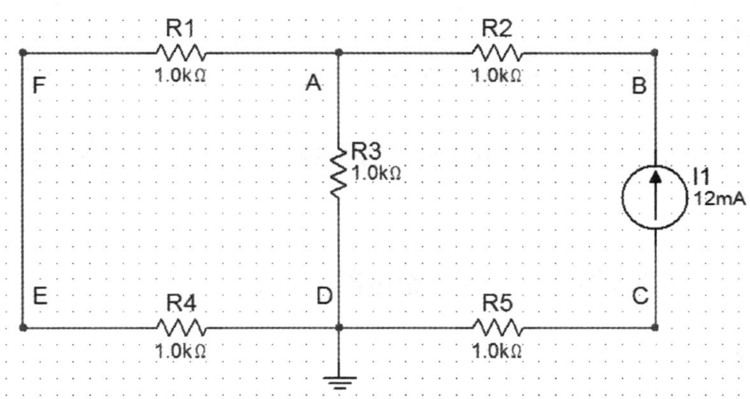

图 7-17　电流源单独作用的电路

3. 电压源和电流源共同作用时的测量

（1）在电路工作区绘制仿真实验电路，如图 7-18 所示。

（2）接入电流表，测量支路电流 I_1、I_2、I_3，然后将数据填入表 7-7 中。

（3）接入电压表，按照表 7-7 测量各元件两端的电压，然后将数据填入表 7-7 中。

表 7-7　　**叠加定理实验测量数据**

实验内容	I_1	I_2	I_3	U_{AB}	U_{BC}	U_{CD}	U_{DE}	U_{EF}	U_{FA}	U_{AD}
电压源单独作用										
电流源单独作用										
共同作用										

五、实验注意事项

（1）仿真实验电路必须有接地点。

（2）连接电压表和电流表时注意极性。

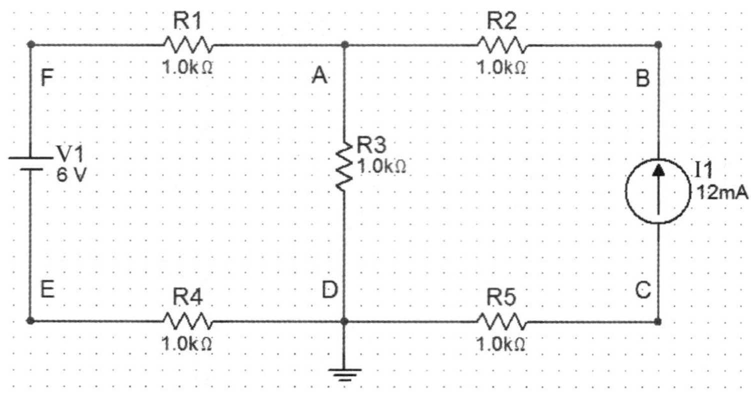

图 7-18 电压源和电流源共同作用的电路

六、预习思考题

(1) 在叠加定理实验中，要令电压源、电流源分别单独作用，应如何操作?

(2) 在线性电路中，可否用叠加定理来计算电阻消耗的功率?为什么?

七、实验报告

(1) 根据实验数据表格，进行分析、比较，归纳、总结实验结论，即验证线性电路的叠加性与齐次性。

(2) 各电阻器所消耗的功率能否用叠加定理计算得出?试用上述实验数据，进行计算并作结论。

实验四 三相交流电路Y-△的仿真测试

一、实验目的

(1) 理解三相电源、三相负载的概念。

(2) 掌握三相电源的星形连接的方法。

(3) 掌握三相负载的三角形连接的方法。

(4) 掌握三相电路Y-△连接相、线电压及相、线电流之间的关系。

(5) 进一步掌握 Multisim 9.0 软件中交流电压表、交流电流表的使用方法。

(6) 进一步掌握 Multisim 9.0 软件中交流电压源的使用方法。

二、实验原理

1. 三相对称电源

对称三相电源是由 3 个等幅值、同频率、初相位依次相差 120°的正弦电压源连接成星形(Y)组成的电源，如图 7-19 所示。这 3 个电源依次称为 U 相、V 相和 W 相，它们的电压为

$$u_U = \sqrt{2}U\sin(\omega t)$$

$$u_V = \sqrt{2}U\sin(\omega t - 120°)$$

$$u_W = \sqrt{2}U\sin(\omega t + 120°)$$

式中以 U 相电压 u_U 作为参考正弦量，它们对应的相量形式为

$$\dot{U}_U = U\angle 0°$$

$$\dot{U}_V = U\angle(-120°)$$

$$\dot{U}_W = U\angle 120°$$

其中三相电源的相电压为 220V，则线电压为 380V。

2. 三相负载

3 个阻抗连接成三角形（△）就构成三角形负载，如图 7-20 所示。当这 3 个阻抗相等时，就称为对称三相负载，即 $Z_A = Z_B = Z_C$，当这 3 个阻抗不相等时，就称为不对称三相负载。

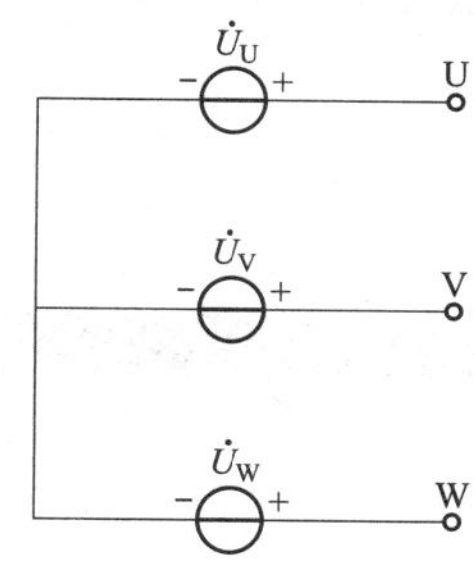

图 7-19　星形电源

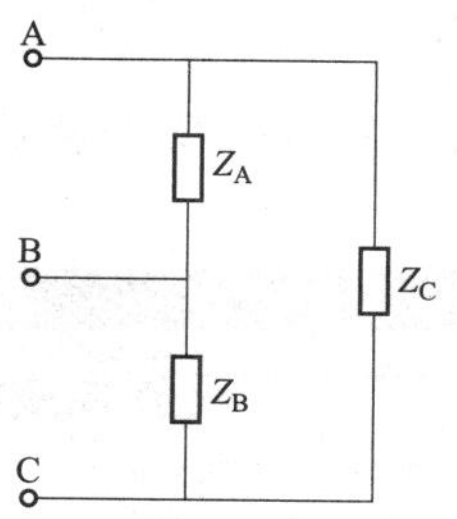

图 7-20　三角形负载

3. 三相电路Y-△连接

若三相电源为星形（Y）连接，负载为三角形（△）连接，这样的三相电路称为Y-△连接方式，如图 7-21 所示。三相负载的相电压和相电流是指各阻抗的电压和电流。三相负载的 3 个端子 ABC 向外引出的导线中的电流称为负载的线电流；任两个端子间的电压为负载的线电压。

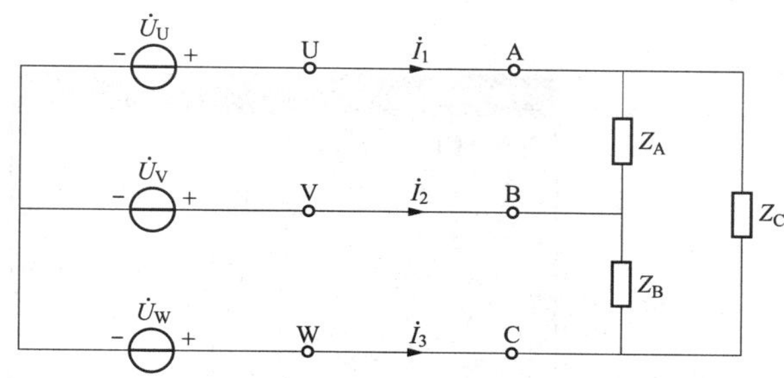

图 7-21　Y-△连接方式

三、实验设备

实验设备如表 7-8 所示。

表 7-8　　实　验　设　备

序号	名称	型号与规格	数量	序号	名称	型号与规格	数量
1	交流电压源	220V，50Hz	3	3	交流电压表		3
2	阻抗	38kΩ	4	4	交流电流表		3

四、实验内容

1. 对称三相电源

单击菜单栏上 Place/Component，弹出 Select a Component 对话框，在 Group 下拉菜单中选择 Sources，在 Family 中选择 POWER _ SOURCES，在 Component 中选择 AC _ POWER，具体对话框如图 7-22 所示；或者单击元器件工具栏按钮÷，同样也可以得到图 7-22 所示的对话框。在图 7-22 所示的对话框单击 OK 按钮，就可将交流电压源 V1 放置在电路工作区，系统默认有效值为 120V，频率为 60Hz，初相位为 0，具体如图 7-23 所示；设置交流电压源的有效值为 220V，频率为 50Hz，初相位为 0。采用同样的方法设置交流电压源 V2 为有效值为 220V，频率为 50Hz，初相位为 120；设置交流电压源 V3 为有效值为 220V，频率为 50Hz，初相位为 240。

将交流电压源 V1、V2 和 V3 连接成星形电源，如图 7-24 所示。

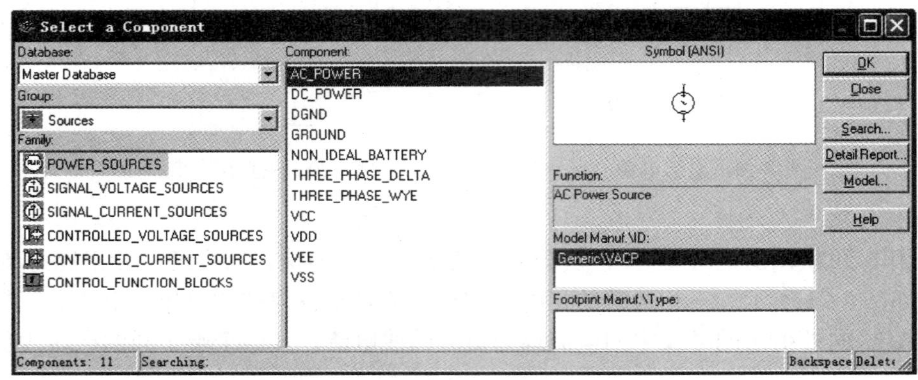

图 7-22 选择交流电压源对话框

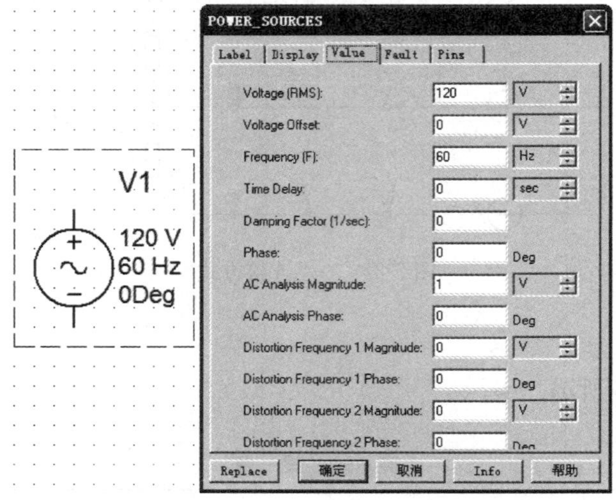

图 7-23 设置交流电压源属性对话框

2. 对称三相负载

单击菜单栏上 Place/Component，弹出 Select a Component 对话框，在 Group 下拉菜单中选择 Basic，在 Family 中选择 BASIC_VIRTUAL，在 Component 中选择 RESISTOR_VIRTUAL，具体对话框如图 7-25 所示；或者单击元器件工具栏按钮 ，同样也可以得到图 7-25 所示的对话框。在图 7-25 所示的对话框单击 OK 按钮，就可将电阻 R1 放置在电路工作区，系统默认阻值为 1kΩ，具体如图 7-26 所示；设置电阻的阻值为 38kΩ。采用同样的方法设置电阻 R2 和 R3 的阻值为 38kΩ。

将电阻 R1、R2 和 R3 连接成三角形负载，如图 7-27 所示。

3. 三相电路Y-△连接

将对称星形（Y）三相电源与对称三角形（△）三相负载连接，就构成了Y-△连接三相电路，如图 7-28 所示。

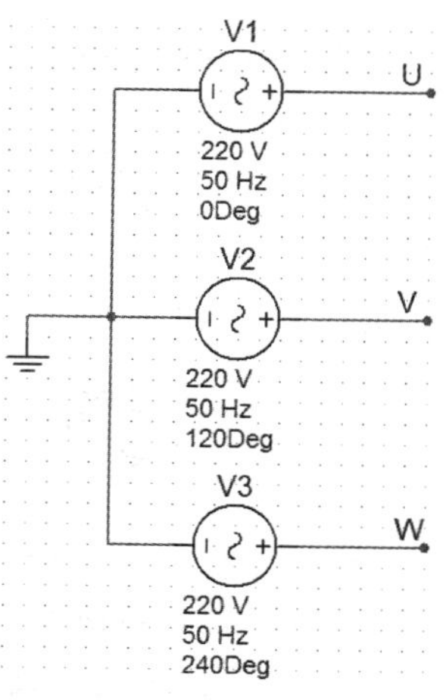

图 7-24　对称三相电源

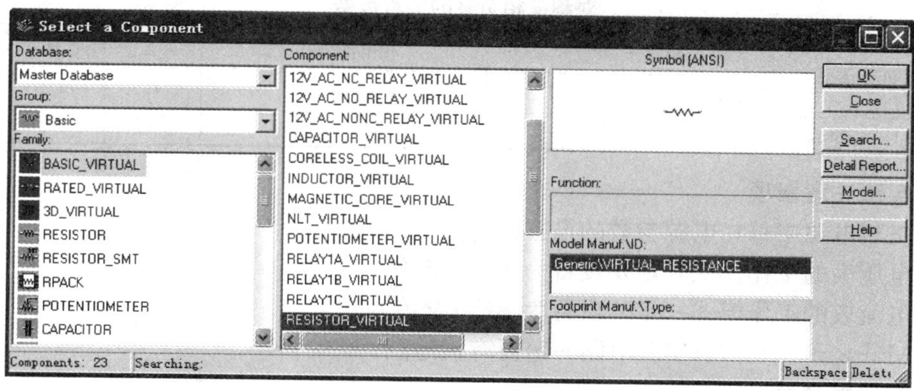

图 7-25　选择电阻对话框

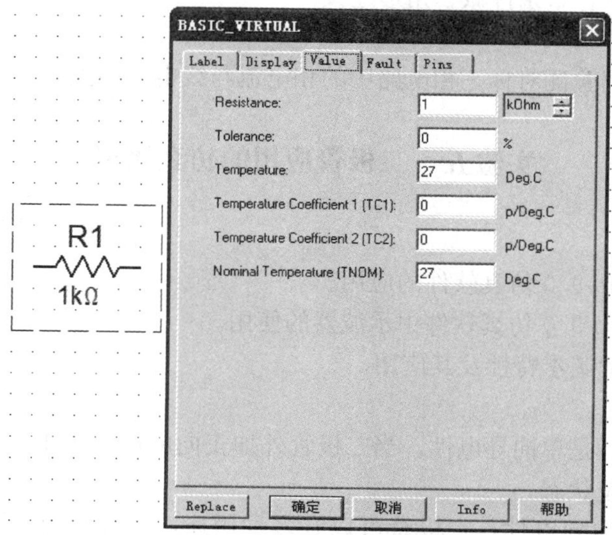

图 7-26　设置直流电压源属性对话框

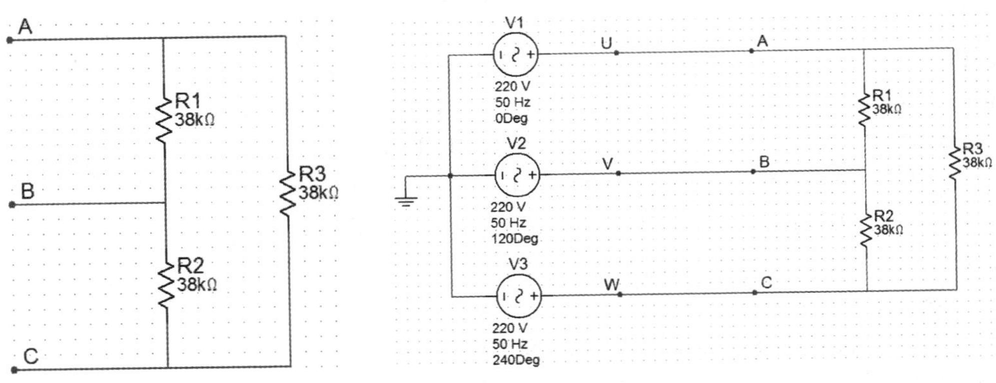

图 7-27 三角形连接负载　　图 7-28 Y-△连接三相电路

启动 Multisim 9.0 仿真软件，接入交流电压表和交流电流表，测量负载的相电压、相电流、线电流，将测得的数据填入表 7-9 中。

表 7-9 对称三相负载的实验数据

测量数据负载情况	相电压（V）			相电流（A）			线电流（A）		
	U_{AB}	U_{BC}	U_{CA}	I_{AB}	I_{BC}	I_{CA}	I_1	I_2	I_3
$R_1=R_2=R_3=38\text{k}\Omega$									

五、实验注意事项

（1）三相电源中每相电源参数的设置。

（2）电压表的工作模式一定要设置为 AC（交流）。

（3）电流表的工作模式一定要设置为 AC（交流）。

（4）Multisim 9.0 仿真实验电路一定要有接地点。

六、预习思考题

（1）复习三相电路Y-△连接的基本概念。

（2）三相负载根据什么条件做三角形连接？

七、实验报告

用实验测得的数据验证对称三相电路中的相电流与线电流的关系。

实验五 二极管应用的仿真测试

一、实验目的

（1）掌握 Multisim 9.0 仿真软件的应用。

（2）掌握 Multisim 9.0 仿真软件中示波器的使用。

（3）掌握二极管的基本特性及其应用。

二、实验原理

二极管的基本特性是单向导电性。当二极管外加正向电压时处于导通状态；当二极管外加反向电压时处于截止状态。

利用二极管的单向导电性，二极管可以有多种用途，例如整流、限幅（削波）、钳位、检波等。

1. 整流作用

半波整流实验电路如图 7-29 所示。已知 $u_i=10\sqrt{2}\sin(2\pi ft)$V，$f=50$Hz，$R=1$kΩ，试分析 u_o 的波形。

2. 限幅作用

实验电路如图 7-30 所示。已知 $u_i=10\sqrt{2}\sin(2\pi ft)$V，$f=50$Hz，$R=1$kΩ，试分析 u_o 的波形。

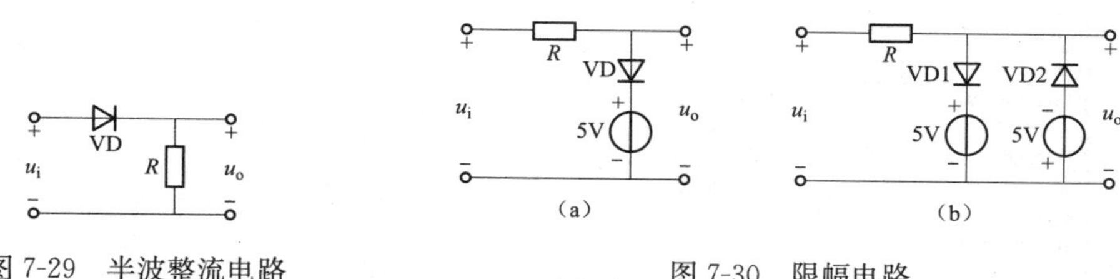

图 7-29　半波整流电路　　图 7-30　限幅电路

3. 钳位作用

实验电路如图 7-31 所示。已知 $U_A=0$V，$U_B=U_C=U_D=3$V，$R=1$kΩ，试分析 F 点的电位。

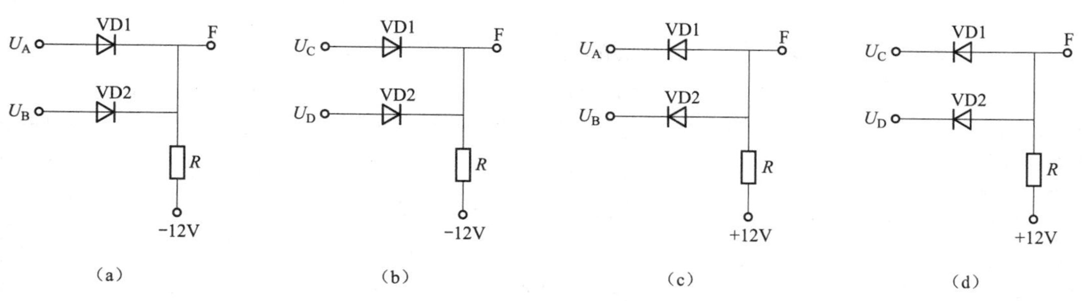

图 7-31　钳位电路

三、实验设备

实验设备如表 7-10 所示。

表 7-10　实验设备

序号	名称	型号	数量	序号	名称	型号	数量
1	双踪示波器		1	6	晶体管特性测试仪		1
2	晶体管特性测试仪		1	7	电容		1
3	交流信号源		1	8	变压器		1
4	电阻		1	9	数字电压表		2
5	二极管 1N4007		1				

四、实验内容

1. 半波整流电路的测试

测试半波整流电路如图 7-29 所示，具体测试步骤如下：

(1) 选择二极管 1N4007GP。单击菜单栏上 Place/Component，弹出 Select a Component

对话框，在 Group 下拉菜单中选择 Diodes，在 Family 中选择 DIODE，在 Component 中选择 1N4007GP，具体对话框如图 7-32 所示；或者单击元器件工具栏按钮，同样也可以得到图 7-32 所示的对话框。在图 7-32 所示的对话框单击 OK 按钮，就可将二极管 1N4007GP 放置在电路工作区。

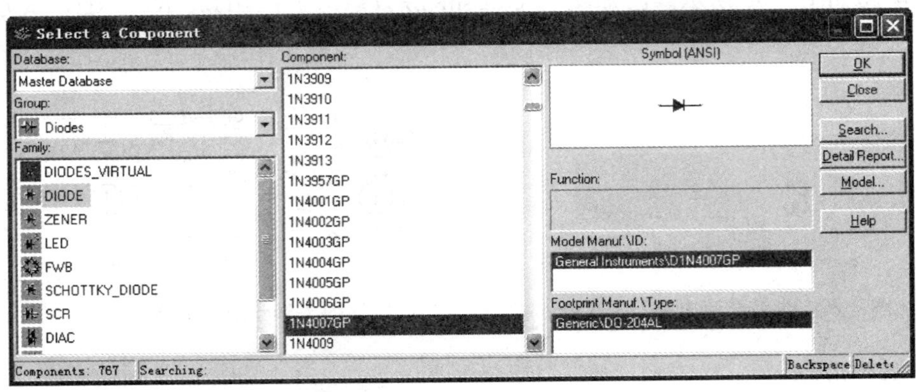

图 7-32　选择二极管 1N4007GP

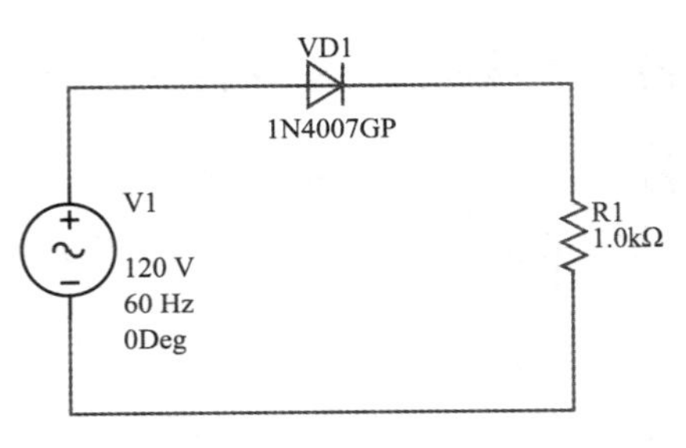

图 7-33　半波整流电路

（2）绘制测试电路。按照图 7-29 所示绘制半波整流电路如图 7-33 所示。双击交流电压源的图标，设置交流电压源的有效值为 10V，频率为 50Hz，初相位为 0。

（3）半波整流电路的测试。单击菜单栏上的 Simulate/Instruments，弹出 Instruments 菜单，在菜单中选择 Oscilloscope，或者单击仪表工具栏中的 Oscilloscope 按钮，拖出 Oscilloscope 的图标，移动 Oscilloscope 图标放置在适当的位置，再进行连接导线，如图 7-34 所示。

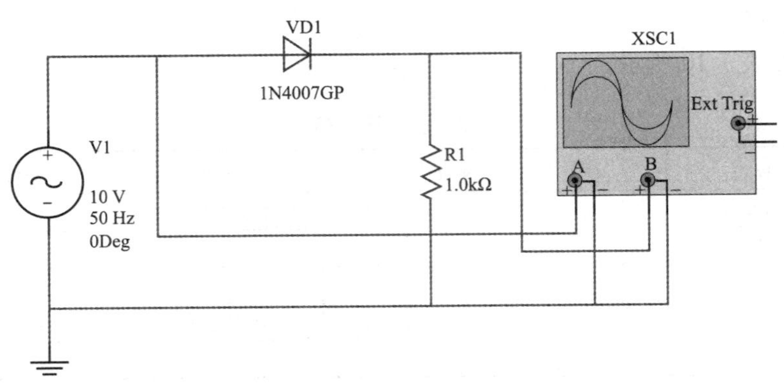

图 7-34　半波整流电路的测试电路

（4）进行实验仿真，适当设置 Oscilloscope 的参数，观测输入波形与输出波形，将测量数据填入表 7-11。

表 7-11　　**半波整流实验数据及波形**

U_i（V）	U_o（V）	输入电压 u_i 波形	输出电压 u_o 波形

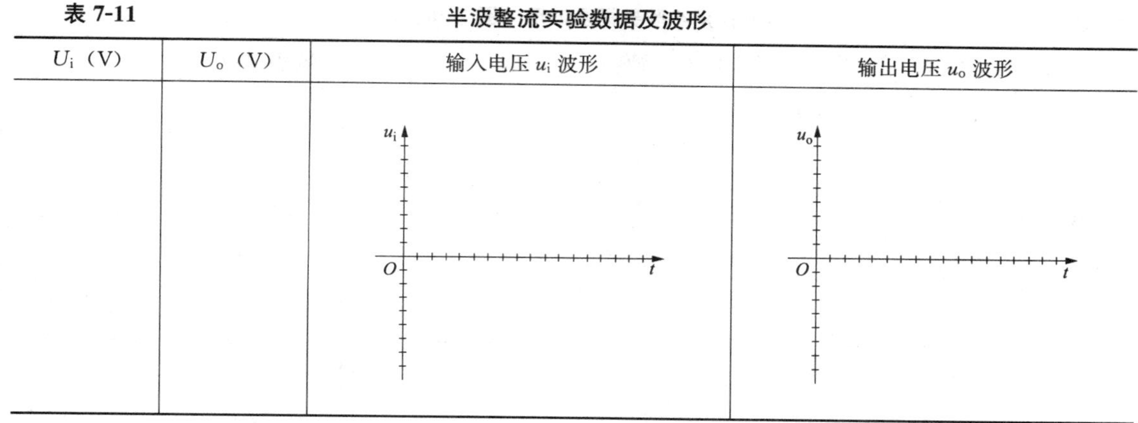

2. 限幅作用

测试限幅作用电路如图 7-30 所示，具体测试步骤如下：

（1）在 Multisim 9.0 仿真软件电路工作区分别连接图 7-30 所示的电路，并连接示波器 Oscilloscope，电路如图 7-35 所示。

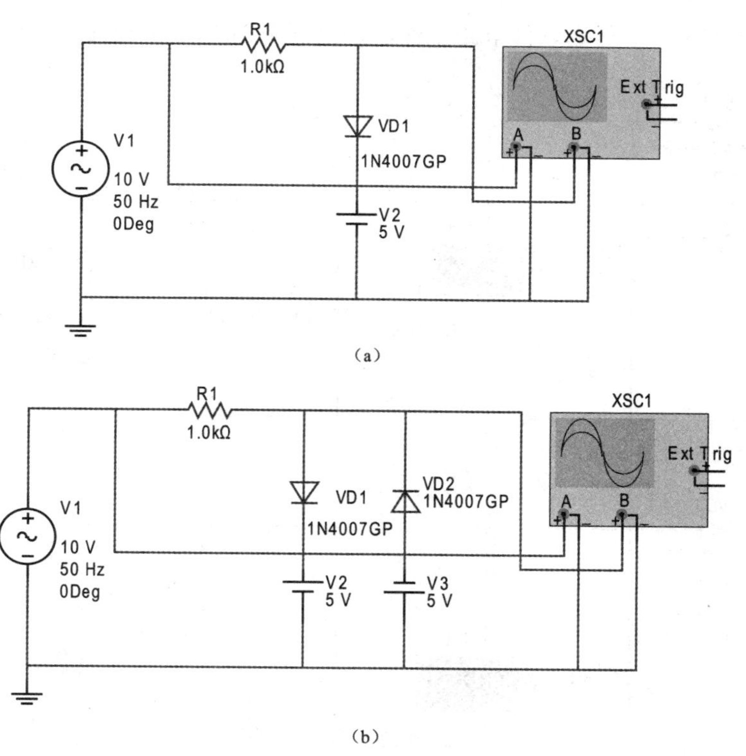

图 7-35　限幅作用仿真实验电路

（2）单击实验仿真运行按钮，进行实验仿真，观测输入波形与输出波形，将测量波形填入表 7-12。

3. 钳位作用

测试钳位作用电路如图 7-31 所示，具体测试步骤如下：

表 7-12　　限幅作用实验数据及波形［图 7-30（a)］

电路名称	输入电压 u_i 波形	输出电压 u_o 波形
图 7-33（a）	u_i O t	u_o O t
图 7-33（b）	u_i O t	u_o O t

（1）在 Multisim 9.0 仿真软件电路工作区连接图 7-31 所示的电路，如图 7-36 所示。

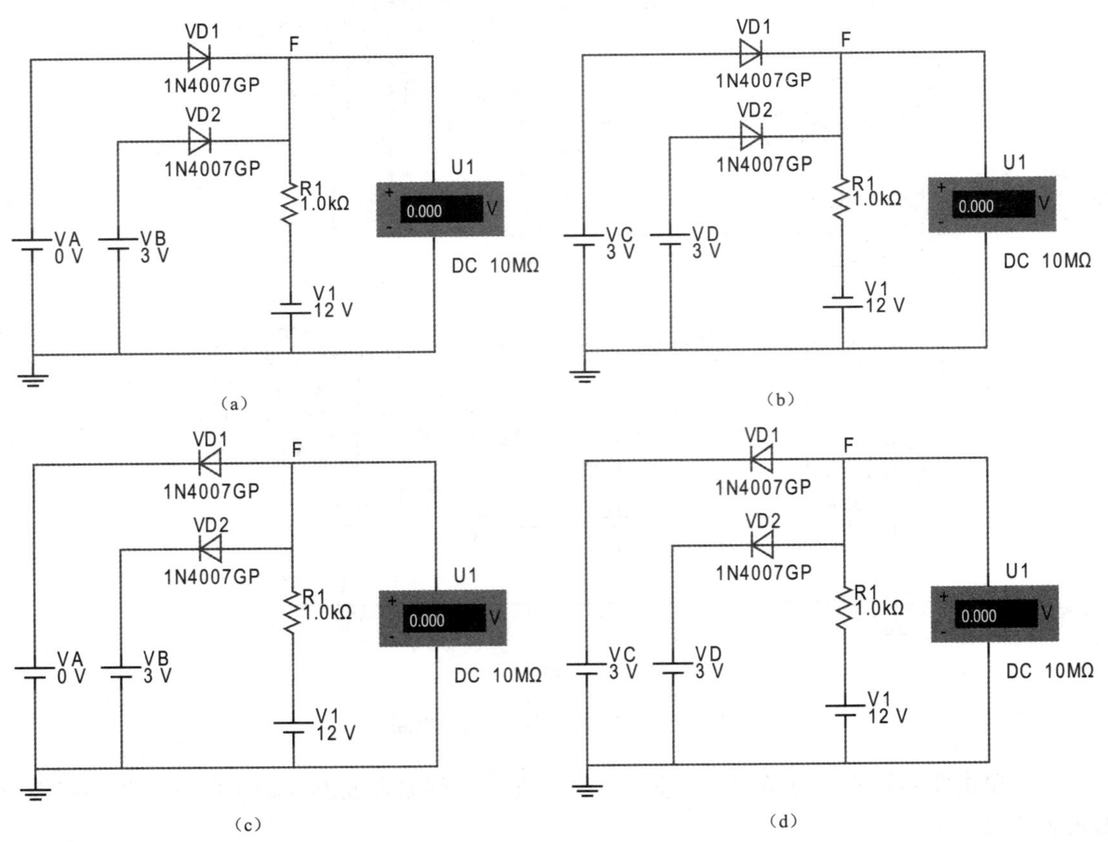

图 7-36　钳位作用仿真实验电路

(2) 连接好数字电压表，单击实验仿真运行按钮，进行实验，观测节点 F 的电位，将测量数据填入表 7-13。

表 7-13 钳位作用实验数据

电路名称	节点 F 的电位 (V)
图 7-36 (a) 的电路	
图 7-36 (b) 的电路	
图 7-36 (c) 的电路	
图 7-36 (d) 的电路	

五、实验注意事项

(1) 实验前，必须熟悉 Multisim 9.0 的使用。

(2) 使用仪表设备前，必须先仔细阅读仪表的操作。

六、预习思考题

(1) 如何把元器件放置到电路工作区?

(2) 如何设置元器件的相关参数?

(3) 如何实现对元器件的方向调整?

(4) 如何设置示波器有关参数，以便从示波器显示屏上观察到稳定、清晰的波形?

(5) 画出半波整流作用的输出波形?

(6) 画出限幅作用的输出波形?

(7) 分析钳位作用的输出点的电位?

七、实验报告

(1) 整理实验数据，并进行分析。

(2) 实验得出的结论。

(3) 认真完成实验报告。

实验六 单管共射极放大电路的仿真测试

一、实验目的

(1) 熟悉 Multisim 9.0 软件的使用方法。

(2) 掌握晶体管输出特型曲线的测试方法。

(3) 掌握晶体管共射极单管放大电路静态工作点的测量及调试方法。

(4) 掌握晶体管共射极单管放大电路静态工作点对放大电路性能的影响。

(5) 掌握用示波器观察饱和失真和截止失真的方法并记录波形。

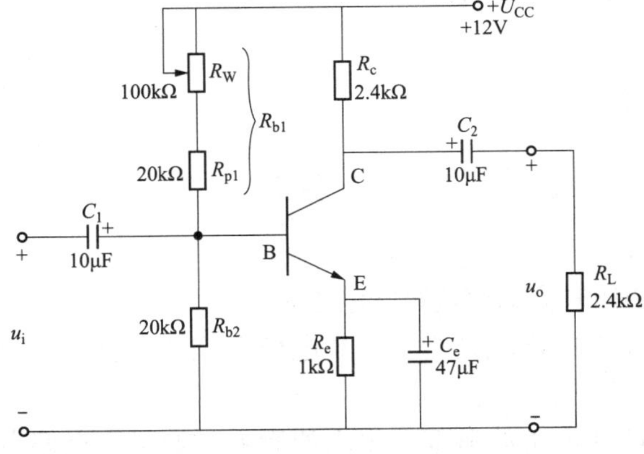

图 7-37 晶体管共射极单管放大电路

(6) 掌握晶体管共射极单管放大电路电压放大倍数、输入电阻、输出电阻的仿真方法，了解共射极电路特性。

二、实验原理

电阻分压式工作点稳定晶体管共射极单管放大实验电路如图 7-37 所示。它的偏置电路采用 R_{b1} 和 R_{b2} 组成的分压电路，并在发射极中接有电阻 R_e，以稳定放大电路的静态工作点。当在放大电路的输入端加输入信号 u_i 后，在放大电路的输出端便可得到一个与 u_i 相位相反，幅值被

放大了的输出信号 u_o，从而实现了电压放大。

在图 7-35 电路中，当流过偏置电阻 R_{b1} 和 R_{b2} 的电流远远大于晶体管的基极电流 I_B 时（一般 5～10 倍），则它的静态工作点可用下式估算：

$$U_B \approx \frac{R_{b2}}{R_{b1}+R_{b2}} \times U_{CC}$$

$$I_E = \frac{U_B - U_{BE}}{R_e} \approx I_C$$

$$U_{CE} = U_{CC} - I_C(R_c + R_e)$$

电压放大倍数

$$A_V = -\beta \frac{R_c // R_L}{r_{be}}$$

输入电阻

$$r_i = R_{b1} // R_{b2} // r_{be}$$

输出电阻

$$r_o \approx R_c$$

由于电子器件性能的分散性比较大，因此在设计和制作晶体管放大电路时，离不开测量和调试技术。在设计前应测量所用元器件的参数，为电路设计提供必要的依据。在完成设计和装配以后，还必须测量和调试放大电路的静态工作点和各项性能指标。一个优质放大电路，必定是理论设计与实验调整相结合的产物。因此，除了学习放大电路的理论知识和设计方法外，还必须掌握必要的测量和调试技术。

一般放大电路的测量和调试包括：

（1）放大电路静态工作点的测量与调试。

（2）消除干扰与自激振荡。

（3）放大电路各项动态参数的测量与调试等。

1．放大电路静态工作点的测量与调试

（1）静态工作点的测量。测量放大电路的静态工作点，应在输入信号 $u_i=0$ 的情况下进行，即将放大电路输入端与地端短接，然后选用量程合适的直流数字毫安表和直流数字电压表，分别测量晶体管的集电极电流 I_C 以及各电极对地的电位 U_B、U_C、U_E。一般实验中，为了避免断开集电极，所以采用测量电压，然后计算出 I_C 的方法。

例如，只要测出 U_E，即可用

$$I_C \approx I_E = \frac{U_E}{R_e}$$

计算出 I_C $\left(\text{也可根据 } I_C=\frac{U_{CC}-U_C}{R_c}\text{，由 } U_C \text{ 确定 } I_C\right)$，同时也能算出

$$U_{BE} = U_B - U_E, \quad U_{CE} = U_C - U_E$$

为了减小误差，提高测量精度，应选用内阻较高的直流数字电压表。

（2）静态工作点的调试。放大器静态工作点的调试是指管子集电极电流 I_C 或集电极与发射极之间电压 U_{CE} 的调节与测试。

静态工作点是否合适，对放大电路的性能和输出波形都有很大的影响。如工作点偏高，放大电路在加入交流信号以后易产生饱和失真，此时输出电压 u_o 的负半周将被削底，如

图 7-38（a)所示；如工作点偏低则易产生截止失真，即输出电压 u_o 的正半周被缩顶，如图 7-38（b)所示；一般情况下截止失真不如饱和失真明显。这些情况都不符合失真放大的要求。所以在选择工作点以后还必须进行动态调试，即在放大电路的输入端加入一定的输入电压 u_i，检查输出电压 u_o 的大小和波形是否满足要求。如不满足，则应调节静态工作点的位置。

改变电路参数 U_{CC}、R_c、R_b、(R_{b1}、R_{b2}) 都会引起静态工作点的变化，如图 7-39 所示，工作点“偏高”会引起饱和失真，工作点“偏低”会引起截止失真。但通常多采用调节偏置电阻 R_{b1} 的方法来改变静态工作点，如减小 R_{b1}，则可使静态工作点提高等。

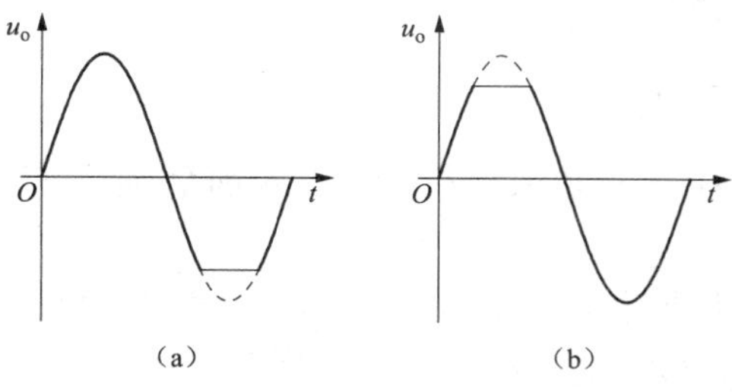

图 7-38　工作点不合适引起输出电压波形失真
（a）饱和失真；（b）截止失真

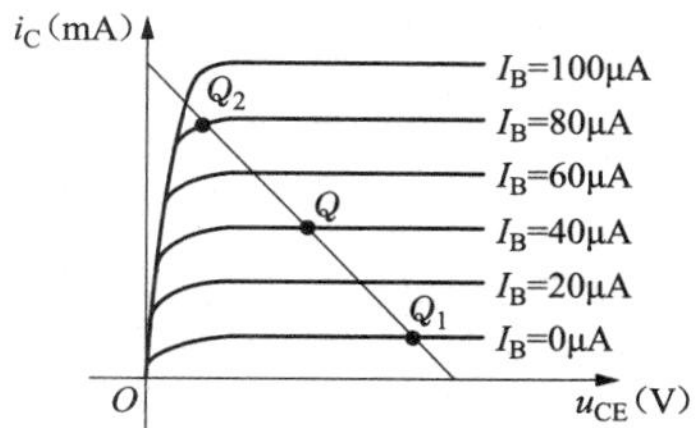

图 7-39　交流负载线

最后还要说明的是，上面所说的工作点“偏高”或“偏低”不是绝对的，应该是相对信号的幅度而言，如信号幅度很小，即使工作点较高或较低也不一定会出现失真。所以确切的说，产生波形失真是输入信号的幅度与静态工作点设置配合不当所致。如需满足较大输入信号幅度的要求，静态工作点最好尽量靠近交流负载线的中点。

2. 放大电路动态指标的测试

放大电路动态指标测试有电压放大倍数 A_V、输入电阻 r_i、输出电阻 r_o、最大不失真输出电压（动态范围）U_{OPP} 和通频带 f_{BW} 等。

（1）电压放大倍数 A_V 的测量。调整放大电路到合适的静态工作点，然后加输入电压 u_i，在输出电压 u_o 不失真的情况下，用交流毫伏表测出 u_i 和 u_o 的有效值 U_I 和 U_O，则

$$A_V = \frac{U_O}{U_I}$$

（2）输入电阻 r_i 的测量。为了测量放大电路的输入电阻，按图 7-40 所示的电路进行连接，在放大电路正常工作的情况下，在被测放大电路的输入端用交流电压表和交流电流表分别测出输入端电压 U_I 和流进电流 I_I。则根据输入电阻的定义可得

$$r_i = \frac{U_I}{I_I}$$

（3）输出电阻 r_o 的测量。按图 7-40 电路，在放大电路正常工作条件下，测量出当开关 K 断开时输出端不接负载电阻 R_L 的输出电压 U_O，测量出当开关 K 闭合时接入负载电阻 R_L 后的输出电压

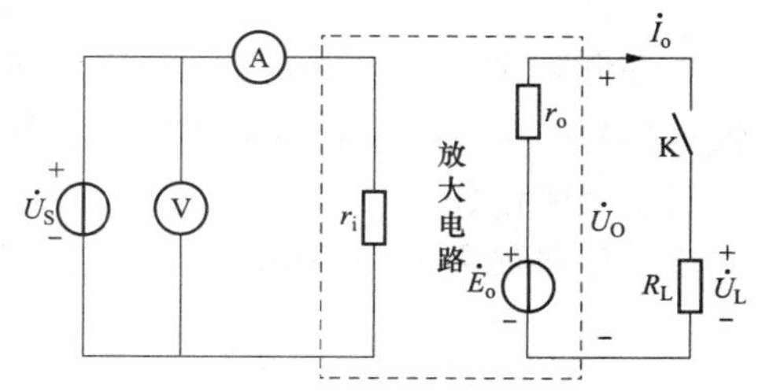

图 7-40　放大电路示意图

U_L，根据

$$U_L = \frac{R_L}{R_L + r_o} U_O$$

即可求出

$$r_o = \left(\frac{U_O}{U_L} - 1\right) R_L$$

另一种方法是应用开路电压、短路电流法来进行测量。

在放大电路正常工作的情况下，在被测放大电路的输出端用交流电压表和交流电流表分别测出输出端开路电压 U_O 和短路电流 I_{SC}。则根据输出电阻的定义可得

$$r_o = \frac{U_O}{I_{SC}}$$

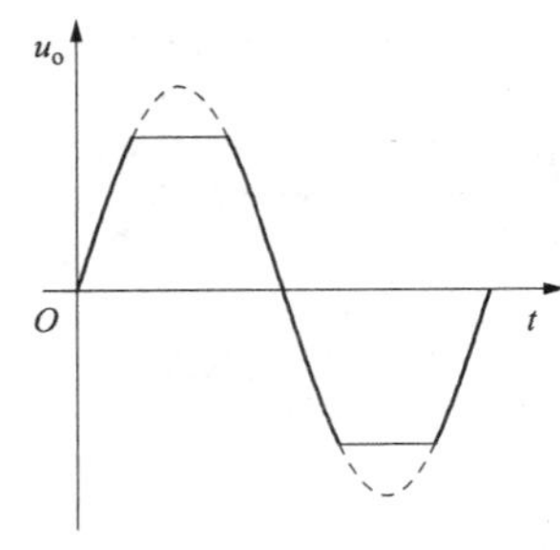

图 7-41 输入信号太大引起的失真

在测试中应注意，必须保持 R_L 接入前后输入信号的大小不变。

(4) 最大不失真输出电压 U_{OPP} 的测试（最大动态范围）。如上所述，为了得到最大动态范围，应将静态工作点调在交流负载线的中点。为此在放大电路正常工作情况下，逐步增大输入信号的幅度，并同时调节 R_{b1} 改变静态工作点，用示波器观察输出电压 u_o 的波形。当输出电压 u_o 的波形同时出现削底和缩顶现象（如图 7-41 所示）时，说明静态工作点已调在交流负载线的中点。然后反复调整输入信号的幅度，使波形输出幅度最大，且无明显失真时，用交流毫伏表测量出输出电压的有效值 U_O，则动态范围等于 $2\sqrt{2}U_O$ 或用示波器直接读出最大不失真输出电压 U_{OPP} 来。

(5) 放大电路频率特性的测量。放大电路的频率特性是指放大电路的电压放大倍数 A_V 与输入信号频率 f 之间的关系曲线。单管阻容耦合放大电路的幅频特性曲线如图 7-42 所示，A_{um} 为中频电压放大倍数，通常规定电压放大倍数随频率变化下降到中频放大倍数的 $\frac{1}{\sqrt{2}}$ 倍，即 $0.707A_{um}$ 所对应的频率分别称为下限频率 f_L 和上限频率 f_H，则通频带 $f_{BW} = f_H - f_L$。

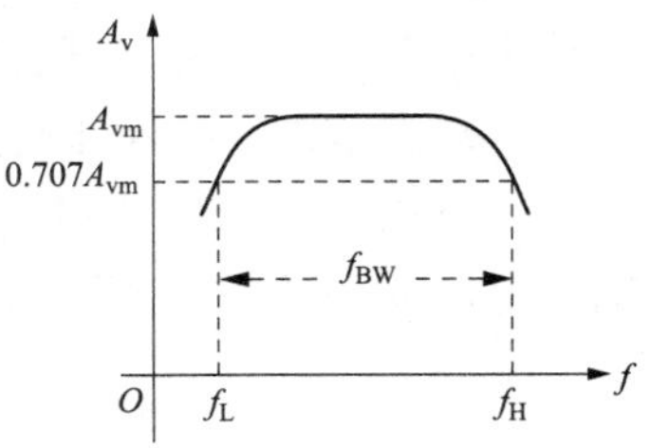

图 7-42 幅频特性曲线

放大电路的幅率特性就是测量不同频率信号时的电压放大倍数 A_V。为此，可采用前述测量 A_V 的方法，每改变一个信号频率，测量其相应的电压放大倍数，测量时应注意取点要恰当，在低频段与高频段应多测几点，在中频段可以少测几点。此外，在改变频率时，要保持输入信号的幅度不变，且输出波形不得失真。

三、实验设备

实验设备如表 7-14 所示。

表 7-14　　**实 验 设 备**

序号	名称	型号与规格	数量	序号	名称	型号与规格	数量
1	±12V 直流电源		1	5	晶体三极管		
2	函数信号发生器		1	6	信号源		
3	数字式交流毫伏表	TH1911	1	7	双踪示波器	YB4328	1
4	直流数字电压表						

四、实验内容

1. 晶体管输出特性曲线的测试

利用晶体管特性测试仪（IV Analysis）测试晶体管（BJT _ NPN）2N2222A 的特性曲线，测试步骤如下：

（1）启动 Multisim 9.0 仿真软件，进入电路工作区。

（2）单击菜单栏上 Place/Component，弹出 Select a Component 对话框，在 Group 下拉菜单中选择 Transistor，在 Family 中选择 BJT _ NPN，在 Component 中选择 2N2222A，具体对话框如图 7-43 所示；或者单击元器件工具栏按钮，同样也可以得到图 7-43 所示的对话框。在图 7-43 所示的对话框单击 OK 按钮，就可将三极管 2N2222A 放置在电路工作区。

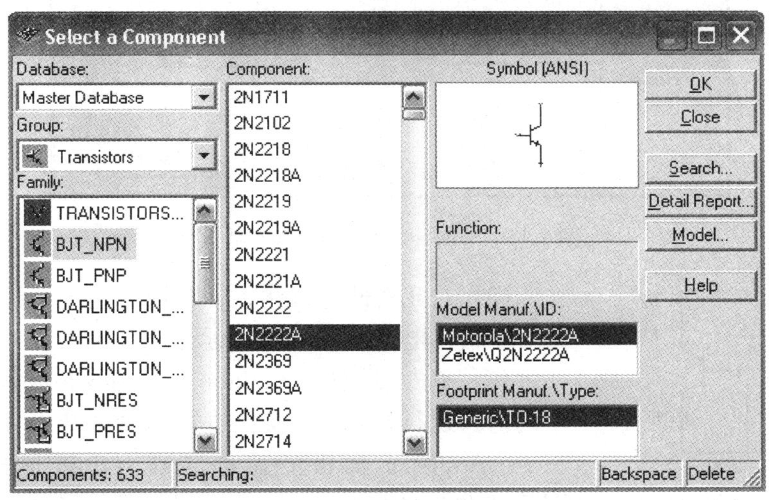

图 7-43　选择三极管对话框

（3）在电路工作区放置晶体管特性测试仪（IV Analysis）。单击菜单栏上的 Simulate/Instruments，弹出 Instruments 菜单，在拉菜单中单击 IV Analyze；或者单击仪表工具栏中的 IV Analyzer 按钮，弹出 IV Analyzer 图标，单击鼠标左键即可放置在电路工作区。双击 IV Analyzer 图标，弹出 IV Analyzer 的面板，如图 7-44 所示，对 IV Analyzer 进行参数设置，在 Components 选项组中单击下拉菜单按钮，选择 BJT _ NPN，按照面板的右下方的引脚提示，进行晶体管与 IV Analyzer 的连接。

（4）单击 IV Analyzer 面板上的 Sim _ Param 按钮，弹出 Simulate Parameters 对话框，如图 7-45 所示，设置集电极与发射极电压 V_{ce} 和基极电流 I_B 的起止范围。

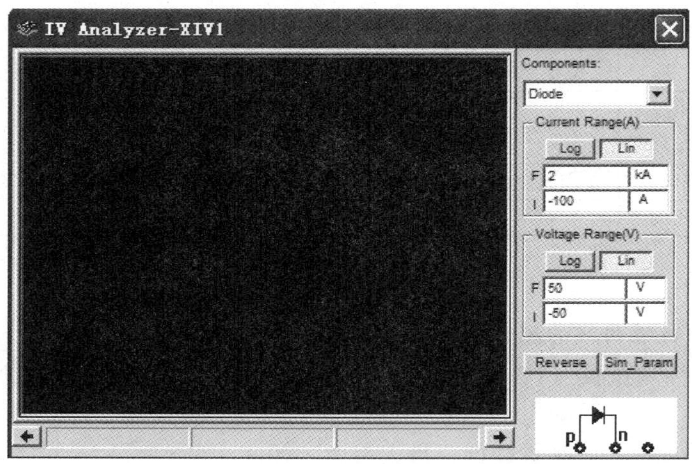

图 7-44　IV Analyzer 控制面板

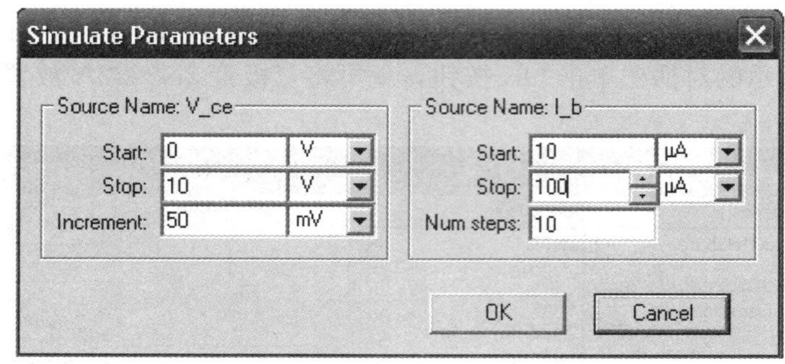

图 7-45　Simulate Parameters 对话框

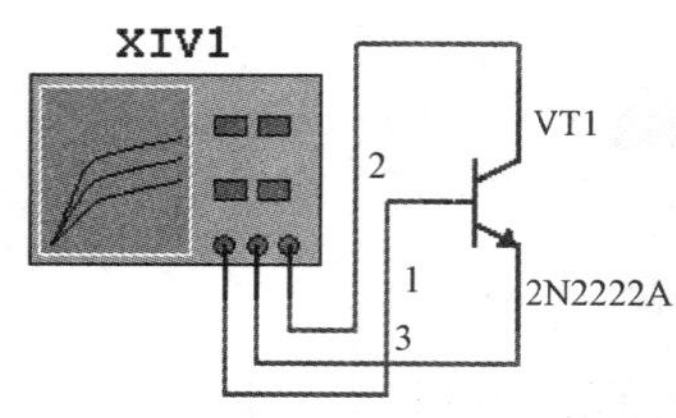

图 7-46　晶体管输出特性曲线的测试电路

（5）对元器件进行调整、布局、连接导线以及显示导线编号，最终电路如图 7-46 所示。

（6）单击菜单栏 Simulate/Run 命令，或者单击主工具栏中的仿真运行按钮，实验进行仿真，结果如图 7-47 所示。在 IV Analyzer 面板的显示屏上单击鼠标右键，弹出图 7-48 所示的快捷菜单命令，可对显示屏幕的特性曲线进行设置，如图 7-49 所示。当单击 Select Trace ID 命令时，将弹出图 7-49 所示的对话框，进行特性曲线选择。移动图 7-49 中的游标可以得到该游标处被选择的那一条输出特性曲线所对应的 $I_B=60\mu A$，$V_{ce}=3.833V$，$I_C=9.746mA$。根据任意两条输出特型曲线之间的 ΔI_B 和 ΔI_C，即可计算出该晶体管在该游标处的共射交流电流放大倍数 β，也可根据游标处被选择的那一条输出特性曲线计算出共射直流电流放大倍数 $\bar{\beta}$。

2. 晶体管共射极单管放大电路的测试

晶体管共射极单管放大电路的测试步骤如下：

（1）启动 Multisim 9.0 仿真软件，进入电路工作区。

（2）单击菜单栏上 Place/Component，弹出 Select a Component 对话框，在 Group 下拉菜单中选择 Basic，在 Family 中选择 OTENTIOMET…，在 Component 中选择 100K _ LIN，

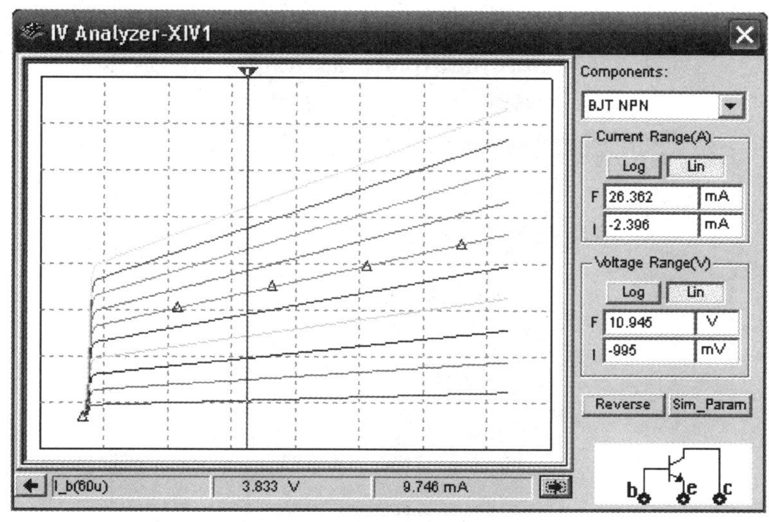

图 7-47　实验仿真结果

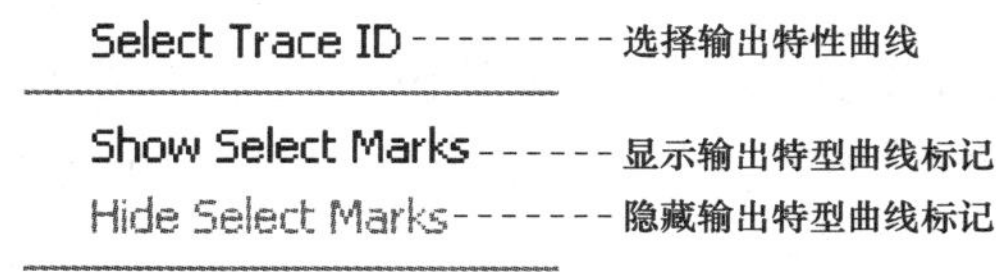

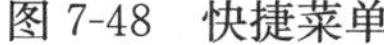

图 7-48　快捷菜单

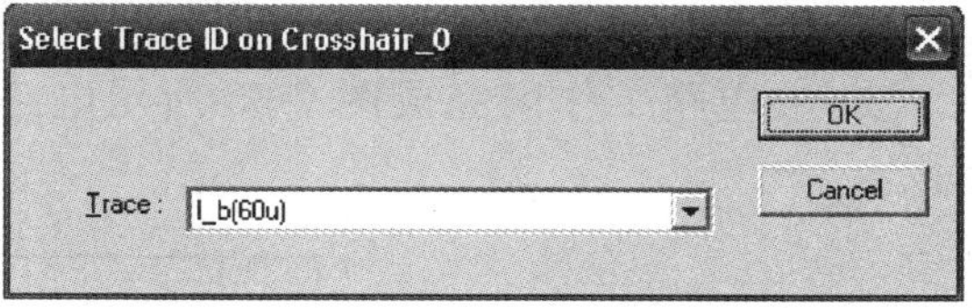

图 7-49　Select Trace ID 对话框

具体对话框如图 7-50 所示；或者单击元器件工具栏按钮，同样也可以得到图 7-50 所示的对话框。在图 7-50 所示的对话框单击 OK 按钮，就可将电位器 100K _ LIN 放置在电路工作区。双击电位器图标，弹出电位器属性对话框，如图 7-51 所示，对电位器进行参数设置：Key 表示设置调整电位器阻值变化的控制键，有效键为 0～9、A～Z、Space 中的一个，单击下拉按钮可进行选择。当单击控制键时，电位器中间抽头与抽头箭头所指方向端电阻阻值按照所设百分比增加；当使用 shift＋控制键时，则按照所设百分比减小。Increment 表示设置每次单击控制键（或 shift＋控制键）增加（或减少）的百分比。

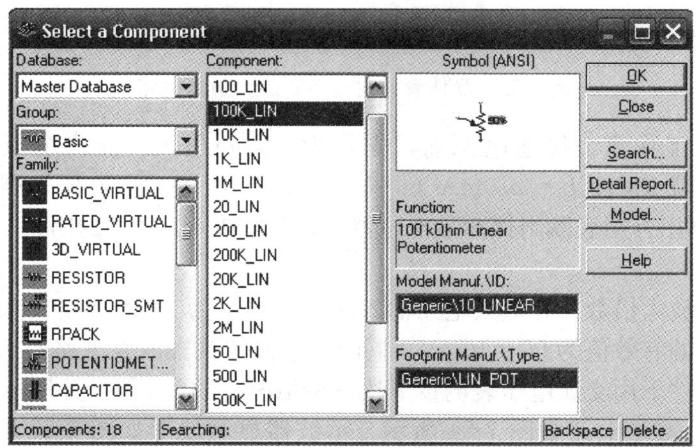

图 7-50　选择电位器对话框

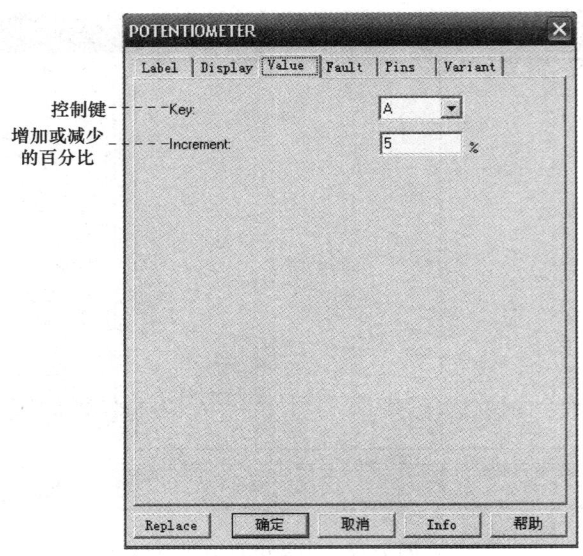

图 7-51　电位器属性对话框

(3) 在电路工作区完成图 7-35 所示电路的其他部分的绘制，实验仿真电路如图 7-52 所示。

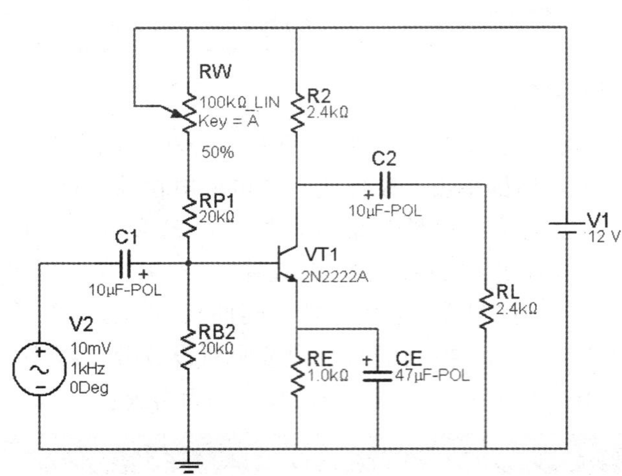

图 7-52　晶体管共射极单管放大仿真电路

(4) 测量静态工作点。接通电源前，先将 R_W 调到最大，交流电压源输出为零。接通+12V 电源，调节 R_W 使 $I_C=2.0\text{mA}$（即 $U_E=2.0\text{V}$），用数字电压表测量 U_B、U_E、U_C，如图 7-53 所示，再用万用表欧姆挡测量电位器 R_W 与电阻 R_{p1} 之和的阻值，将实验数据记入表 7-15 中。

(5) 测量电压放大倍数。在放大电路输入端加入频率为 1kHz 的正弦交流电压源 u_i，设置交流电压源电压的有效值为 $U_I=10\text{mV}$，同时用示波器观察放大电路输出电压 U_O 的波形。在波形不失真的条件下用交流电压表测量下述三种情况下的 U_O 值，并用示波器同时观察 U_O 和 U_I 的相位关系，测量电路如图 7-54 所示，示波器显示波形如图 7-55 所示。把结果记入表 7-16 中。

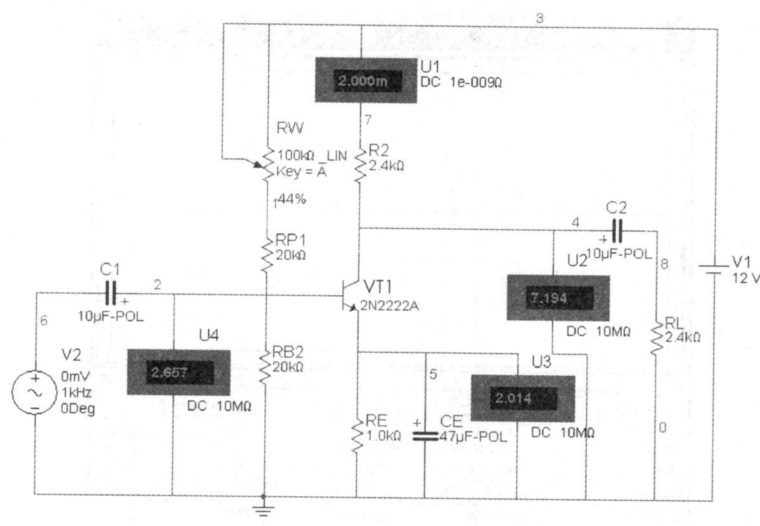

图 7-53 静态工作点测量电路

表 7-15 **静态工作点测量数据（I_C=2mA）**

测量值					计算值	
U_B（V）	U_E（V）	U_C（V）	R_{B1}（kΩ）	U_{BE}（V）	U_{CE}（V）	I_C（mA）

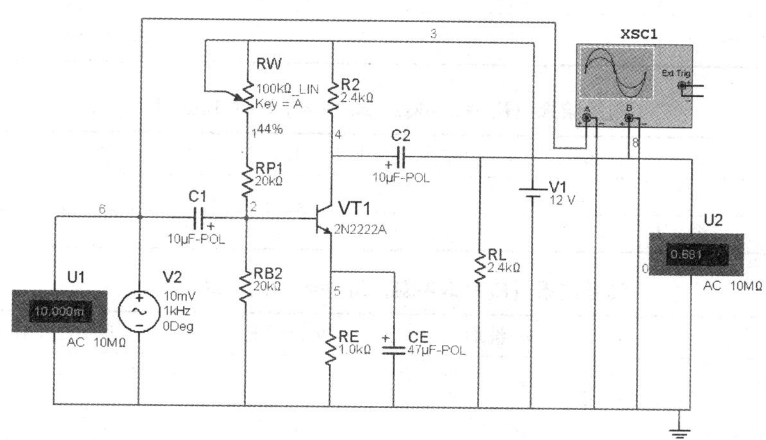

图 7-54 电压放大倍数的测量

（6）观察静态工作点对电压放大倍数的影响。R_C=2.4kΩ，$R_L=\infty$，U_I=10mV，调节 R_W，用示波器监视输出的电压波形，完成表 7-17 中的测量数据。测量 I_C 时，要先将交流电压源的输出设为零（即 U_I=0mV）。

*（7）观察静态工作点对输出波形失真的影响。R_C=2.4kΩ，$R_L=\infty$，U_I=20mV，调节 R_W，用示波器监视输出的电压波形，完成表 7-18 中的测量数据。测量 I_C 时，要先将交流电压源的输出设为零（即 U_I=0mV）。

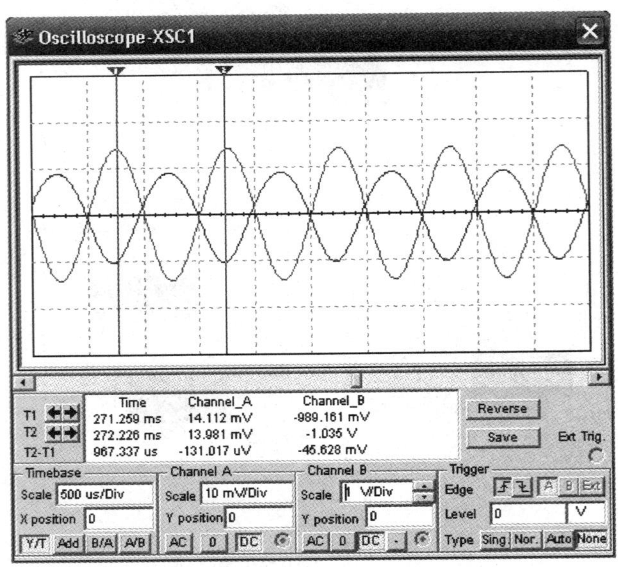

图 7-55 输入、输出电压波形

表 7-16 **电压放大倍数测量结果（$I_C=2.0$mA，$U_I=10$mV）**

R_C(kΩ)	R_L(kΩ)	U_O(V)	A_V	观察记录一组 u_o 和 u_i 波形
2.4	2.4			
2.4	∞			
1.2	∞			

表 7-17 **测量结果（$R_C=2.4$kΩ，$R_L=\infty$，$U_I=10$mV）**

I_C (mA)	3.0	2.5	2.0	1.5	1.0
U_O (V)					
A_V					

表 7-18 **测量结果（$R_C=2.4$kΩ，$R_L=\infty$，$U_I=20$mV）**

I_C(mA)	U_{CE}(V)	u_o 波形	失真情况	管子工作状态
2.0				

*（8）测量最大不失真输出电压。R_C=2.4kΩ，R_L=2.4kΩ，按照实验原理中所述方法，同时调节输入信号的幅度和电位器R_W，用示波器和交流毫伏表测量U_{OPP}及U_O值，记入表7-19中。

表 7-19　测量结果（R_C=2.4kΩ，R_L=2.4kΩ）

I_C(mA)	U_{Im}(mV)	U_{Om}(V)	U_{OPP}(V)

（9）测量输入电阻和输出电阻。在R_C=2.4kΩ，R_L=2.4kΩ，I_C=2.0mA的条件下，当交流电压源的有效值电压为U_I=10mV时，完成表7-20中的测量数据。输入电阻的测量电路如图7-56所示，开路电压的测量电路如图7-57所示，短路电流的测量电路如图7-58所示。

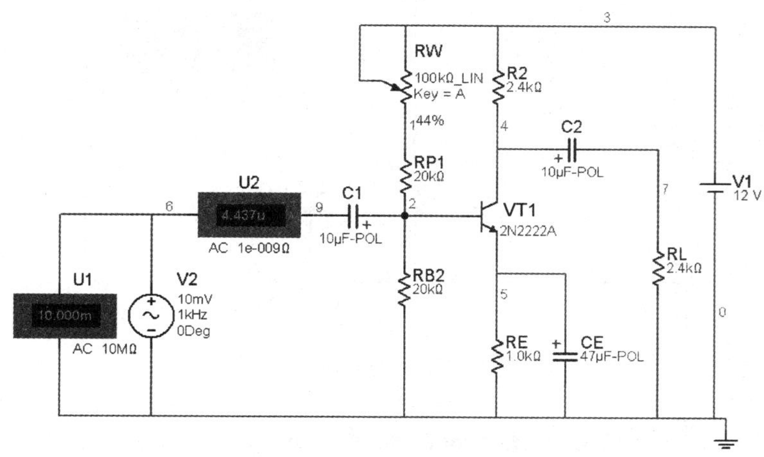

图 7-56　输入电阻的测量电路

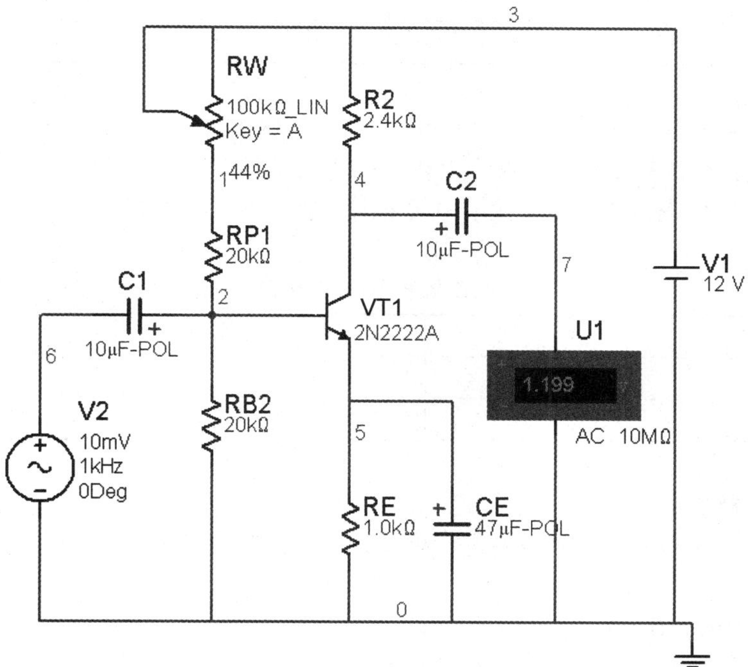

图 7-57　开路电压的测量

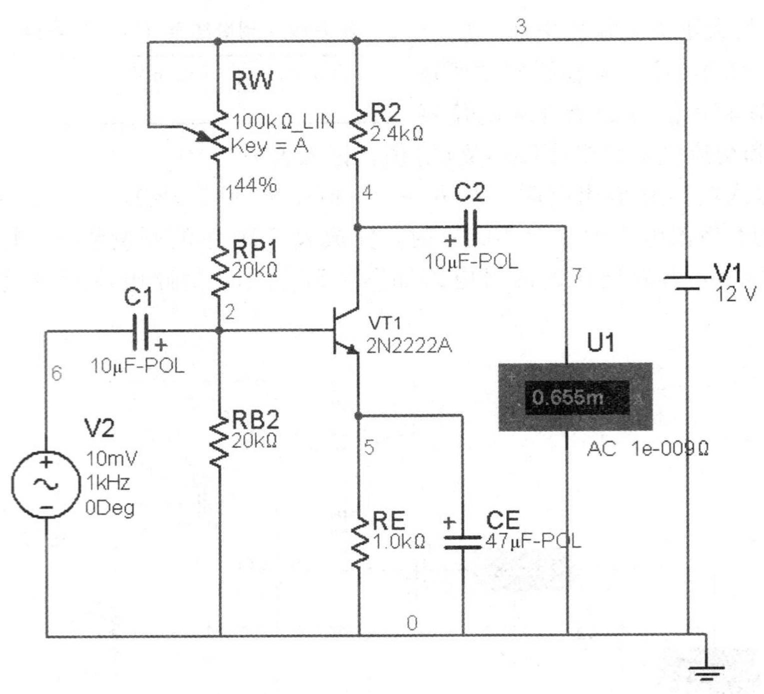

图 7-58　短路电流的测量

表 7-20　　**测量结果（I_C=2mA，R_C=2.4kΩ，R_L=2.4kΩ）**

测量值		计算值	测量值		计算值
U_I（mV）	I_I（mA）	r_i（kΩ）	U_{oc}（V）	I_{SC}（mA）	r_o（kΩ）

*（10）测量幅频特性曲线。I_C=2.0mA，R_C=2.4kΩ，R_L=2.4kΩ。保持输入信号 u_i 的幅度不变，改变信号源频率 f，逐点测出相应的输出电压 U_O，记入表 7-21 中。为了信号源频率 f 取值合适，可先粗测一下，找出中频范围，然后再仔细读数。

表 7-21　　**测量结果（U_I=10mV）**

f（kHz）		f_L			f_o			f_H	
U_O（V）									
$A_V=U_O/U_I$									

五、实验注意事项

（1）使用电压表和电流表时需要进行模式选择，测量直流时选择 DC，测量交流时选择 AC。

（2）电位器阻值的调节。

（3）晶体管特性测试仪和双踪示波器的使用。

六、预习思考题

(1) 复习有关单管放大电路的内容并估算实验电路的性能指标。

(2) 估算放大电路的静态工作点、电压放大倍数、输入电阻和输出电阻。

(3) 当电路出现饱和失真或截止失真时，应该怎样调整参数?

七、实验报告

(1) 列表整理测量结果，并把实测的静态工作点、电压放大倍数、输入电阻之值与理论计算值相比较（取一组数据进行比较），分析产生误差的原因。

(2) 总结静态工作点对放大电路电压放大倍数、输入电阻、输出电阻的影响。

(3) 讨论静态工作点变化对放大电路输出波形的影响。

(4) 分析讨论在调试过程中出现的问题。

实验七　直流稳压电源的仿真测试与设计

一、实验目的

(1) 掌握单相桥式整流电路的工作原理。

(2) 掌握电容滤波电路的工作原理。

(3) 掌握三端集成稳压器的工作原理。

(4) 掌握直流稳压电源设计的方法。

(5) 掌握 Multisim 9.0 软件中示波器、电压表、开关的使用。

二、实验原理

1. 变压、整流电路

整流电路如图 7-59 所示。试分析输出电压 U_O 的波形。

2. 变压、整流、滤波电路

滤波电路如图 7-60 所示。试分析：①当开关 S 闭合时，输出电压 U_O 的波形；②当开关 S 断开时，输出电压 U_O 的波形。

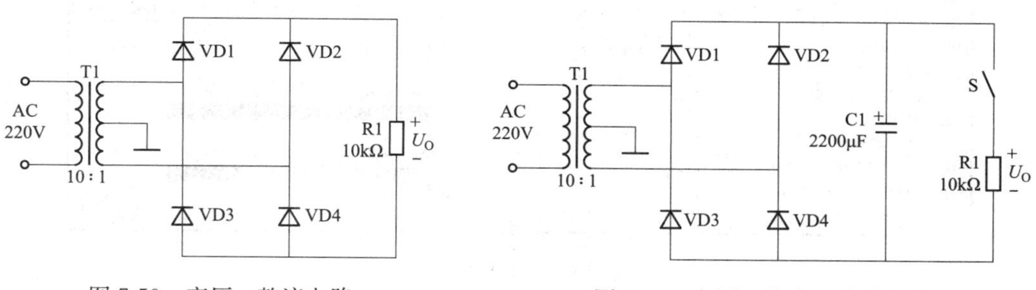

图 7-59　变压、整流电路　　图 7-60　变压、整流、滤波电路

3. 变压、整流、滤波、稳压电路

稳压电路如图 7-61 所示，试分析：①当开关 S 闭合时输出电压 U_O 的波形；②当开关 S 断开时输出电压 U_O 的波形。

三、实验设备

实验设备如表 7-22 所示。

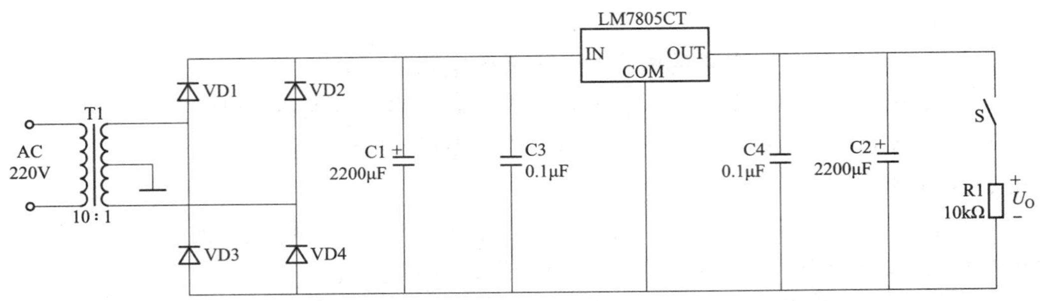

图 7-61　变压、整流、滤波、稳压电路

表 7-22　　　　实 验 设 备

序号	名称	型号与规格	数量	序号	名称	型号与规格	数量
1	示波器		1	5	电容		1
2	电压表		1	6	稳压二极管		1
3	二极管		1	7	开关		1
4	电阻		4				

四、实验内容

1. 变压、整流电路测试

(1) 变压器的选择。单击菜单栏上 Place/Component，弹出 Select a Component 对话框，在 Group 下拉菜单中选择 Basic，在 Family 中选择 TRANSFORMER，在 Component 中选择 TS _ AUDIO _ 10 _ TO _ 1，具体对话框如图 7-62 所示；或者单击元器件工具栏按钮，同样也可以得到图 7-62 所示的对话框。在图 7-62 所示的对话框单击 OK 按钮，就可将变压器 TS _ AUDIO _ 10 _ TO _ 1 放置在电路工作区。

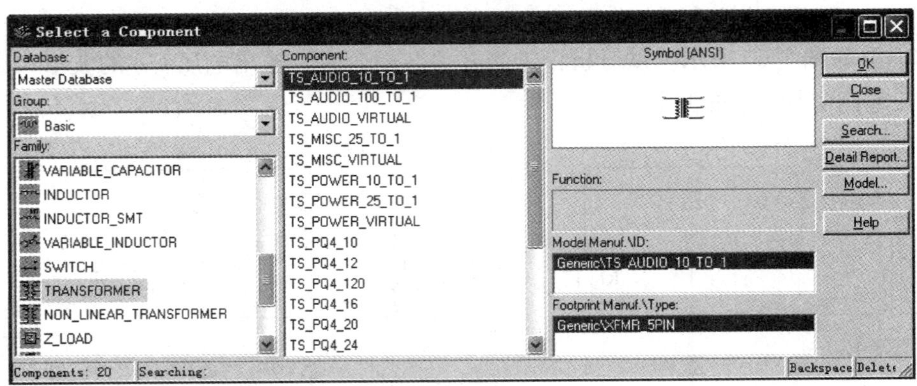

图 7-62　选择变压器

(2) 在电路工作区绘制图 7-59 所示的仿真实验电路如图 7-63 所示，仿真波形如图 7-64 所示。

2. 变压、整流、滤波电路的测试

(1) 开关的选择。单击菜单栏上 Place/Component，弹出 Select a Component 对话框，在 Group 下拉菜单中选择 Basic，在 Family 中选择 SWITCH，在 Component 中选择 SPST，具体对话框如图 7-65 所示；或者单击元器件工具栏按钮，同样也可以得到图 7-65 所示的

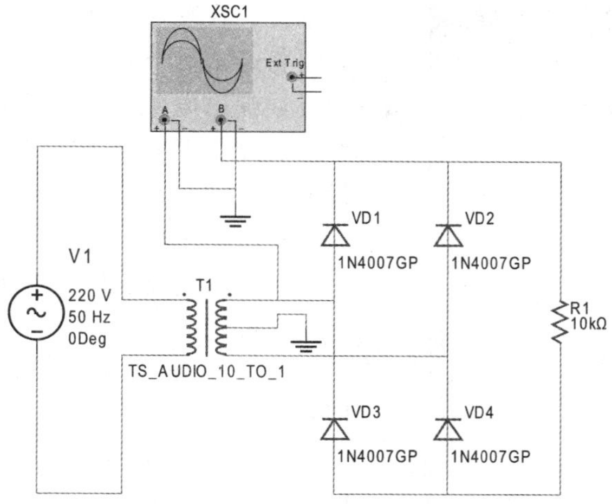

图 7-63　变压、整流仿真电路

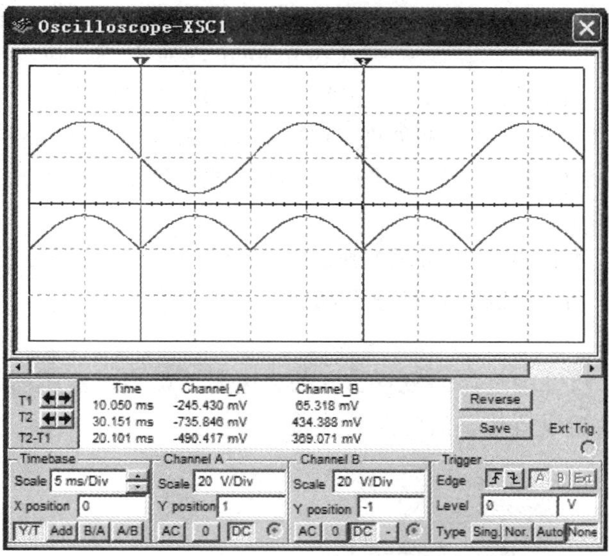

图 7-64　变压、整流仿真电路波形

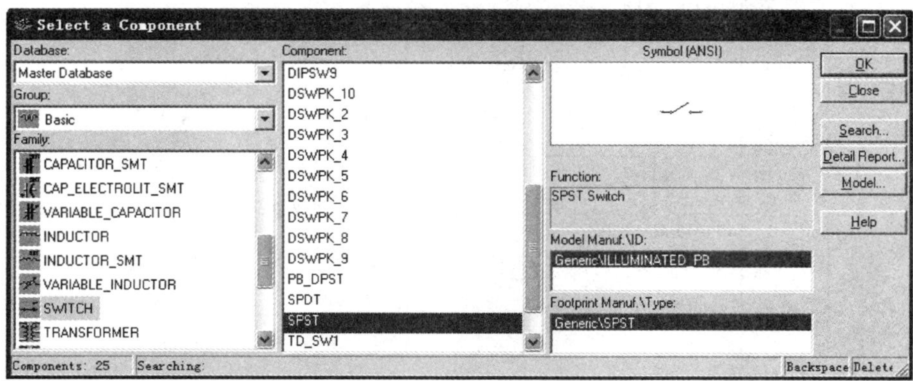

图 7-65　选择开关对话框

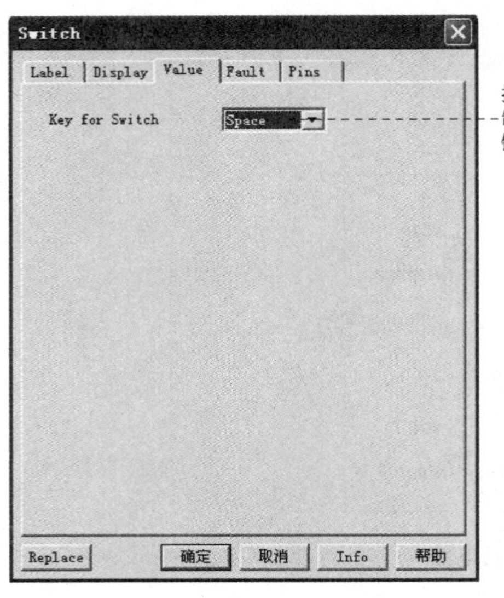

图 7-66　开关属性对话框

对话框。在图 7-65 所示的对话框单击 OK 按钮，就可将开关 SPST 放置在电路工作区。双击开关图标，弹出电位器属性对话框，如图 7-66 所示，对开关属性进行参数设置：Key for Switch 表示设置开关的控制键，有效键为 0～9、A～Z、Space 中的一个，单击下拉按钮可进行选择。

（2）在电路工作区绘制图 7-60 所示的仿真实验电路如图 7-67 所示。

（3）当开关 S 断开时，仿真波形如图 7-68 所示。

（4）当开关 S 闭合时，仿真波形如图 7-69 所示。

3. 变压、整流、滤波、稳压电路的测试

（1）稳压器的选择。单击菜单栏上 Place/Component，弹出 Select a Component 对话框，在 Group 下拉菜单中选择 Misc，在 Family 中选择 VOLTAGE _ REGULATOR，在 Component 中选择 LM7805CT，具体对话框如图 7-70 所示；或者单击元器件工具栏按钮 MISC，同样也可以得到图 7-70 所示的对话框。在图 7-70 所示的对话框单击 OK 按钮，就可将稳压器 LM7805CT 放置在电路工作区。

（2）在电路工作区绘制图 7-61 所示的仿真实验电路如图 7-71 所示。

（3）当开关 S 断开和闭合时，仿真波形如图 7-72 所示。

五、实验注意事项

（1）Multisim 9.0 软件中整流二极管、开关、电阻、电容、稳压器的使用。

（2）由四个二极管组成桥式整流电路的连接。

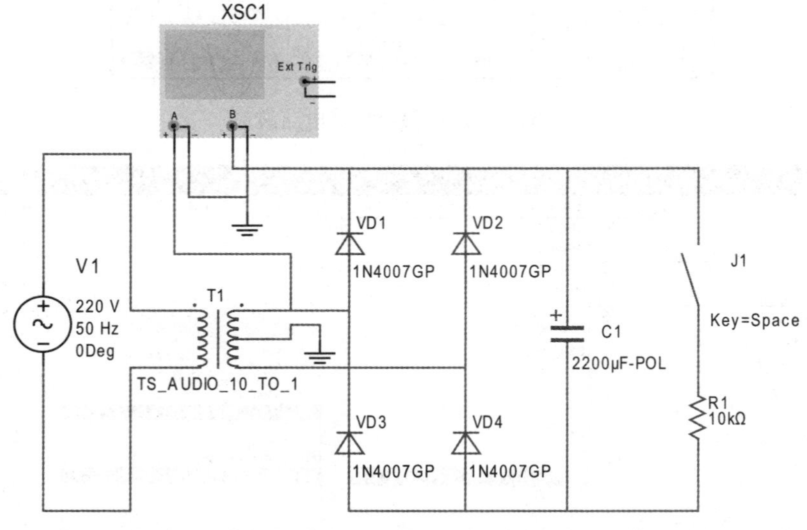

图 7-67　变压、整流、滤波仿真电路

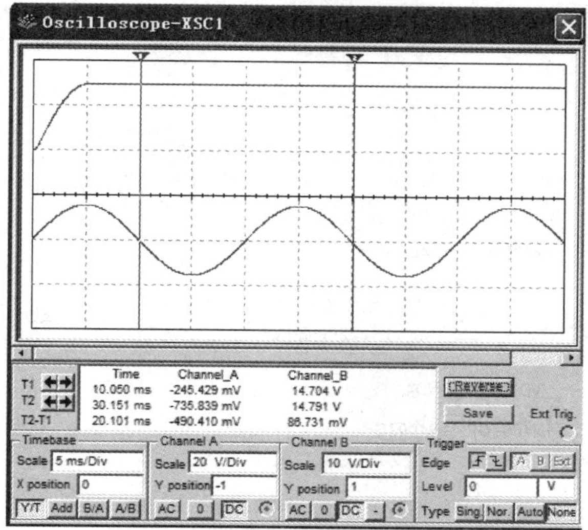

图 7-68 变压、整流、滤波仿真电路波形（开关 S 断开）

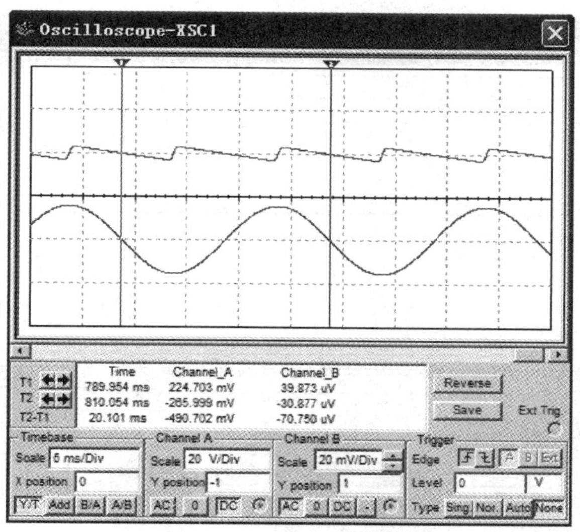

图 7-69 变压、整流、滤波仿真电路波形（开关 S 闭合）

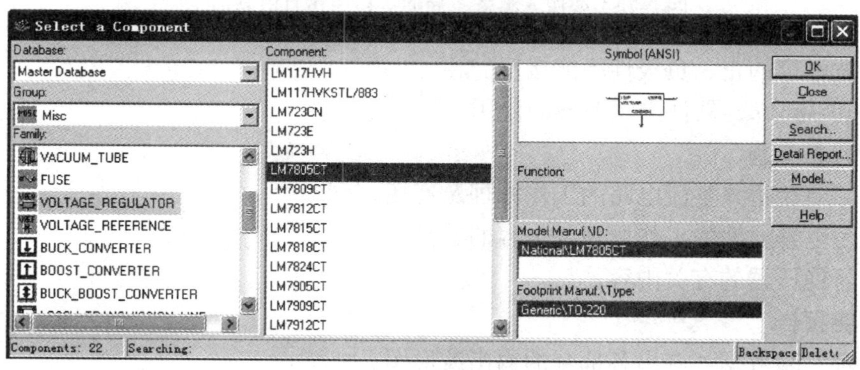

图 7-70 选择稳压器对话框

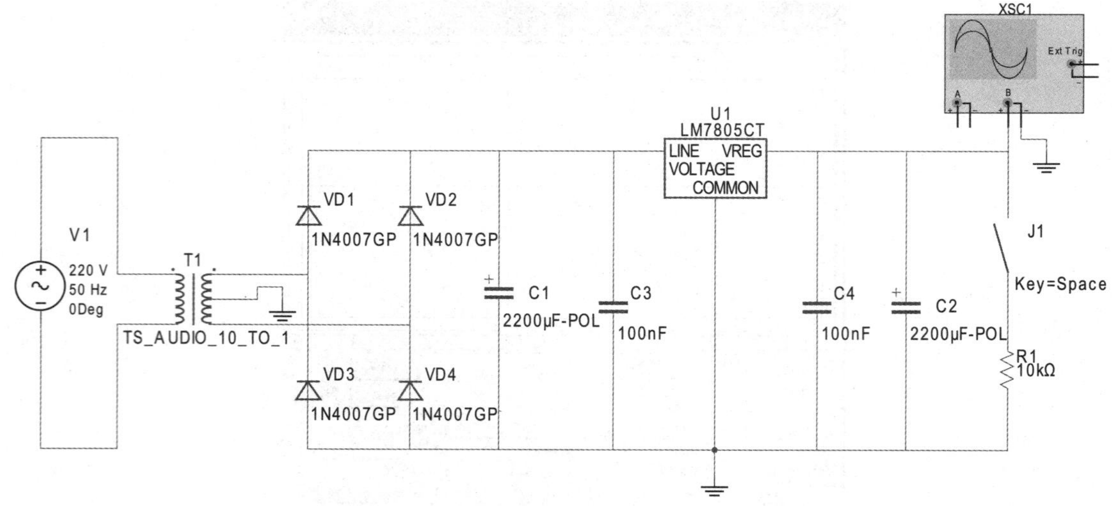

图 7-71　变压、整流、滤波、稳压仿真电路

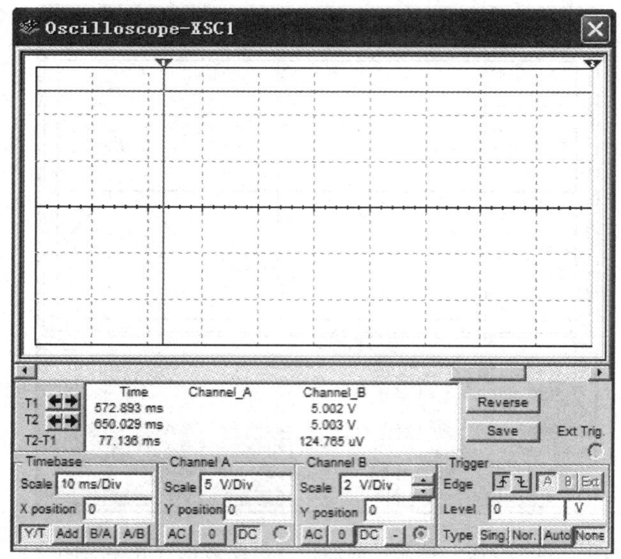

图 7-72　变压、整流、滤波、稳压仿真电路波形

(3) 滤波电容的正、负极性不能接反。

(4) Multisim 9.0 软件中示波器的使用。

六、预习思考题

(1) 复习单相桥式整流电路的工作原理及连接。

(2) 复习电容滤波的工作原理及电容的选择。

(3) 复习稳压器的有关内容。

七、实验报告

(1) 整理实验数据，画出各部分的输出波形图。

(2) 分析讨论实验中发生的现象和问题。

实验八　组合逻辑电路的仿真分析

一、实验目的

（1）掌握组合逻辑电路的分析方法。

（2）掌握逻辑图、真值表、逻辑表达式之间的相互转换。

（3）掌握 Multisim 9.0 软件中的逻辑转换仪的使用。

二、实验原理

分析组合逻辑电路的目的是为了确定已知电路的逻辑功能，其步骤大致如下：由已知逻辑图逐级写出逻辑表达式，运用逻辑代数化简或变换为最简与或式，列出真值表，根据真值表和逻辑表达式分析逻辑电路的逻辑功能。

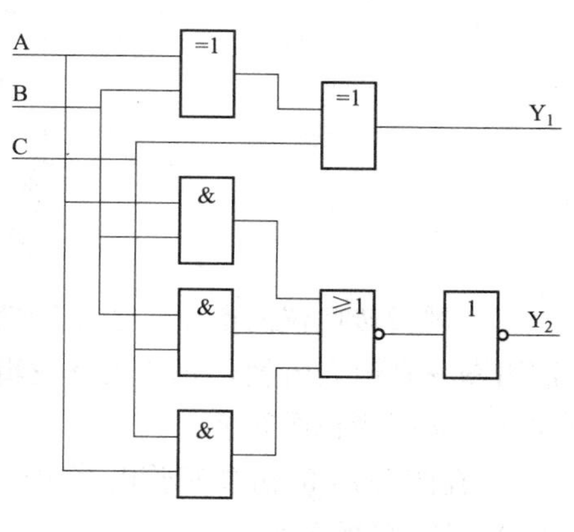

图 7-73　逻辑图

举例说明：分析图 7-73 所示的逻辑图。

分析步骤为：

（1）由逻辑图写出逻辑表达式

$$Y_1 = A \oplus B \oplus C$$

$$Y_2 = \overline{\overline{AB+BC+CA}}$$

（2）将逻辑表达式化简为最简的与或式

$$Y_1 = \bar{A}\bar{B}C + \bar{A}B\bar{C} + A\bar{B}\bar{C} + ABC$$

$$Y_2 = AB + BC + CA$$

（3）列出真值表。真值表如表 7-23 所示。

表 7-23　真　值　表

输入变量			输出变量	
A	B	C	Y_1	Y_2
0	0	0	0	0
0	0	1	1	0
0	1	0	1	0
0	1	1	0	1
1	0	0	1	0
1	0	1	0	1
1	1	0	0	1
1	1	1	1	1

（4）分析逻辑功能。由真值表可知，该电路为 A、B、C 三个输入变量的加法电路，Y_1 为和，Y_2 为进位。若将 A、B 看为加数，C 为来自低位的进位，该电路就是一位全加器。

三、实验设备

实验设备如表 7-24 所示。

表 7-24　实　验　设　备

序号	名称	型号与规格	数量	序号	名称	型号与规格	数量
1	二输入与门	74LS08	1	4	非门	74LS04	1
2	异或门	74LS86	1	5	逻辑转换仪		1
3	三输入或非门	74LS27	1				

四、实验内容

（1）启动 Multisim 9.0 仿真软件，在电路工作区绘制图 7-73 所示的仿真实验电路，电路如图 7-74 所示。

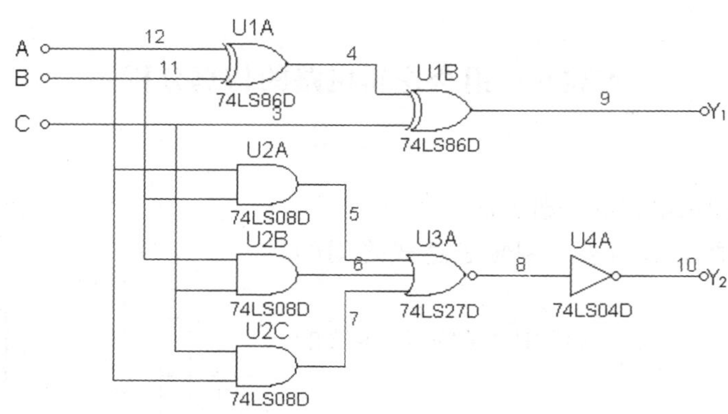

图 7-74 仿真实验电路

（2）逻辑转换仪的使用。逻辑转换仪是一种实际中不存在的虚拟仪器。逻辑转换仪可进行逻辑图→真值表转换，真值表→逻辑式转换，逻辑式化简，逻辑式→真值表转换，以及逻辑式→与非门逻辑图转换。

1）在图 7-74 的仿真实验电路中连接逻辑转换仪，如图 7-75 所示，测试输出量 Y_1 与输入量 A、B、C 的关系。

2）双击逻辑转换仪的图标，弹出逻辑转换仪的控制面板，如图 7-76 所示。

3）单击逻辑转换仪上的“逻辑图→真值表”转换按钮，将把逻辑图转换为真值表，如图 7-77 所示。

4）单击逻辑转换仪上的“真值表→逻辑式”转换按钮，将真值表转换为逻辑式，如图 7-78 所示。若该逻辑式不是最简与或逻辑表达式，单击逻辑转换仪上的“逻辑式化简”转换按钮，将逻辑式化简为最简与或逻辑式。

5）单击逻辑转换仪上的“逻辑式→与非门”转换按钮，将逻辑式转换为与非门逻辑图，如图 7-79 所示。

6）将输出量 Y_2 接到逻辑转换仪的输出端上，重复（1）～（5）的步骤，测试输出量 Y_2 与输入量 A、B、C 的关系。

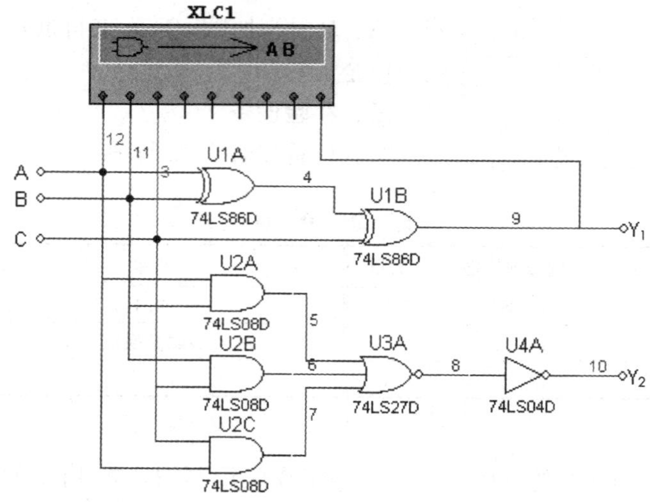

图 7-75 接入逻辑转换仪的仿真实验电路

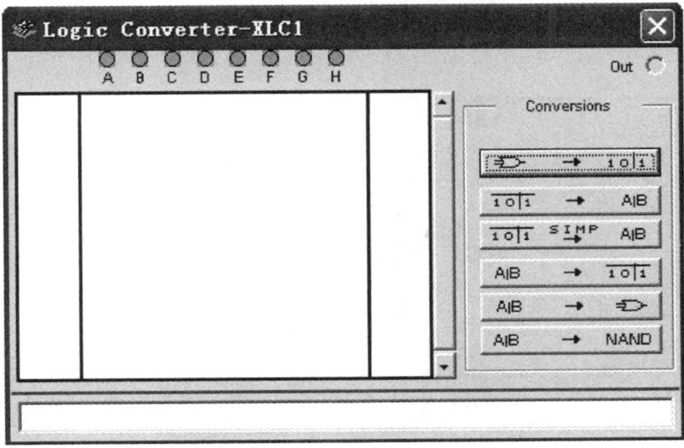

图 7-76 逻辑转换仪的控制面板

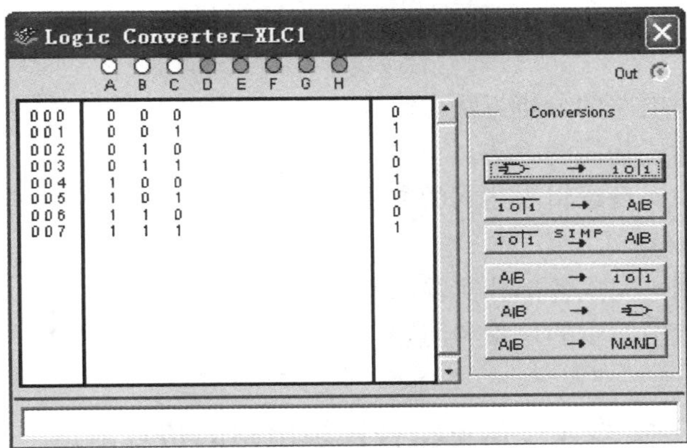

图 7-77 逻辑图转换为真值表

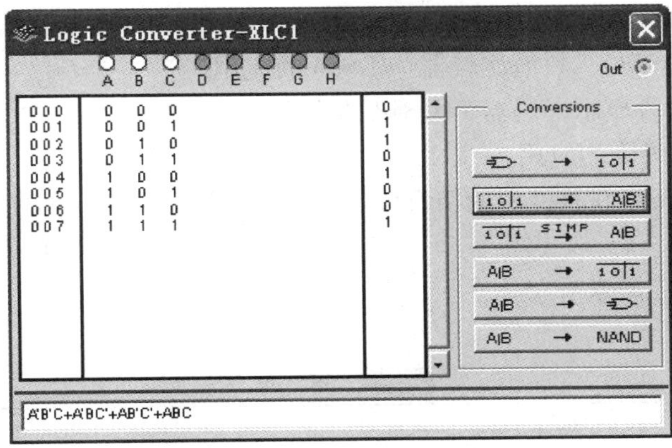

图 7-78 真值表转换为逻辑式

五、实验注意事项

(1) Multisim 9.0 软件中逻辑转换仪的使用。

(2) Multisim 9.0 软件中与门、或门、非门、异或门的使用。

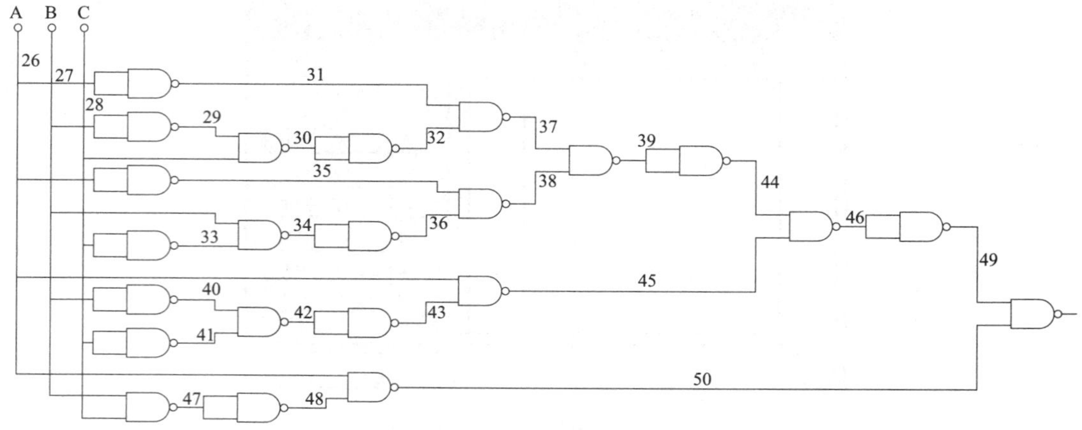

图 7-79 逻辑式转换为与非门逻辑图

六、预习思考题

(1) 复习组合逻辑电路的分析方法。

(2) 复习逻辑表达式化简的方法。

(3) 复习用与非门实现逻辑表达式的方法。

七、实验报告

(1) 整理实验数据，完成各部分实验内容。

(2) 分析讨论实验中发生的现象和问题。

实验九 常见组合逻辑电路的仿真测试

一、实验目的

(1) 掌握 Multisim 9.0 软件中的编码器 74LS148、译码器 74LS138、数据选择器 74LS151、加法器 74LS283、数值比较器 74LS85 的应用。

(2) 掌握 BCD-七段显示译码器 74LS48 的应用。

(3) 掌握 LED 数码管的应用。

(4) 掌握 Multisim 9.0 软件中的字符信号发生器、逻辑分析仪的使用。

二、实验设备

实验设备如表 7-25 所示。

表 7-25 实验设备

序号	名称	型号与规格	数量	序号	名称	型号与规格	数量
1	编码器	74LS148	1	6	BCD-七段显示译码器	74LS48	1
2	译码器	74LS138	1	7	字符信号发生器		1
3	数据选择器	74LS151	1	8	逻辑分析仪		1
4	加法器	74LS283	1	9	LED 数码管		1
5	数值比较器	74LS85	1	10	探针显示器		4

三、实验内容

1. 编码器 74LS148 逻辑功能的测试

(1) 创建电路。在电路工作区绘制图 7-80 所示的仿真实验电路。

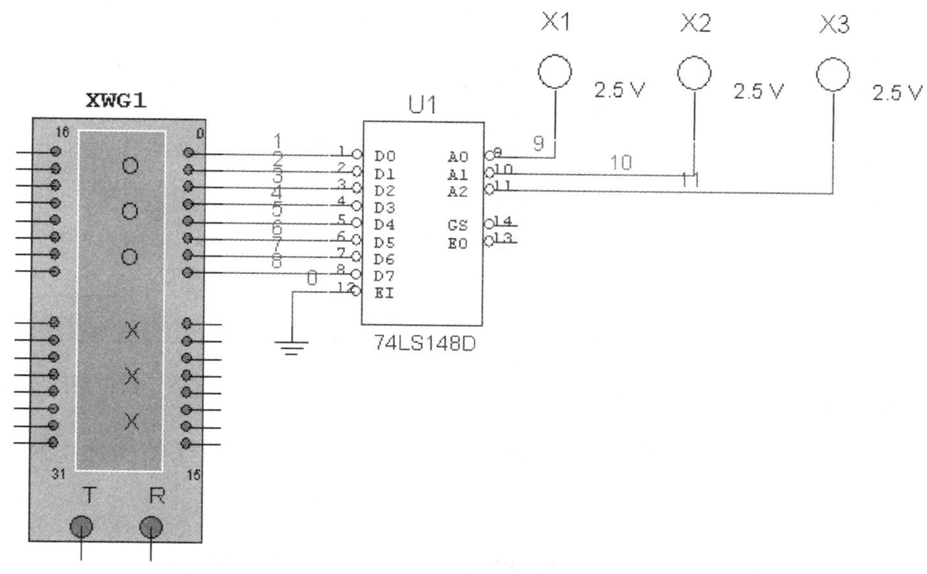

图 7-80　编码器 74LS148 逻辑功能测试仿真电路

(2) 字符信号发生器的参数设置。如图 7-81 所示，在字符信号发生器的字符信号编辑区中编辑 8 个字符信号，让编码器依次进行编码。字符信号的数量通过 Controls 选择区域中的 Set 按钮设置，单击 Set 按钮，弹出 Settings 属性对话框，如图 7-82 所示，将 Buffer Size 设置为 8，并单击 Accept 按钮，则将字符信号的数量设置为 8。

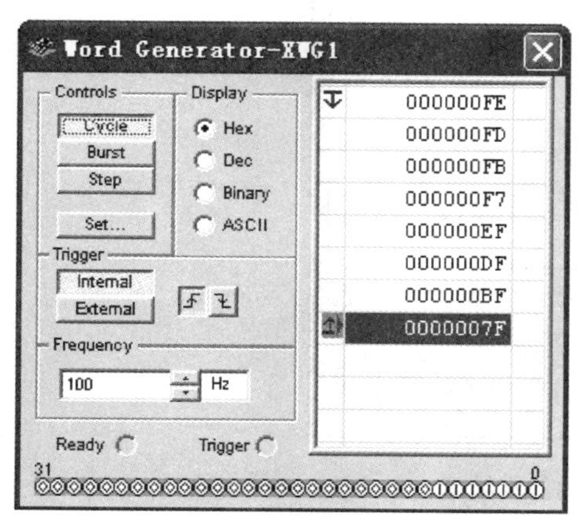

图 7-81　字符信号发生器的参数设置

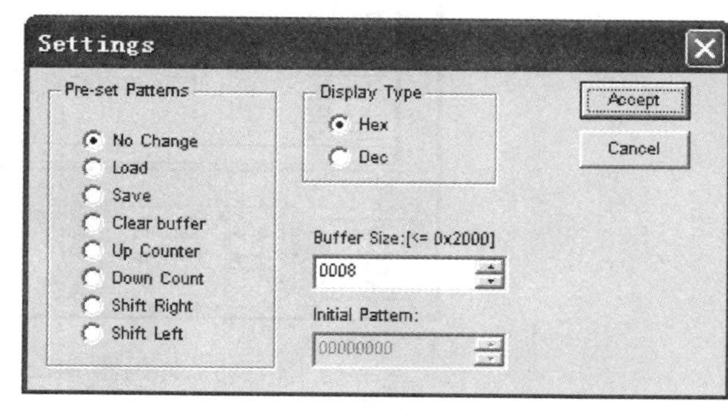

图 7-82　Settings 对话框

(3) 仿真分析。单击运行按钮，进行仿真分析。另外，还可以在字符信号发生器中编辑其他字符信号，以观察优先编码的功能。

2. 译码器 74LS138 逻辑功能的测试

(1) 创建电路。在电路工作区绘制图 7-83 所示的仿真实验电路。

（2）字符信号发生器的参数设置。字符信号发生器的参数设置，如图 7-84 所示。

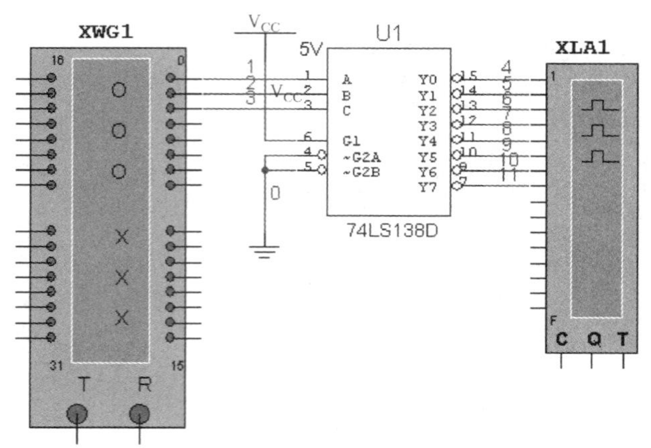

图 7-83　译码器 74LS138 逻辑功能测试仿真电路

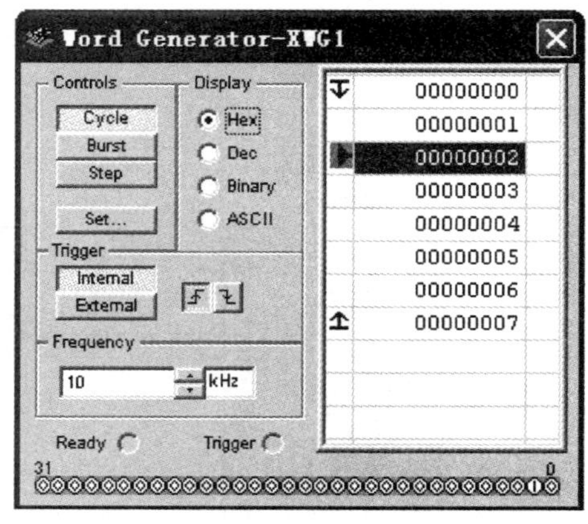

图 7-84　字符信号发生器的参数设置

（3）仿真分析。单击运行按钮，进行仿真分析，双击逻辑分析仪的图标，显示仿真结果，如图 7-85 所示。

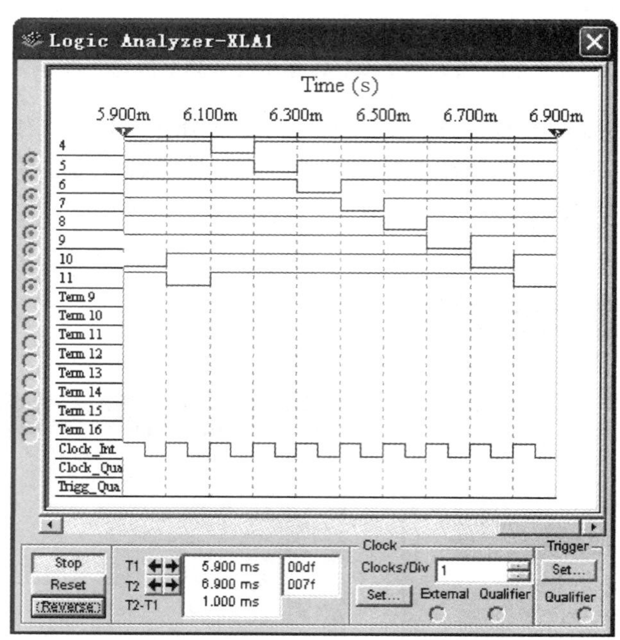

图 7-85　译码器 74LS138 的仿真结果

3. 数据选择器 74LS151 实现逻辑函数：$Y=\overline{C}\,\overline{B}A+\overline{C}\,B\overline{A}+C\overline{B}\,\overline{A}+CBA$

（1）创建电路。在电路工作区绘制图 7-86 所示的仿真实验电路。

（2）字符信号发生器的参数设置。字符信号发生器的参数设置，如图 7-84 所示。

（3）仿真分析。单击运行按钮，进行仿真分析，双击逻辑分析仪的图标，显示仿真结果，如图 7-87 所示。

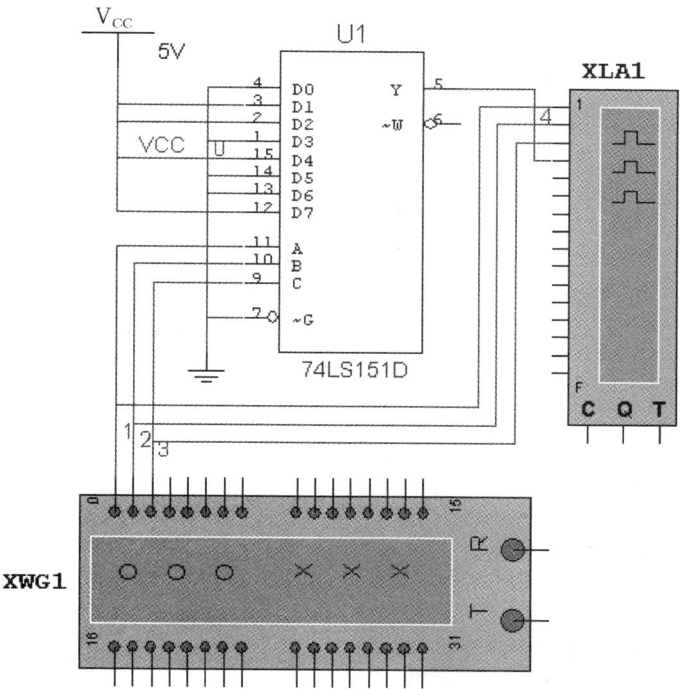

图 7-86　74LS151 实现逻辑函数仿真电路

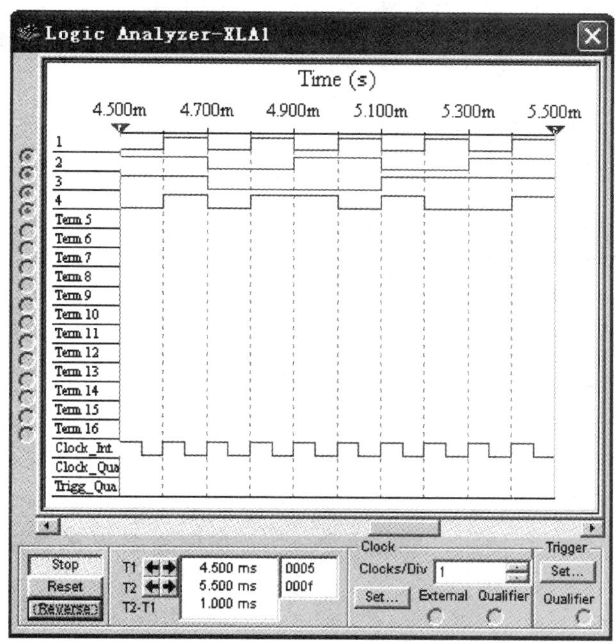

图 7-87　仿真结果

4. 利用加法器 74LS283 来实现将十进制代码的 8421 码转换为余 3 码

(1) 创建电路。在电路工作区绘制图 7-88 所示的仿真实验电路。

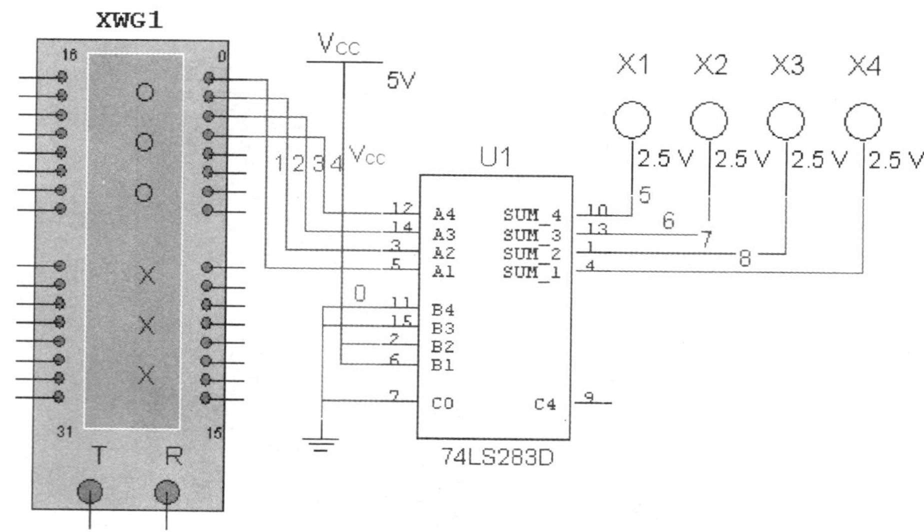

图 7-88　74LS283 实现逻辑函数仿真电路

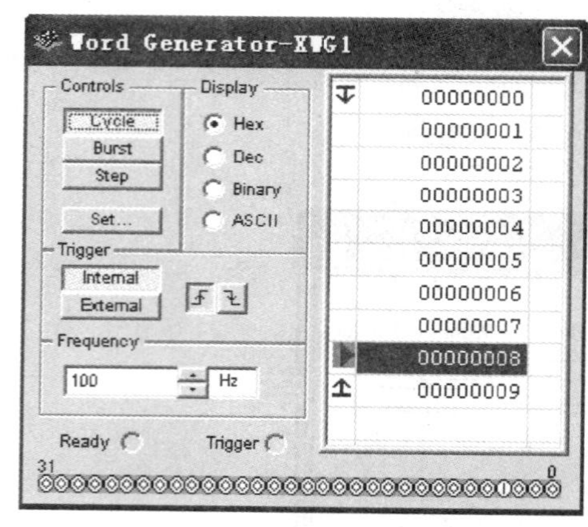

图 7-89　字符信号发生器的参数设置

(2) 字符信号发生器的参数设置。字符信号发生器的参数设置，如图 7-89 所示。

(3) 仿真分析。单击运行按钮，进行仿真分析。

5. 数值比较器 74LS85 逻辑功能仿真测试

(1) 创建电路。在电路工作区绘制图 7-90 所示的仿真实验电路。

(2) 开关参数设置。双击开关图标，弹出开关属性对话框，如图 7-91 所示，进行开关参数设置。

(3) 仿真分析。单击运行按钮，进行仿真分析。按照表 7-26 的数据调整开关，并将探针显示器显示的结果填入表 7-26 中。

6. BCD-七段显示译码器 74LS48 逻辑功能仿真测试

(1) 创建电路。在电路工作区绘制图 7-92 所示的仿真实验电路。

(2) 开关参数设置。双击开关图标，弹出开关属性对话框，如图 7-91 所示，进行开关参数设置。

(3) 仿真分析。单击运行按钮，进行仿真分析。按照表 7-27 的数据调整开关，并将探针显示器显示的结果填入表 7-27 中。

四、实验注意事项

(1) Multisim 9.0 软件中字符信号发生器、逻辑分析仪的使用。

(2) Multisim 9.0 软件中开关、探针显示器、数码管的使用。

(3) 常用组合逻辑芯片的功能表的识读。

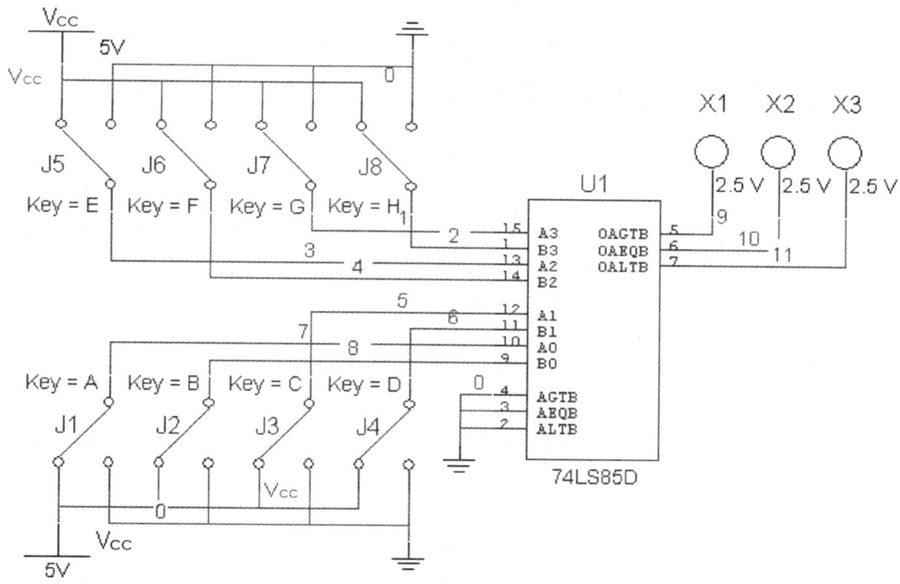

图 7-90 74LS85 仿真测试电路

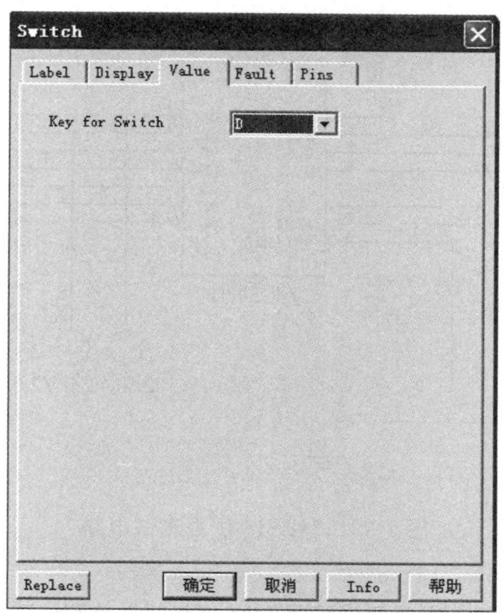

图 7-91 开关属性对话框

表 7-26　　数值比较器 74LS85 逻辑功能测试数据

比较输入数据								来自低位的比较结果			比较输出结果		
A_3	A_2	A_1	A_0	B_3	B_2	B_1	B_0	A>B IN	A<B IN	A=B IN	A>B OUT	A<B OUT	A=B OUT
1	0	0	0	0	1	1	1	×	×	×			
1	1	0	0	1	0	1	1	×	×	×			
1	1	1	0	1	1	0	1	×	×	×			
1	1	1	1	1	1	1	0	×	×	×			

续表

比较输入数据								来自低位的比较结果			比较输出结果		
A_3	A_2	A_1	A_0	B_3	B_2	B_1	B_0	A>B IN	A<B IN	A=B IN	A>B OUT	A<B OUT	A=B OUT
0	1	1	1	1	0	0	0	×	×	×			
1	0	1	1	1	1	0	0	×	×	×			
1	1	0	1	1	1	1	0	×	×	×			
1	1	1	0	1	1	1	1	×	×	×			
1	1	1	1	1	1	1	1	1	0	0			
1	1	1	1	1	1	1	1	0	1	0			
1	1	1	1	1	1	1	1	×	×	1			
1	1	1	1	1	1	1	1	1	1	0			
1	1	1	1	1	1	1	1	0	0	0			

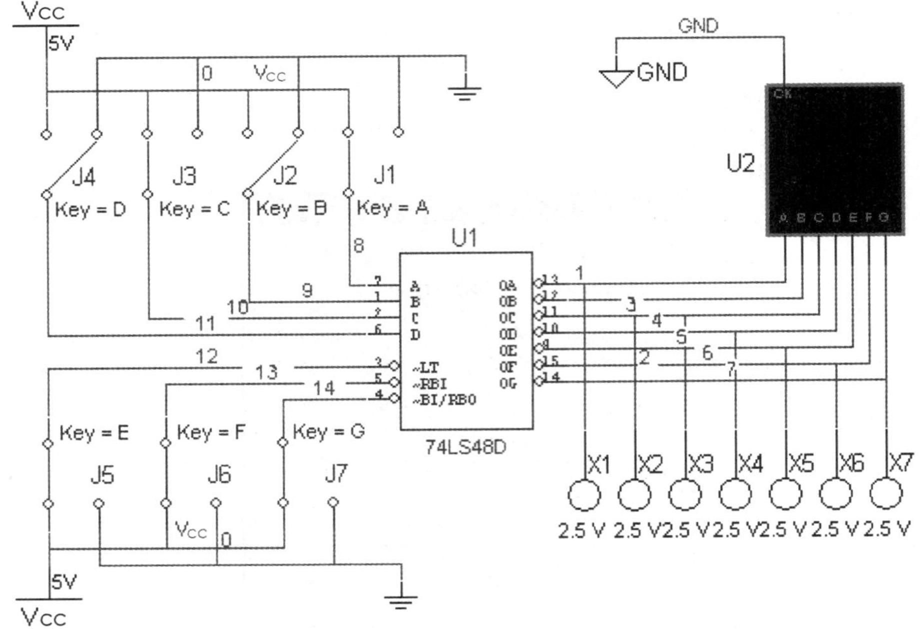

图 7-92 74LS48 仿真测试电路

表 7-27 BCD-七段显示译码器 74LS48 逻辑功能测试数据

数字或功能	输入						输出								显示字形
	$\overline{LT}$	$\overline{RBI}$	D	C	B	A	BI/$\overline{RBO}$	a	b	c	d	e	f	g	
0	1	1	0	0	0	0	1								
1	1	1	0	0	0	1	1								
2	1	1	0	0	1	0	1								
3	1	1	0	0	1	1	1								
4	1	1	0	1	0	0	1								
5	1	1	0	1	0	1	1								
6	1	1	0	1	1	0	1								

续表

数字或功能	输入						输出								显示字形
	$\overline{LT}$	$\overline{RBI}$	D	C	B	A	BI/$\overline{RBO}$	a	b	c	d	e	f	g	
7	1	1	0	1	1	1	1								
8	1	1	1	0	0	0	1								
9	1	1	1	0	0	1	1								
10	1	1	1	0	1	0	1								
11	1	1	1	0	1	1	1								
12	1	1	1	1	0	0	1								
13	1	1	1	1	0	1	1								
14	1	1	1	1	1	0	1								
15	1	1	1	1	1	1	1								
灭灯	1	1	1	1	1	1	0								
灭零	1	0	0	0	0	0									
测灯	0	1	1	1	1	1	1								

五、预习思考题

(1) 复习常用组合逻辑芯片的使用。

(2) 复习使用数据选择器实现逻辑函数的方法。

(3) 复习如何将十进制代码的 8421 码转换为余 3 码。

六、实验报告

(1) 整理实验数据，完成各部分实验内容。

(2) 分析讨论实验中发生的现象和问题。

实验十　触发器逻辑功能仿真测试及其应用

一、实验目的

(1) 掌握 JK 触发器 74LS112 和 D 触发器 74LS74 的逻辑功能的测试方法。

(2) 掌握移位寄存器的工作原理以及设计方法。

(3) 掌握 Multisim 9.0 软件中探针显示器、开关、时钟信号源的使用。

(4) 掌握 Multisim 9.0 软件中示波器的使用。

二、实验原理

JK 触发器的状态方程为：$Q^{n+1}=J\overline{Q^n}+\bar{K}Q^n$

D 触发器的状态方程为：$Q^{n+1}=D$

三、实验设备

实验设备如表 7-28 所示。

四、实验内容

1. JK 触发器逻辑功能的仿真测试

在电路工作区绘制图 7-93 所示的仿真实验电路。双击时钟信号源的图标，弹出时钟信号源的属性对话框，将频率设置为 100Hz，如图 7-94 所示。按照表 7-29 要求的数据进行测试，测试数据填入表 7-29 中。观察 JK 触发器输出端和时钟信号源的波形，图 7-95 给出了示波器在 J=K=1 时的波形。

表 7-28　　实验设备

序号	名称	型号与规格	数量	序号	名称	型号与规格	数量
1	JK 触发器	74LS112	2	5	时钟信号源		1
2	D 触发器	74LS74	2	6	示波器		1
3	探针显示器		4	7	非门	74LS04	1
4	开关		4				

表 7-29　　JK 触发器逻辑功能仿真测试数据

$\overline{CLR}$	$\overline{PR}$	J	K	Q^n	Q^{n+1}
0	0	1	1	×	
0	1	1	1	×	
1	0	1	1	×	
1	1	0	0	0	
1	1	0	0	1	
1	1	0	1	0	
1	1	0	1	1	
1	1	1	0	0	
1	1	1	0	1	
1	1	1	1	0	
1	1	1	1	1	

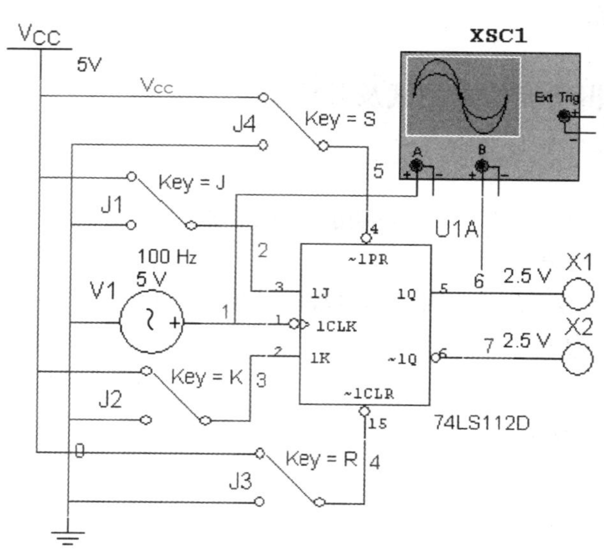

图 7-93　JK 触发器逻辑功能仿真测试电路

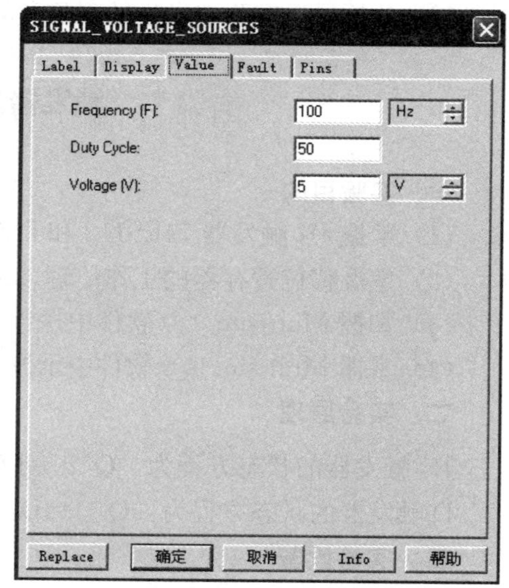

图 7-94　时钟信号源属性对话框

2. D 触发器逻辑功能的仿真测试

在电路工作区绘制图 7-96 所示的仿真实验电路。将时钟信号源的频率设置为 100Hz。按

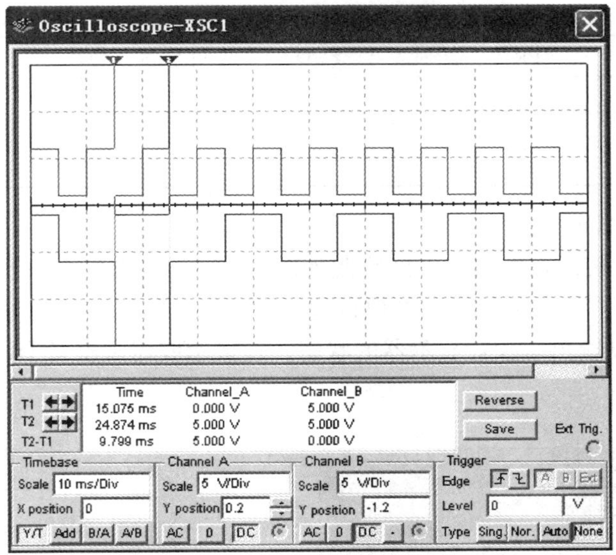

图 7-95　时钟波形与 J=K=1 时的输出波形

照表 7-30 要求的数据进行测试，测试数据填入表 7-30 中。改变 D 触发器的输入信号时，观察 D 触发器输出端和时钟信号源的波形。

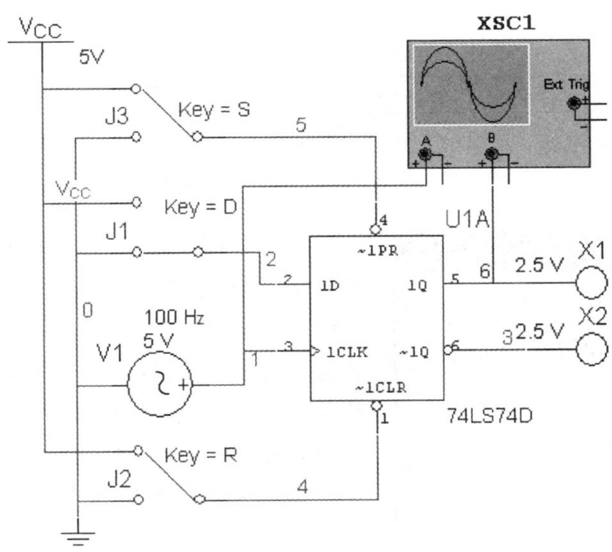

图 7-96　D 触发器逻辑功能仿真测试电路

表 7-30　　D 触发器逻辑功能仿真测试数据

$\overline{CLR}$	$\overline{PR}$	D	Q^n	Q^{n+1}
0	0	1	×	
0	1	1	×	
1	0	1	×	
1	1	0	0	

续表

$\overline{CLR}$	$\overline{PR}$	D	Q^n	Q^{n+1}
1	1	0	1	
1	1	1	0	
1	1	1	1	

3. 4 位移位寄存器的设计

(1) JK 触发器实现。在电路工作区绘制如图 7-97 所示的仿真实验电路。将时钟信号源的频率设置为 100Hz。字符发生器的参数设置如图 7-98 所示。单击运行按钮，进行仿真分析，观察各 JK 触发器输出端探针显示器的状态。连接示波器观察各 JK 触发器输出端和时钟信号源的波形。

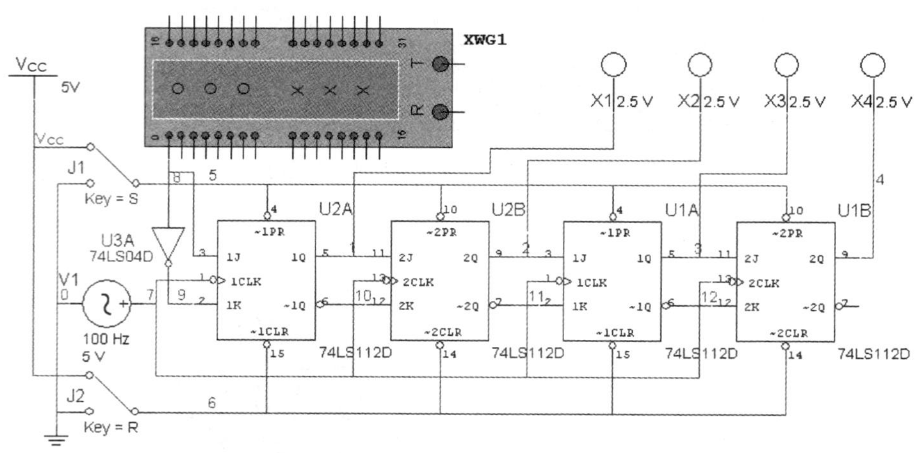

图 7-97 JK 触发器实现 4 位移位寄存器

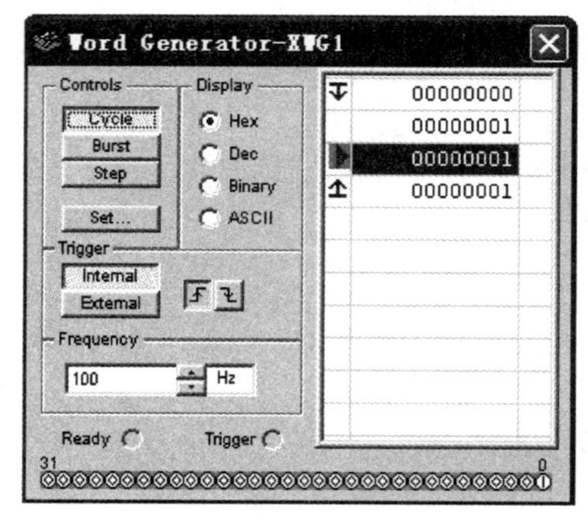

图 7-98 字符发生器的参数设置

(2) D 触发器实现。在电路工作区绘制图 7-99 所示的仿真实验电路。将时钟信号源的频率设置为 100Hz。字符发生器的参数设置如图 7-98 所示。单击运行按钮，进行仿真分析，观察各 D 触发器输出端探针显示器的状态。连接示波器观察各 D 触发器输出端和时钟信号源的波形。

五、实验注意事项

(1) JK 触发器 74LS112、D 触发器 74LS74 的连接。

(2) Multisim 9.0 软件中示波器的使用。

(3) Multisim 9.0 软件中开关、时钟信号源参数的设置。

六、预习思考题

(1) 复习有关 JK 触发器和 D 触发器的基础知识。

(2) JK 触发器 74LS112 输出状态的改变是发生在上升沿还是下降沿。

(3) D 触发器 74LS74 输出状态的改变是发生在上升沿还是下降沿。

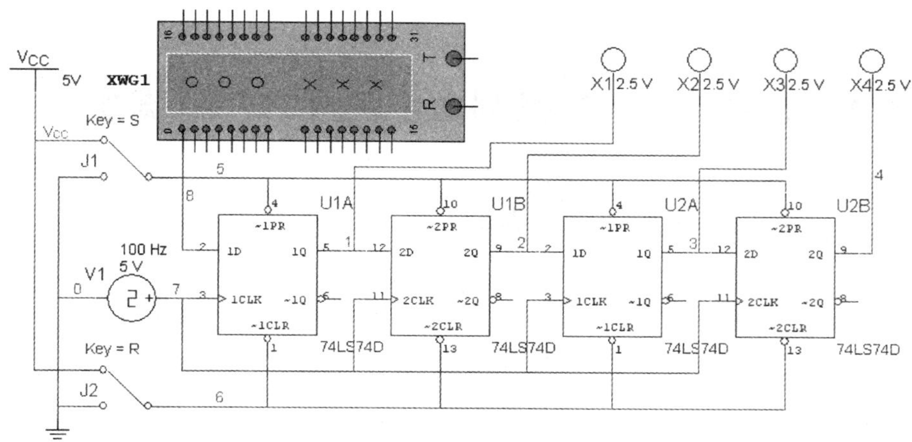

图 7-99　D 触发器实现 4 位移位寄存器

（4）移位寄存器的设计方法。

七、实验报告

（1）整理实验数据，完成各部分实验内容。

（2）分析讨论实验中发生的现象和问题。

附录 A　几种常用 CD 系列数字集成芯片引脚功能排列

几种常用 CD 系列数字集成芯片引脚功能如图 A1 所示。

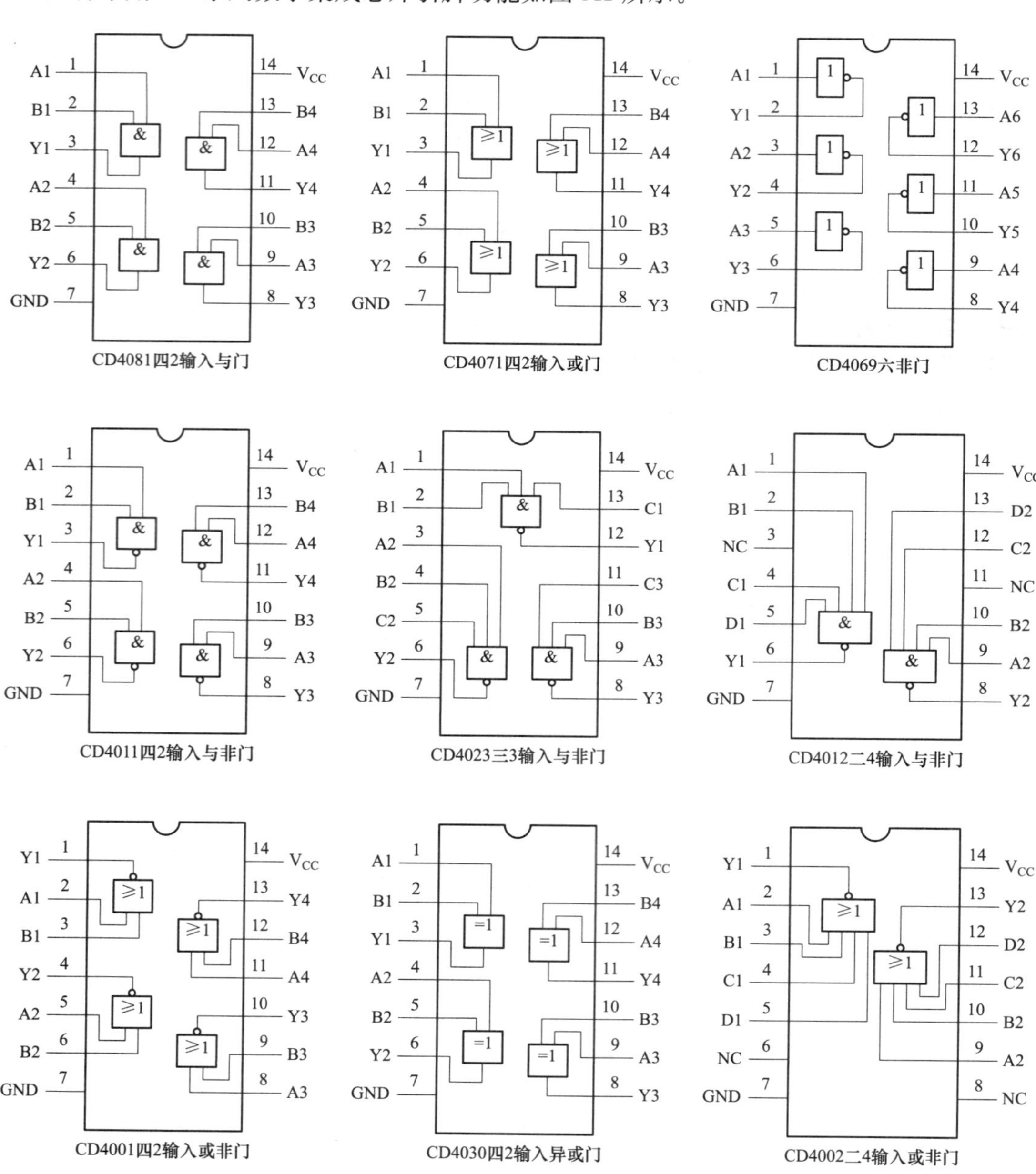

图 A1　几种常用 CD 系列数字集成芯片引脚功能

参 考 文 献

[1] 邱关源. 电路. 5 版. 北京：高等教育出版社，2006.

[2] 秦曾煌. 电工学（电工技术）上册. 6 版. 北京：高等教育出版社，2003.

[3] 秦曾煌. 电工学（电子技术）下册. 6 版. 北京：高等教育出版社，2004.

[4] 康华光. 电子技术基础（模拟部分）. 5 版. 北京：高等教育出版社，2006.

[5] 康华光. 电子技术基础（数字部分）. 5 版. 北京：高等教育出版社，2006.

[6] 朱定华，陈林，吴建新. 电子电路测试与实验. 北京：清华大学出版社，2004.

[7] 崔建明. 电工电子 EDA 仿真技术. 北京：高等教育出版社，2004.

[8] 黄智伟. 基于 Multisim 2001 的电子电路计算机仿真设计与分析. 北京：电子工业出版社，2004.

[9] 郭爱莲，李桂梅. 电工电子技术实践教程. 北京：高等教育出版社，2004.

[10] 孙陆梅，于军，杨潇. 电工学. 北京：中国电力出版社，2007.

[11] 于军，杨潇，王庆伟. 电工电子技术实验教程. 北京：中国电力出版社，2009.

[12] 孙骆生. 电工学基本教程（电工技术）上册. 2 版. 北京：高等教育出版社，1990.

[13] 孙骆生. 电工学基本教程（电子技术）下册. 2 版. 北京：高等教育出版社，1990.

[14] 唐介. 电工学. 2 版. 北京：高等教育出版社，2005.